はじめに

地球には180万種類の生物が生活し、健康なヒトは500種類の腸内細菌と共生している、という事実を知っていますか。すべての生物は力強く、美しく、神秘に満ち、毎日進化を続けています。この本にあるたくさんの写真と図を見ながら、多様な生物を観察する方法や視点を学びましょう。

初めに身近な生物の観察、科学的スケッチなどの基本を行います。見えない生命をイメージする簡単な実験もします。基礎ができたら、動物が動くしくみ、内臓のはたらきをヒトの体を中心にして調べましょう。動物の次は植物です。魅惑的な花が生殖器官であることを理解できたら、進化の歴史を辿(たど)るように調べていきます。そして、生命を連続させるDNAや遺伝子、生物どうしの関係を学び、最終章では生物の分類、あなた自身の生を展望しましょう。

さて、第2版は酵素や代謝を軸にページを整理することで、化学的な視点のまとまりを出しました。そして、下水処理ではたらく微生物、リンネの二分法などを追加、遺伝子や顕性(けんせい)・潜性(せんせい)、食物網などの表現を更新しました。今回の改訂では中学校での教育に携(たずさ)わる亀井章雄先生、小川裕先生、織笠友彰先生にご協力頂き、心から感謝申し上げます。

それでは、深淵(しんえん)なる生物の世界、生命活動を探索しましょう。地球は1つの生命体のようにつながっています。その理解が進むほど、あなたと神秘な自然の命との結びつきは深まっていくでしょう。

福地 孝宏（Mr.Taka）

目　次

第3章 動物が動くしくみ 46

第4章 食べることと恒常性 68

第5章　花と植物　88

第6章　生命の連続性　110

欄外（らんがい）には、実験で準備するものや、ワンポイントアドバイス、生徒の感想などを収録しています。本文とあわせて活用してください。

⚠注意 マークがある実験観察は、ケガや事故などが起きたり、特別な配慮の必要性が高いものです。必ず理科教育の専門家の指導のもと行ってください。

写真・資料提供・協力・取材（敬称略）

名古屋市立御田中学校、名古屋市立萩山中学校、名古屋市立東港中学校、吉岡二三代、名古屋市東山動植物園、世界淡水魚園水族館 アクア・トト ぎふ、名古屋港水族館、国立感染症研究所、矢崎和盛、福井県立恐竜博物館、名古屋市上下水道局、法政大学 月井雄二、NASA, ESA, SOHO-EIT Consortium、NIH、はままつフラワーパーク（p.52 ヒカリゴケ）、日機装株式会社（p.83 人工透析装置）、千葉大学海洋バイオシステム研究センター銚子実験場、京都市青少年科学センター、国営沖縄記念公園（海洋博公園）：沖縄美ら海水族館（p.113 サンゴの体外受精）、標津サーモン科学館（p.113 サケの体外受精）、中村好男（p.113 ミミズの精子交換）、和歌山県教育センター学びの丘（p.115 ウニの発生）、国際連合総会（p.138 SDGs：https://www.un.org/sustainabledevelopment ※本書の内容は国連に承認されたものではなく、国連の見解を反映するものではありません）、NOAA、「子供の科学」編集部、「月刊天文ガイド」編集部

本書関連ウェブサイト

筆者が運営するYouTubeチャンネルとホームページには、本書に関連する動画や資料が掲載されています。ぜひ活用してください！

YouTubeチャンネル
「中学理科のMr.Taka」

生物学リンクページ
HP「中学理科の授業記録」から

第1章 生命とは何か

ほお内側の細胞を採取する生徒
生きている自分の細胞を、自分の目で観察する（p.16）。

シロツメクサとヒト
地球は、生命が生まれる特別な条件がそろった、極めて特別な天体である。

第１章は、生物学の本質的なテーマ「生命」に迫（せま）ります。初めに、多くの生物科学者が生命である条件として支持している「３つの生命活動」を紹介しますが、全員が賛成しているわけではありません。考え方は日々進歩しています。この章の最後にある「観察の基本」を学んで生物を観察し、あなたも生命に対する考えを導（みちび）き出してみましょう。

地球で生活している多様な生物

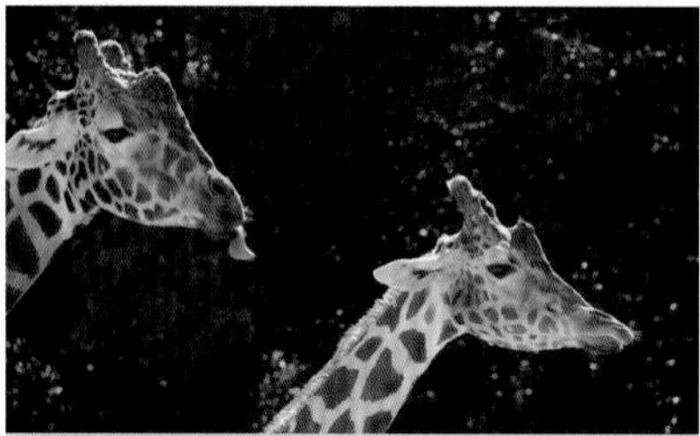

キリン（哺乳類）
自由自在に動く筋肉の集まり「舌」で、植物の葉を食べる生物。子は母乳で育つ。

ゴミムシダマシの仲間（節足動物>昆虫類）
砂漠に住み、長い脚で熱い砂から体を持ち上げ、背中の小さな突起で朝霧（あさぎり）を集める。

ヨウスコウワニ（爬（は）虫類）
冬は穴を掘って冬眠する。小魚やタニシを食べ、肺呼吸する。柔らかい卵を産む。

アメリカザリガニ（節足動物>甲殻類）
かたい外骨格を脱ぎ捨てて（脱皮（だっぴ）して）成長する。水中の酸素を取り込む鰓（えら）をもつ。

キオビヤドクガエル（両生類）
皮膚の表面から神経毒を分泌する。この毒を矢に塗り、ヒトが使っていた。

マス（魚類）
魚類は、生まれてから死ぬまで水中生活をする動物。一度にたくさんの卵を産む。

1 地球は生物で満ちあふれている

広大な宇宙の中で、生物が発見されているのはこの小さな地球だけです。宇宙人の話を聞くこともありますが、私達と遭遇するチャンスは限りなく0です。

地球に息づく多様な生物達をつぶさに観察してみましょう。砂漠のまん中、エベレスト山頂、11kmの深海、あなたの体の中など、想像もつかない環境で、多様な生物達が生きています。それは、長い地球の歴史の生存競争を生き抜いてきた私達の仲間です。

多様性を調べるの視点

(1) サイズ（小⟷大）
(2) 生活場所（水・陸・空）
(3) 生物分類（5つの種類）
(4) 身近⟷珍しい
(5) 生物と非生物の境界
(6) その他　形態、食べ物、ふえ方など

スイレン（被子植物＞離弁花）
汚れた水の中でもよく育ち、美しい花を咲かせる。睡るように花を閉じる。

サボテン（種子植物）
花を咲かせ、種子でふえる植物。水が少ない環境でも生活できるつくりをもつ。

ノコギリヘラシダ（シダ植物）
光合成を行い、胞子でふえる植物。シダ植物は、身近なところでもよく見られる。

アサガオ（被子植物＞合弁花）
5枚の花弁が1つになったもので、もっとも進化した植物の1つといわれる。

キノコ（菌＞担子菌）
胞子をつくって子孫を残す生物。私達の食卓にのぼる仲間も多い。

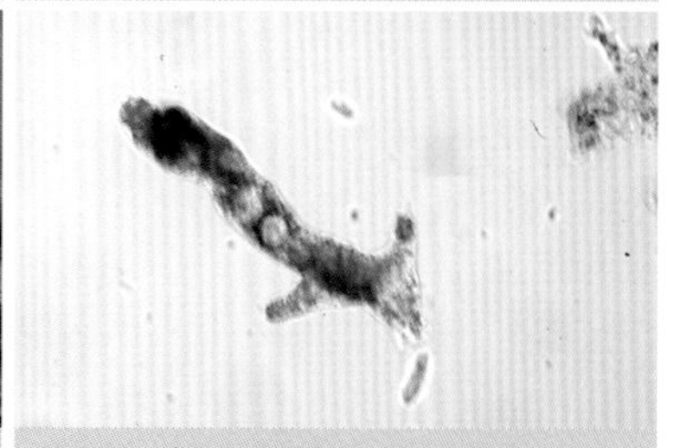

アメーバ（原生生物）
1つの細胞ですべての生命活動を行う生物。義足で移動する様子はとても興味深い。

タコクラゲ（刺胞動物）
口と肛門が同じ動物。散在神経で、ゆったりと動く。（写真：名古屋港水族館）

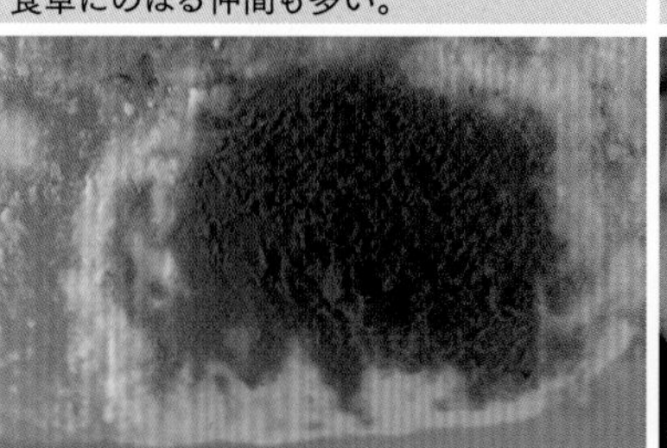

アオカビ（菌＞子嚢菌）
菌類は表面から消化液を出し、栄養分を溶かして吸収する生物。発酵食品に使う。

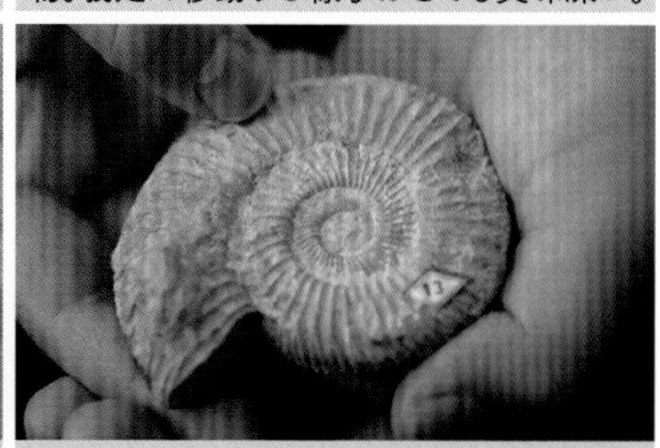

アンモナイト
約3億5000万年前に生まれ、繁栄し、絶滅した古代生物。現在の軟体動物に近い。

2 3つの生命活動

太陽は、約46億年前に生まれてから休むことなく活動しています。そのエネルギーによって地球に生命が生まれ、今もすべての生物は太陽に育まれています。しかし、太陽は生物ではありません。現代の科学者の多くは、以下の3つを生命活動とし、それらすべてを行っているものを「生物」としています。

太陽のエネルギー
太陽は、水素ガスの集まりで、核融合反応（原子核どうしが融合してヘリウムになる）を続けている。今年で約46億歳になる。太陽の詳細はシリーズ書籍『中学理科の地学』参照。（写真:NASA, ESA, SOHO-EIT Consortium）

3つの生命活動

① 代謝（同化と異化）

代謝は「エネルギーの出入りに関係すること」です。それは、同化（エネルギーを使って物質をつくること）と異化（その逆）に分けられます。代謝の詳しいまとめは、p.40にあります。

緑色植物　光合成は、太陽エネルギーを取り込む同化活動（p.38）。

地球の生物「サクラ」
4月、前年に蓄えたエネルギーを使って一斉に花を咲かせるのは、種を連続させるため。

② 恒常性（ホメオスタシス）の維持

恒常性は、いつもの状態を保とうとする性質です。多細胞生物は、自律神経とホルモン（p.84、86）によって、自分のからだや細胞がいつも同じ状態になるように活動します。

水を飲むゾウ　水を飲んでからの恒常性維持は、自律神経が行う（無意識）。

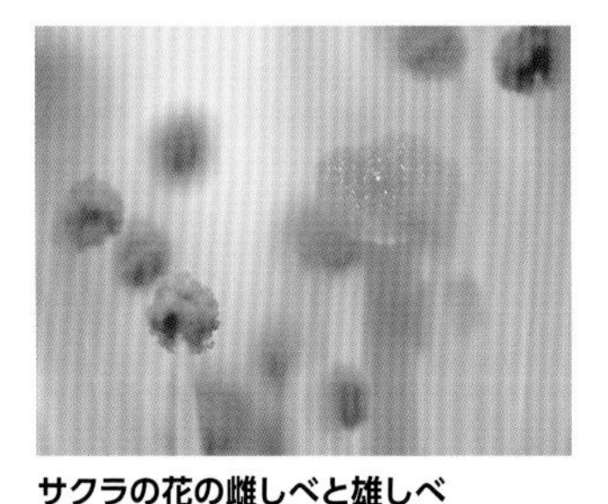

サクラの花の雌しべと雄しべ
花は新しい生命をつくるための生殖器官（p.88）。

③ 連続性

新しい子孫を残そうとする活動を生殖といいます。その仕組みはDNAという物質レベルで解明され、人工的にDNAを組みかえて、新しい種（＝生物）をつくれるようになりました。第6章で調べます。

生徒の感想

・太陽が生きているとか死んでいるとか、考えたことがなかった。

3 自己増殖する物質「ウイルス」

ウイルスは、条件がそろうと爆発的にふえます。ヒトの体内（細胞内）に入り込み、自分と同じ遺伝物質（DNA、または、RNA p.119）をつくり続けてヒトが病気になることもあります。しかし、リボソームやミトコンドリアなどの細胞小器官（p.24）がないので、細胞からできている「細菌」や「菌」などの生物とは違います。ウイルスは、生物と非生物の境界線上に位置する物質です。

一般的なウイルス

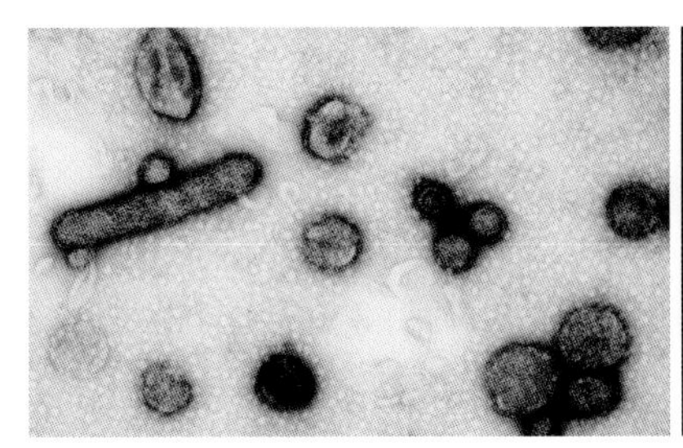

インフルエンザウイルス
数か月のうちに新しいタイプができる。したがって、予防接種するよりも、毎日の健康に注意する方が重要。（提供：国立感染症研究所）

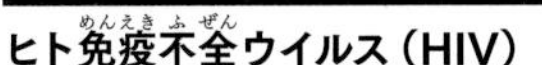

ヒト免疫不全ウイルス（HIV）
このウイルスが引き起こすエイズを発症すると免疫システムが破壊され、病気に罹りやすくなる。DNA 塩基数1万（遺伝子数9）の単純な化学物質。（提供：国立感染症研究所）

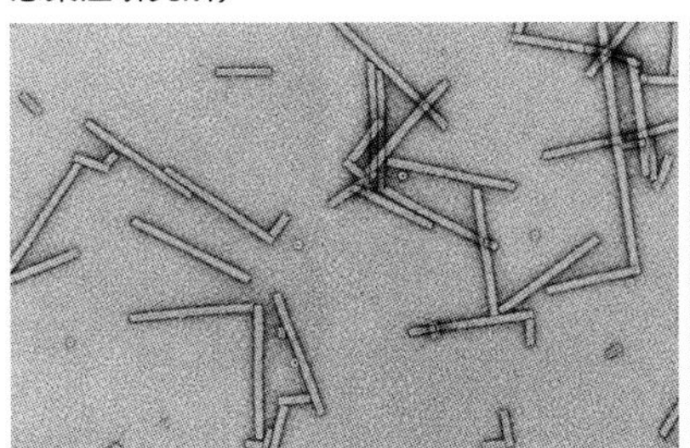

タバコモザイクウイルス
植物のタバコ（煙草）に感染するウイルスで、生物学者達によって、いろいろなしくみが詳しく研究されている。（写真：矢崎和盛）

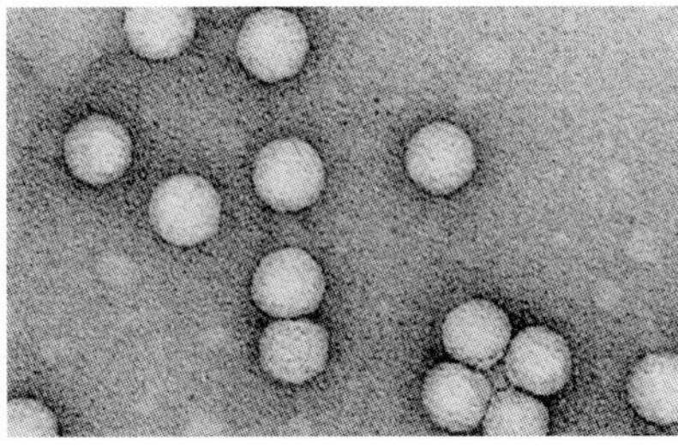

A型肝炎ウイルス
筆者はネパールでA型肝炎に感染し、1か月入院したが、現在は免疫ができたので二度と罹らない。（提供：国立感染症研究所）

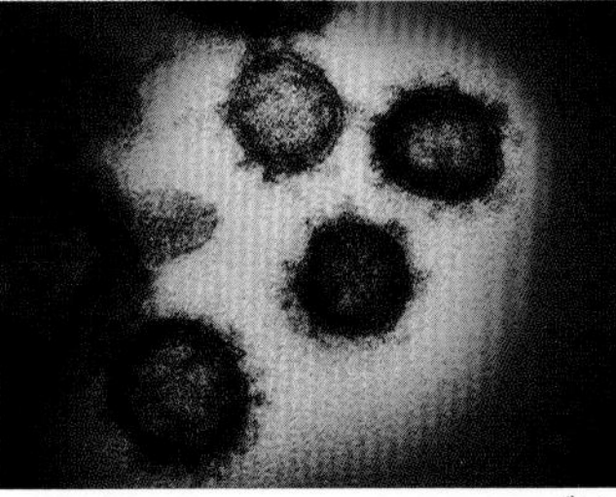

新型コロナウイルス（2019年。SARS-CoV-2）
日常的な風邪の15%程度は王冠（コロナ）の形をしたコロナウイルスが原因。2019年からのパンデミックの原因「新型コロナウイルス」による感染症はCOVID-19という。（写真：NIH）

準　備

- いろいろな書物の図版、資料
- インターネット

変化（進化）するウイルス
ウイルスは絶えず変化（進化 p.140）している。なお、ここでいう進化とは、遺伝物質が複製されていく中で変異が起こり、それが環境に適応して、新しい遺伝物質として広がっていくこと。

ウイルスに対する薬
毎年のように、タミフルや抗HIV薬などの新薬が開発されている。毎日の生活は予防や自分の免疫システム（p.78）によってウイルスに勝つことが基本。

ワクチン
感染症予防のために、病原体やその遺伝情報から作る抗原物質。治療には使えず、副反応などのリスクもある。

アナフィラキシー
体内に異物（抗原）が入り、生命に危機的な過敏な免疫反応が起こること。主な原因物質は食物、昆虫の毒、薬剤、ワクチン。このような反応とは別に、日光や肥満細胞によるものもある。

生徒の感想

- 毎年冬になるとインフルエンザウイルスが流行して、何人かの人が亡くなるのに、それが物質のしわざだなんて信じられない。
- ワクチンで死ぬ人もいる。
- ネットで調べると、これまで何回も新しいウイルスが生まれてきた。新型コロナもその1つ。

4 生命は水中で生まれた

地球が46億年前に生まれた当時は、大気や水もありませんでした。初めの6億年は物質が変化（進化）した時代で、陸地や海（液体の水）ができたのは40億年前です。生命を育む水、生物のからだの約70％を占める水ができるまでには、長い時間が必要だったのです。

広大な宇宙
138億年前に誕生した宇宙は、地球という天体に生命を生んだ。地球外生命が存在する可能性は高いが、いまだに1種も発見されていない。関連、シリーズ書籍『中学理科の地学』。

水の惑星「地球」の誕生

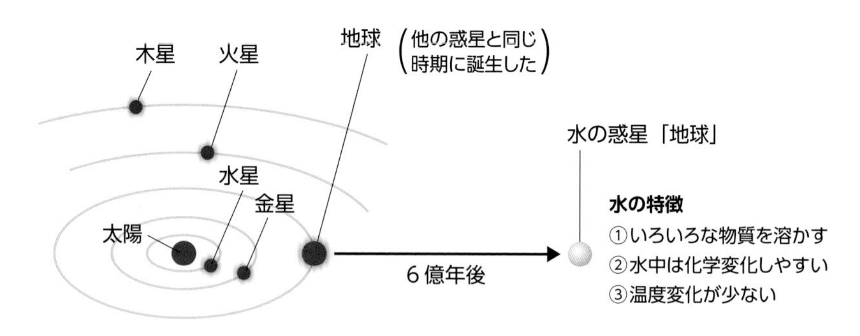

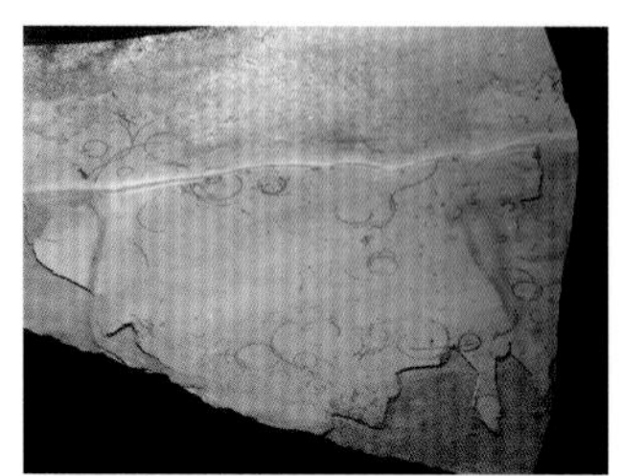

グリパニア（真核生物）の1種の化石
先カンブリア時代に生まれた肉眼レベルのリボン状の生物。真核生物（核膜をもつ生物）として考えられている。

生きている膜「細胞膜」＝生物の誕生

水は、さまざまな物質を溶かし、水溶液中での複雑な化学変化を可能にします。水中における物質進化の歴史のなかで、ウイルス（p.9）のように自己複製する物質が生成され、さらに、それを包む膜ができた瞬間があったはずです。生物の誕生です。膜の外側を外界、膜と内側を生物（細胞）といいます。

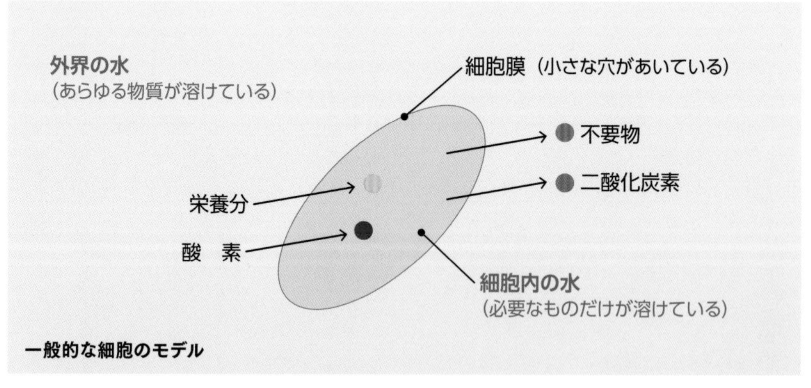

細胞膜は生体膜（半透膜）といわれます。外界と内部を仕切るだけでなく、必要な物質を取り入れ、不要物を排出します。それは選択性をもった生きた膜で、細胞内の環境を一定に保っています。なお、その構造はタンパク質や脂肪からできた複雑なものですが、葉緑体（p.38）やミトコンドリア（p.28）にも同様の構造が見られます。

生命体としての地球
生物が生活できる環境は、地球のごく表面でしかない。青く見える大気は厚さ13km、世界で1番深いマリアナ海溝は11kmに過ぎない。宇宙から見た地球は、太陽エネルギーによって息づく1つの生命体として、真空の宇宙空間と区別される。

5 水中から微生物を探そう！

池や花瓶(かびん)の底、放置して緑色になった水を顕微鏡で観察しましょう。肉眼では見えない生物の多様さ、面白い動き、美しさに時間を忘れてしまう人も多いことでしょう。

準　備

- 微生物がいそうな水
- 光学顕微鏡セット
（光学顕微鏡、光源(こうげん)、スライドガラス、カバーガラス、ピンセット、カッターナイフ、ティシューペーパー）

微生物を採取し、観察する方法

微生物がいそうな水を採取(さいしゅ)するときは、朽(く)ちた落ち葉やゴミのようなものも一緒に入れます。それは、小さな生物の食物や隠れ家です。

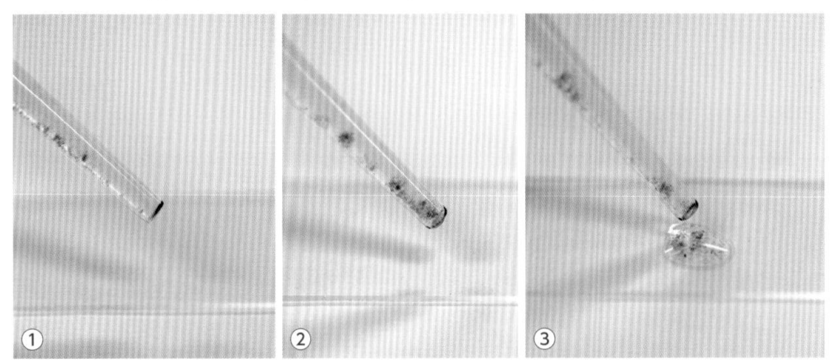

①～③：スポイト内の「もやもやした内容物」が落ちてくるのを待つ。そして、下にたまった水を１滴落とし、カバーガラスをかけてから顕微鏡で観察、スケッチする。

小さな生物がいる水
いろいろな場所から水を採取し、放置(ほうち)しておくと、水温や日光などの条件により、多様な生物が繁殖(はんしょく)する。ペットボトルを使う場合は、栓(せん)を閉めておくと酸素が不足して生物が死滅(しめつ)し、腐敗(ふはい)する。水中の生物全体が元気なら、何年間も臭(にお)わない場合が多い。

水槽の中の生物たち
生物間のバランスは、自然に変わる。したがって、同じ水でも１週間ごとに調べれば、違う生物の観察を楽しめる。

１滴の水の中にいる生物達

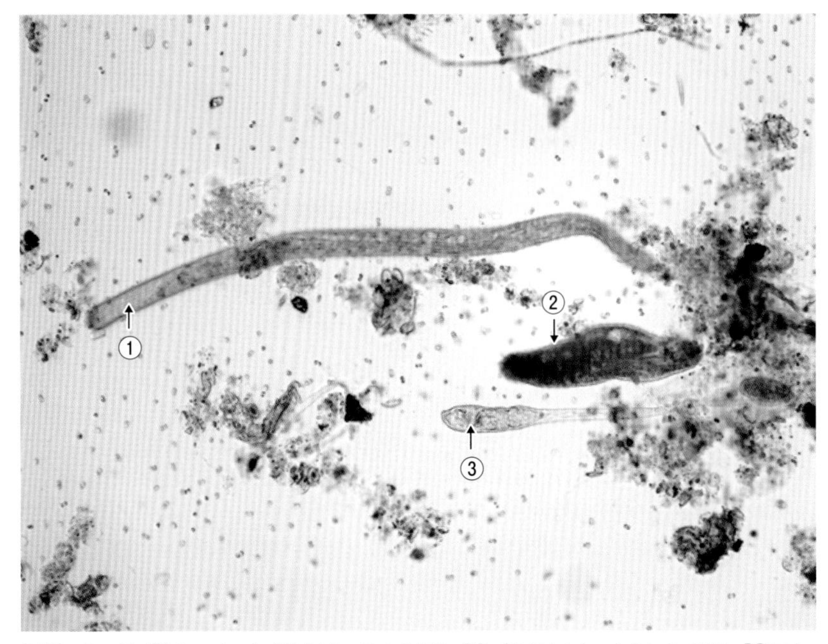

細長いものは「①センチュウ（線虫）」、その右下に「②ゾウリムシ」、さらにその下に「③ワムシ」がいる。また、全体に散らばっている点のようなものは葉緑体をもった微生物で、センチュウなどの食物になっている（100倍）。

生徒の感想

- 金魚の水を持ってきたけど何もいなかった。フィルターのもやもやに生物がたくさんいるらしい。

6 いろいろな単細胞生物

単細胞生物は、1つの細胞からできている生物です。1つの細胞ですべての生命活動を行うので、多細胞生物より高度な構造をもっているともいえます。それぞれの生活場所に適した形態は多様で、分類は専門家でも大変です。

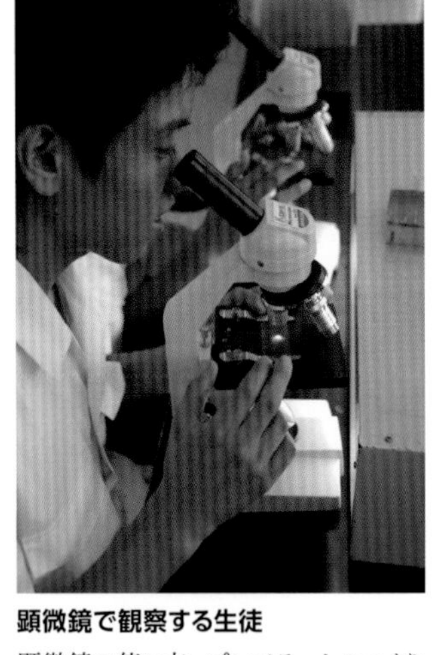

顕微鏡で観察する生徒
顕微鏡の使い方、プレパラートのつくり方はp.21～23参照。

微生物
微小（マイクロ）な生物を微生物という。ただし、大きさの基準がないので、ミジンコのように高度に発達した甲殻類（節足動物）を微生物とする専門家もいる。

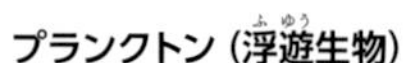

プランクトン（浮遊生物）
水中で浮遊生活する生物をプランクトンという。しかし、子どものときだけ浮遊するもの、泳いでいるのか浮遊しているのか識別できない生物もいる。また、大きさに制限がないので、長さ1mのクラゲもプランクトンに分類される。

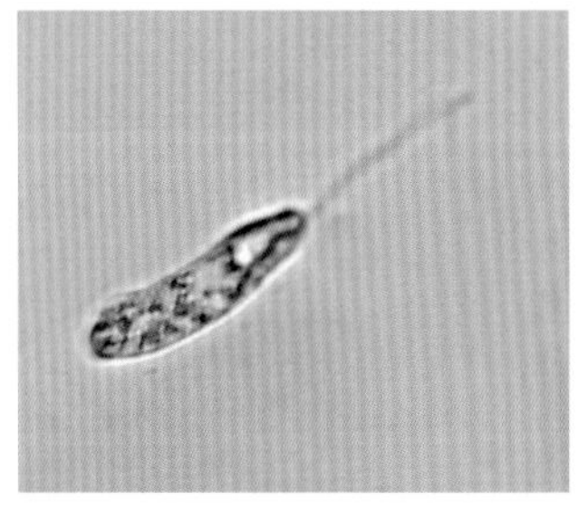

ミドリムシ
鞭毛によって動き、細胞内に葉緑体をもつ原生生物（p.150）。動物と植物の要素をもっているともいえる。

■ よく動き回る単細胞生物「ゾウリムシ」の観察

ゾウリムシはよく見かける単細胞生物でたくさんの種類があります。草履のような形で、からだ全体に生えている繊毛ですばやく移動します。なお、からだ全体から生えている短い毛は繊毛、からだの一部にある長い1本～数本の毛は鞭毛といいます。

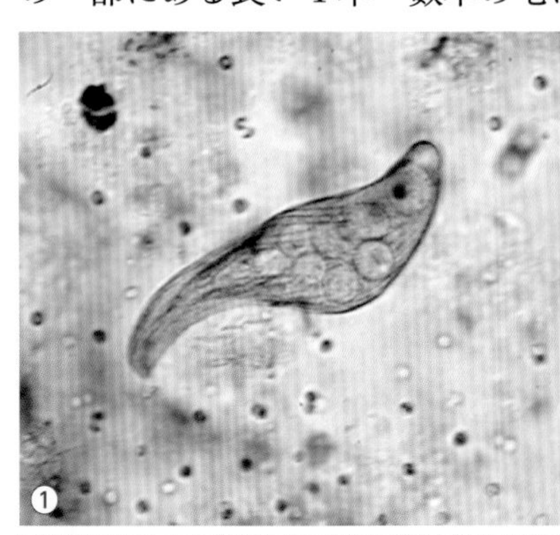

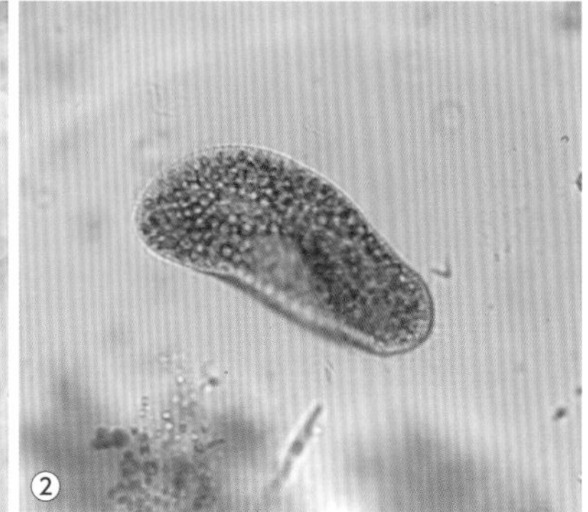

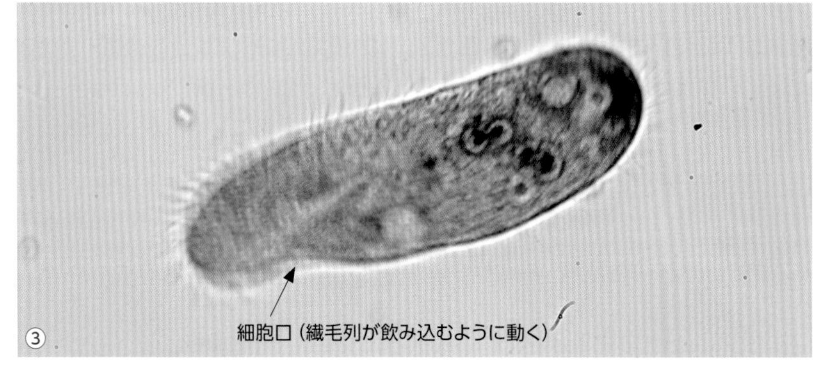

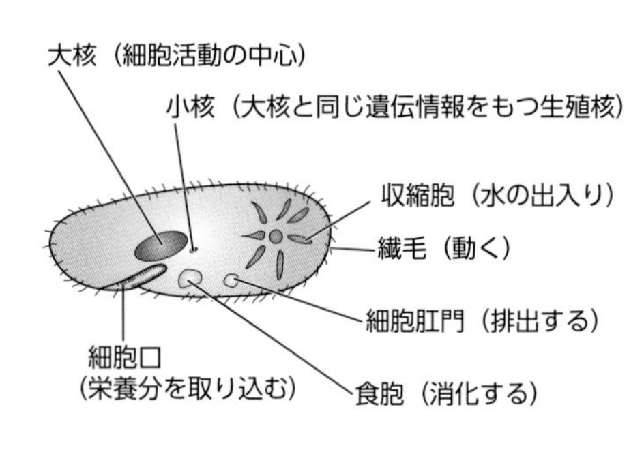

①：**ブレファリスマ（400倍）** 赤いゾウリムシ、ともいわれる。光に反応するピンク色の物質をもっている。ゾウリムシと同じ繊毛虫の仲間。
②：**ミドリゾウリムシ（400倍）** 細胞内にたくさんのクロレラが入り込んで共同生活（細胞内共生 p.127）をしている。
③：**ゾウリムシ（400倍）** 繊毛を使って水流をおこし、細菌や酵母などの食物を口部から取り入れる。

単細胞生物「アメーバ」の運動

アメーバは有名な単細胞生物ですが、見つけるのは大変です。いくつかの場所の水を採取して、100倍程度の倍率で探してみましょう。動きが面白く、見つけたときの感動はひとしおです。

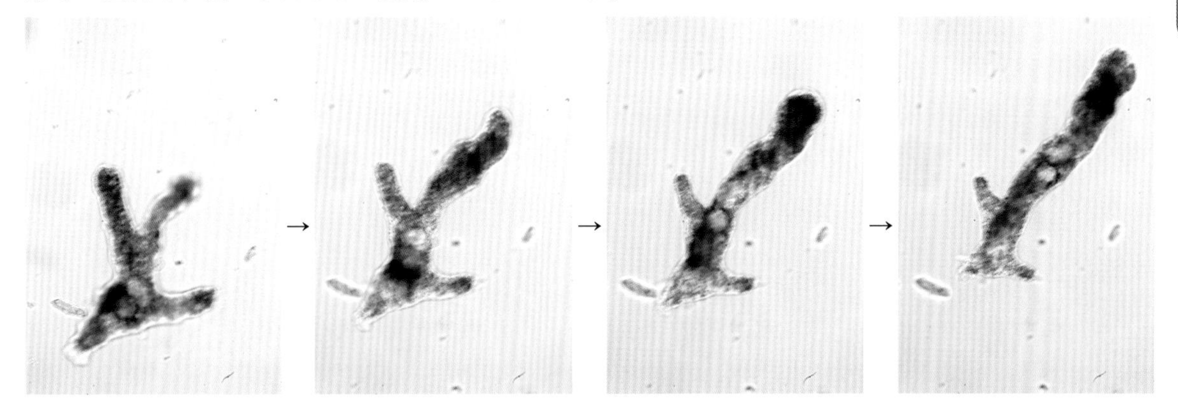

アメーバ（400倍）　からだ全体の形が決まっていない。移動するときに細胞内の液体（原形質　p.38欄外）が流れている様子がよくわかる。種類は多い。

身近に観察できる単細胞生物

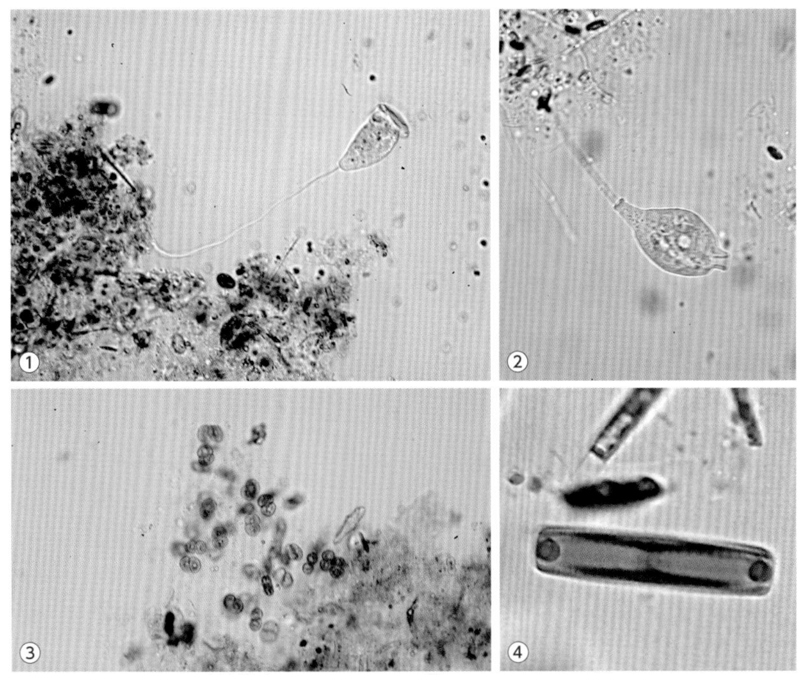

①、②：**ツリガネムシ（繊毛虫。400倍）**　つり鐘のような形をした口の部分の繊毛を動かし、水中の栄養分を取り込む。驚くと、すばやくからだ全体を縮ませる。　③：**ツヅミモ（400倍）**　中央がくびれ、2つの細胞のように見える。葉緑体があり、緑色の色素「クロロフィル」（P.39）で光合成を行う。種類がとても多く、群体をつくらない。　④：**ケイソウ（400倍）**　葉緑体と珪酸を含む固い殻があり、死骸が水底に堆積するとチャートになる（詳細はシリーズ書籍『中学理科の地学』）。10万種類以上あり、ゆっくり移動する。

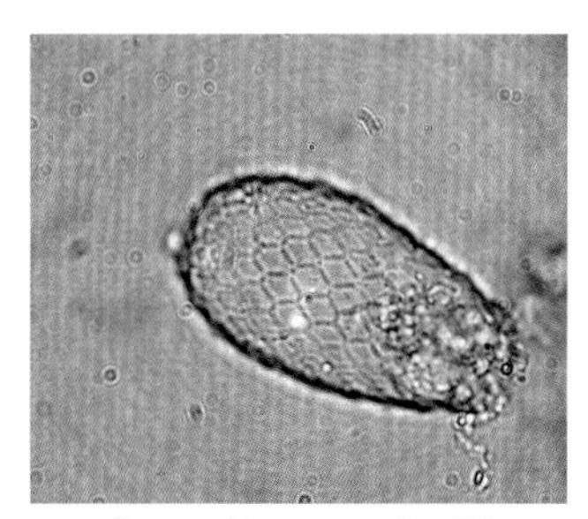

ユーグリファ（殻をもつ原生生物）
肉質虫の仲間でアメーバに近い。下水処理に役立つ（写真：名古屋市上下水道局）。

名前がわからないとき
葉緑体がある、鞭毛で動き回る、核が見えるなど、特徴を記録する。「○○の仲間」のように大まかな分類をすることも重要。

生徒の感想

- ゾウリムシは1つの細胞で食べたり呼吸したりするからすごい。
- アメーバの体の中が砂時計みたいに動いていた。
- 緑色は植物だと思っていたけれど、じっと見ていると、自分でゆっくり動いていた。

7 単細胞生物から多細胞生物へ

水中の微生物をよく観察すると、同じ細胞がたくさん集まり、まるで1つの生物のように生活するものがあります。現在と過去の生物を単純に比較することはできませんが、生物はこのようにして進化してきたのでしょう。例として、イカダモやクンショウモの群体が光学顕微鏡で観察できます。

クンショウモ（1000倍）
たくさんの単細胞が集まって集団生活しているように見える。

細胞の数による分類

単細胞生物	• 1つの細胞からできている生物 • 1つの細胞ですべての生命活動を行う（p.12 ゾウリムシ）

↓
同じ細胞の集まり（群体）
↓

多細胞生物	• 多くの細胞からできている生物。 • 体の部分によって、細胞の構造やはたらきが違う

同じ細胞が集まった群体

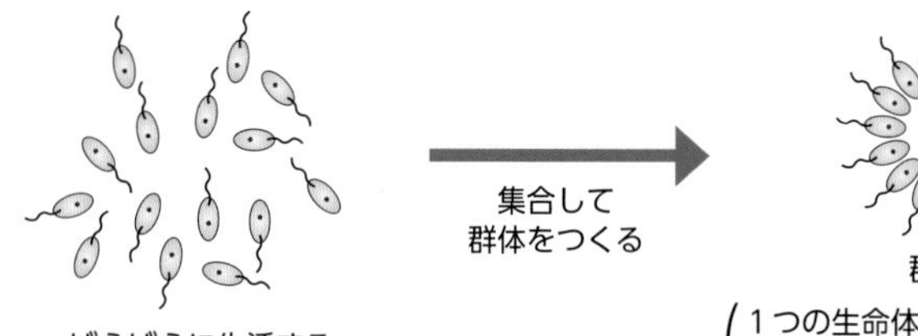

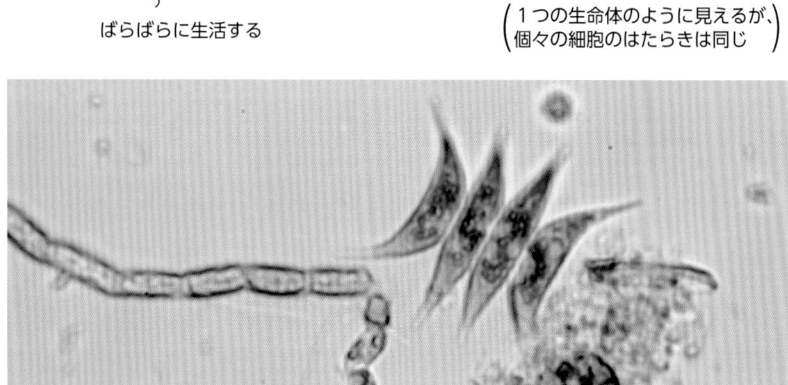

イカダモ（1000倍） 4つの単細胞がつながり、「いかだ」のように見える。

生徒の感想

・社会の組織には威張っている人がいるけど、生物の組織はみな同じ。
・サッカーチームはヒト11個体からできているよ。

多細胞生物の細胞がつくる階層

たくさんの細胞が集まると、体の部分によって構造やはたらきを分担するようになります。はたらきを特殊化して、1つの生物個体としてより高度なつくりの多細胞生物になるのです。ヒトは約60兆個の細胞からなり、次のような階層をつくっています。

個 体	• 1つの生物　例 ヒト　例 サクラ
系	• 高等動物で使われることがある階層 例 消化系（口・胃・すい臓）、運動系、神経系、呼吸系、排出系
器 官	• いくつかの組織が協力して、1つのはたらきをするもの 例 胃、心臓、肺、目、肝臓　例 葉、根、茎、花
組 織	• 同じはたらきをするたくさんの細胞の集まり 例 胃液を出す組織、上皮組織、胃を動かす筋組織 例 表皮組織、葉肉組織（海綿状組織と柵状組織、p.143）
細 胞	• 生物をつくる基本単位　例 胃液を出す細胞　例 表皮細胞、孔辺細胞

水中で生活する多細胞の動物

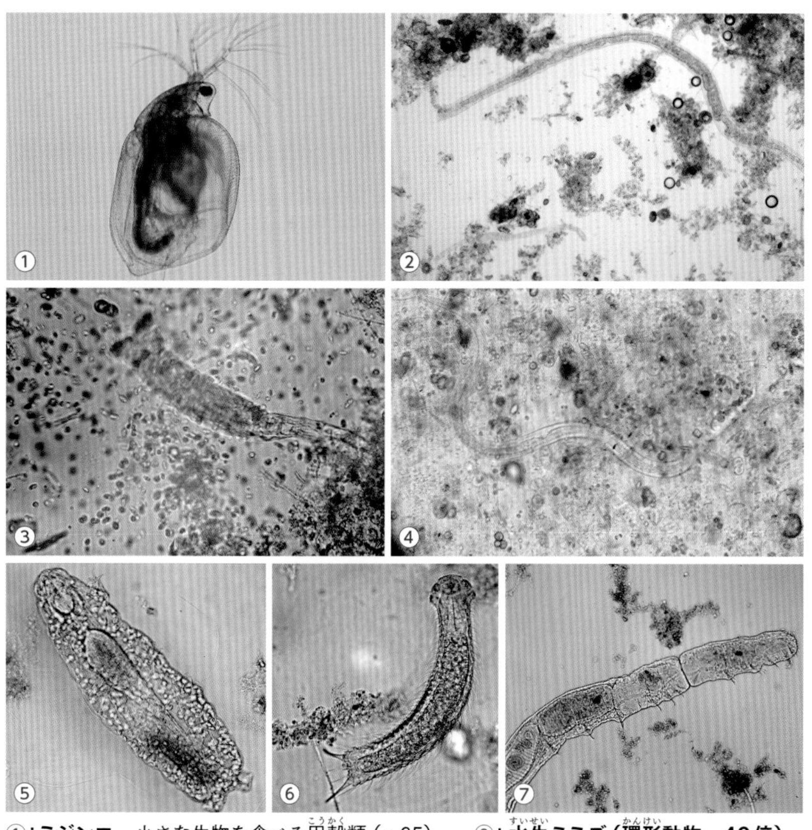

①：**ミジンコ**　小さな生物を食べる甲殻類（p.65）。　②：**水生ミミズ（環形動物。40倍）**　水中生活するミミズ。からだに節があり、節ごとに突起がある。体が無色透明で、発達した消化管の動きがわかる。　③：**ワムシ（輪形動物。400倍）**　葉緑体をもつもの、手鞠のように集合するもの、蛭のような形のものなど多種類。　④：**センチュウ（線形動物。100倍）**　ミミズと違い、節がない。体の中央に１本の消化管が通る。　⑤～⑦：**下水処理 p.152 ではたらく生物**。左から、**クマムシ**（体に節をもつ緩歩動物）、**カエトノツス**（イタチムシ、腹毛動物）、**アエオロソマ**（環形動物）。（写真：名古屋市上下水道局）

水中で生活する多細胞の植物

水中生活する多細胞の植物のほとんどは、藻類（p.108）の仲間です。

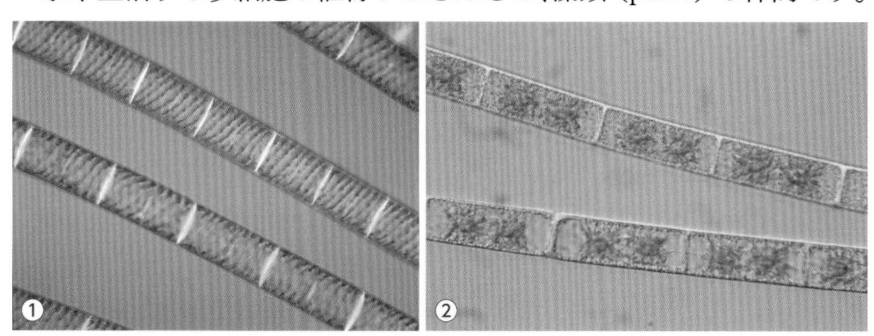

①：**アオミドロ（藻類）**　細長い細胞がいくつもつながって１つの個体をつくる。それぞれの細胞には核と葉緑体がある。　②：**ホシミドロ（藻類）**　アオミドロと同じような構造をしているが、葉緑体が星のような形をしている。（写真①、②：法政大学 月井雄二）

水中から陸上へ

単細胞から多細胞へ進化した生物は、さらに、水中から陸上へ進出した。しかし、細胞の活動には水が必要なので、その確保が重要な課題になった。ヒトの場合、全身の細胞は組織液（p.79）に包まれている。

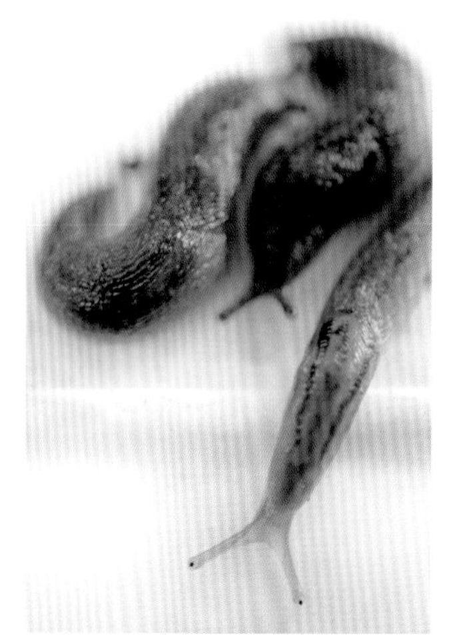

ナメクジ（多細胞生物>軟体動物）

目、心臓、血液などをもっている。陸上生活であるが、からだはいつも湿っている。

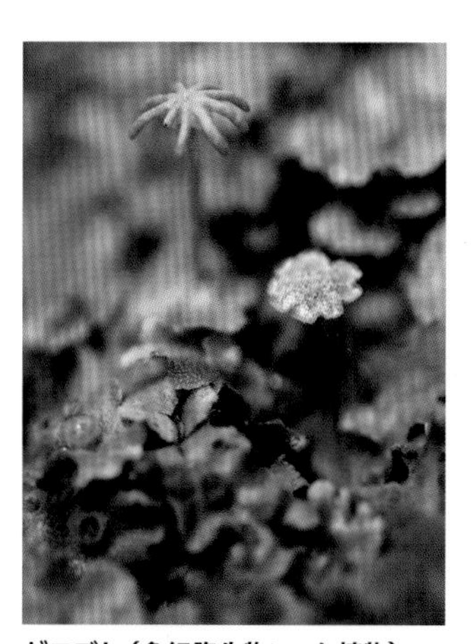

ゼニゴケ（多細胞生物>コケ植物）

雄株と雌株があり、胞子でふえる。ただし、受精を行うために雨（水）が欠かせない（p.107）。

8 ヒトのほおの内側の細胞

準　備

- 光学顕微鏡セット
- 酢酸カーミン
  （なくても観察できる）

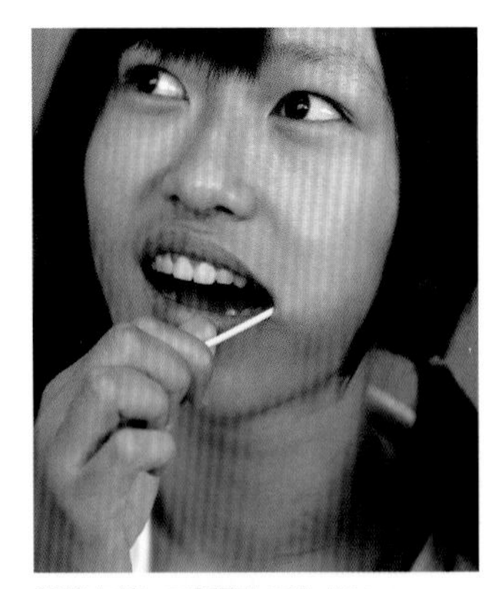
綿棒を使って採取してもよい

観察のポイント

- 口を軽くすすぐだけでは、形が崩れた古い細胞が残る。
- 爪で引っ掻いたり、強くこする必要はない。
- 顕微鏡の倍率は70倍程度から上げ、絞り板は必要に応じて絞る。
- 自分の細胞を観察した感動を忘れないうちにスケッチ、記録する。
- ほおの手前・奥・上顎の細胞は、大きさや形が微妙に違うので、比較してもおもしろい。家庭なら、全員の細胞を比較するのもよい。

スケッチのポイント

- 細胞には、必ず1つの核がある。
- ピントを動かしながら観察し、細胞の立体構造を調べながら書く。

生徒の感想

- 細胞ありすぎてビックリ！
- プレパラートの細胞は生きていると思うけれど、観察が終わったら捨てられる運命にある。

ヒトは、約200種類、60兆個の細胞からできた多細胞生物です。この話は聞いたことがあると思いますが、その事実をあなた自身の体と目を使って、確かめてみましょう。全身どこの細胞でもよいのですが、ほおの内側は軽くこするだけで採取できます。

細胞の採取方法と観察手順

1　少量の水を口に含み、強くすすいで、古い細胞を落とす。
2　軽くほおの内側を指先でこすり、細胞を採取する。
3　指先をスライドガラスの上につける。
（わずかに白く見えるものが細胞。汚れではない。）
4　酢酸カーミンを1滴落とし、1分間放置して核を染める。

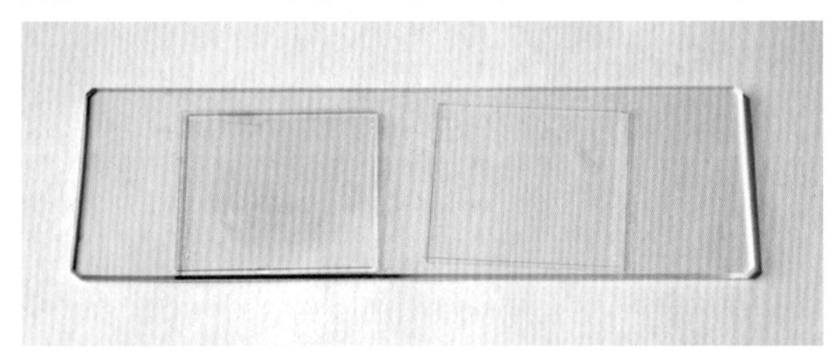
左は染色したもの、右は染色しないもの（左右いずれも、何もないように見えるが、顕微鏡を使うと20～300個の細胞を観察できる）。

5　カバーガラスをかけ、顕微鏡で観察、スケッチする。

ヒトのほおの内側の細胞のスケッチ

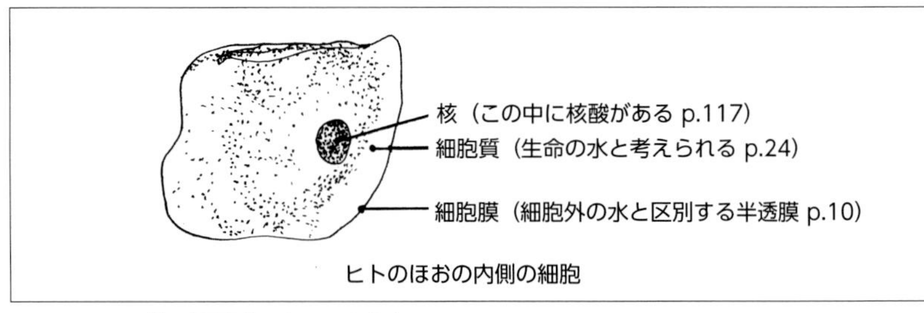

p.17の1000倍の写真をスケッチしたもの。

すべての生物の細胞には核があり、さらに、その中には「核酸、DNA（p.117）」という物質があることがわかっています。核酸は生物の体をつくる設計図で、ヒトのほおの細胞の核にもヒトをつくるすべての設計図が含まれています。しかし、そのほとんどは活動することなく、眠ったままです。

染色液を使わずに観察した細胞

慣れてくると､染色液を使わなくても十分に観察できます。むしろ、染色しない方が形がきれいに見えます。少し強くこすって細胞をたくさん取り、練習してみましょう（下の写真3枚)。

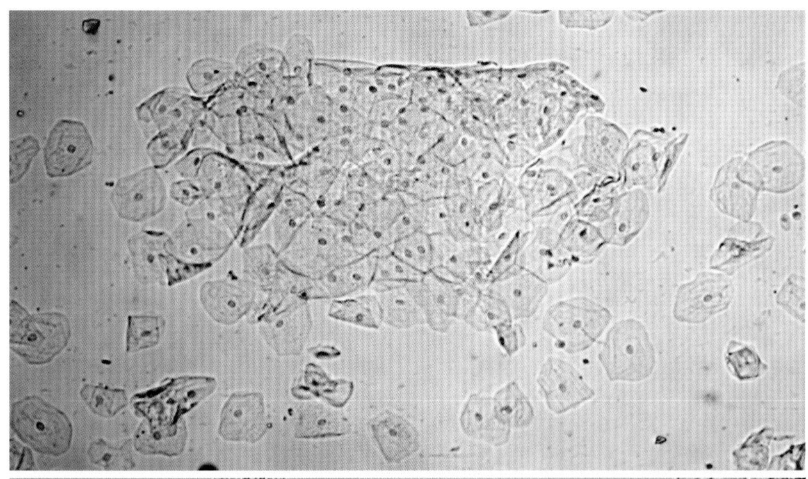

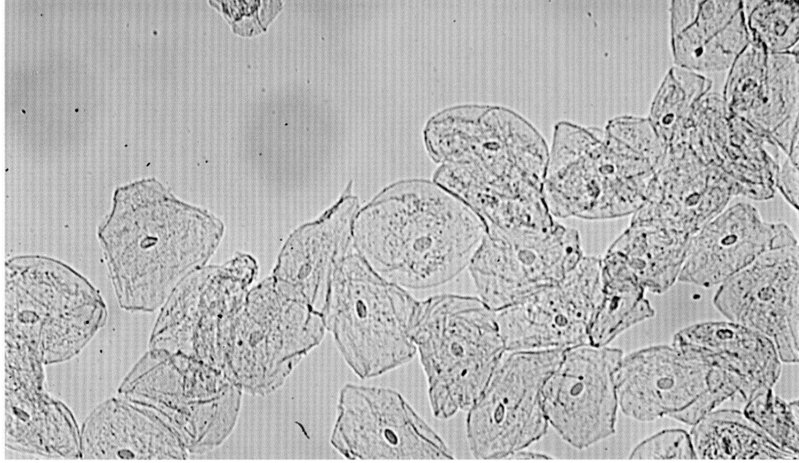

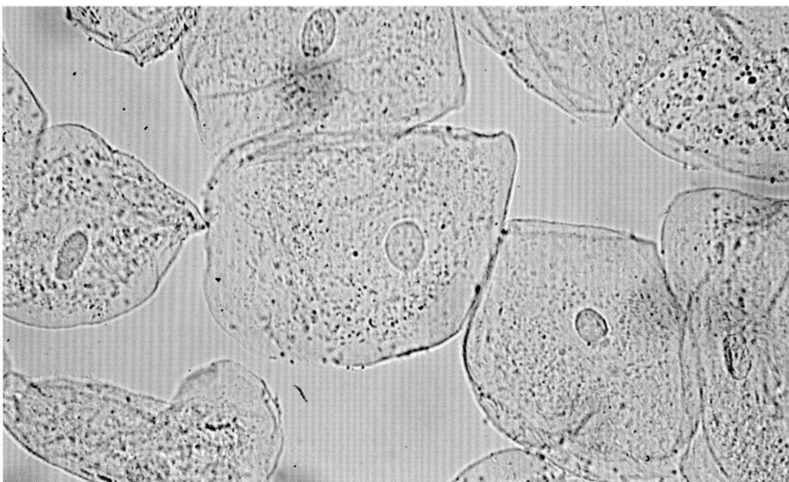

上3枚：染色液なしで観察した細胞（上:100倍、中：400倍、下：1000倍）

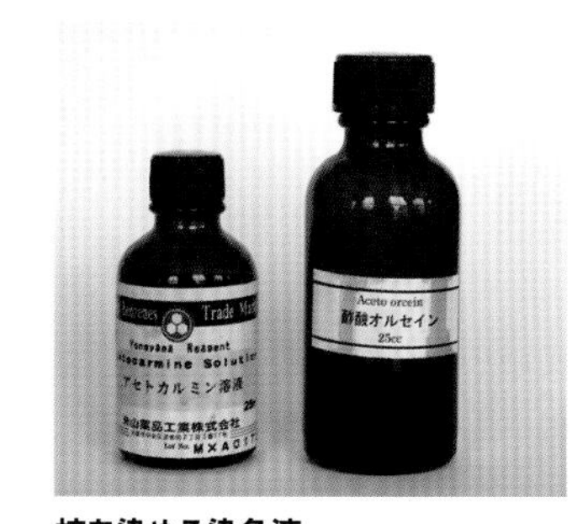

核を染める染色液
酢酸カーミン（左）と酢酸オルセイン（右)。前者の方が染めやすい。

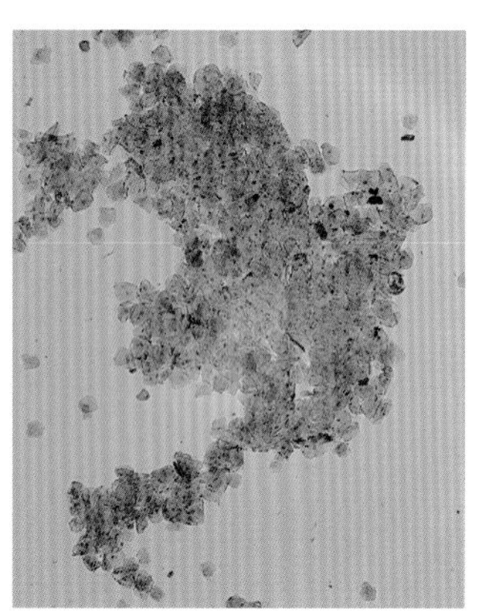

酢酸カーミンで染色した細胞（40倍）
細胞全体が赤く染まっているが､酢酸カーミンは、核酸を染色する。

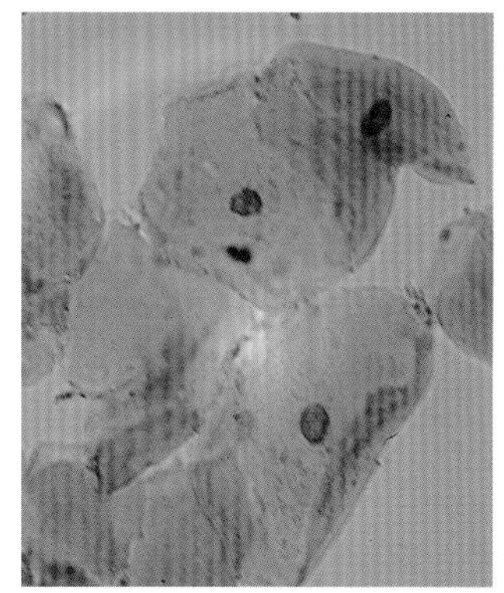

同上（1000倍）
各細胞の中心にある濃く赤く見えるものが核。

細胞内がもやもやしている原因
リボソームや小胞体、ミトコンドリアなどの細胞小器官(p.24）があることが原因。

9 食卓にならぶ多細胞の植物

野菜や果物は、葉緑体をもった多細胞生物です。顕微鏡を使えばいろいろな形や構造の細胞を観察できます。ニンジン、レタス、ピーマン、キャベツ、ミカン、バナナ、パイナップル、メロンなど、いつも食べている植物の細胞を観察しましょう。

準　備

- いろいろな植物の細胞
- 光学顕微鏡セット
- 包丁やはさみ
- ピンセット
- ペーパータオル

観察のポイント

- でんぷん、果汁、細胞壁などの特徴を見つけたら、記録しておく。
- 花粉や花びらにも興味深い細胞が見られる(p.94)。

採れたての新鮮な野菜

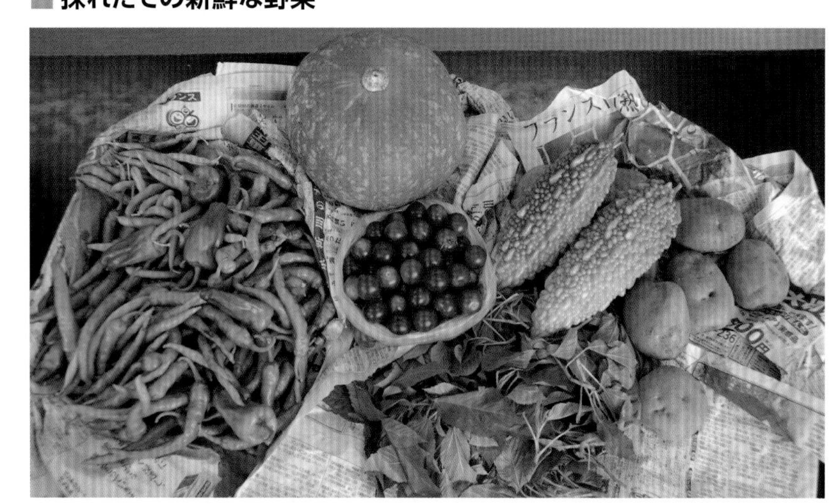

新鮮な植物は、肉眼レベルでも生き生きとしている。 細胞レベルでも同じ。

プチトマト1個には、いろいろな細胞がある

プチトマト1個から、表皮、果実、種子など、いろいろな部分の細胞が観察できます。できるだけ薄いプレパラートをつくると、細胞が1列に並んできれいに観察できます。

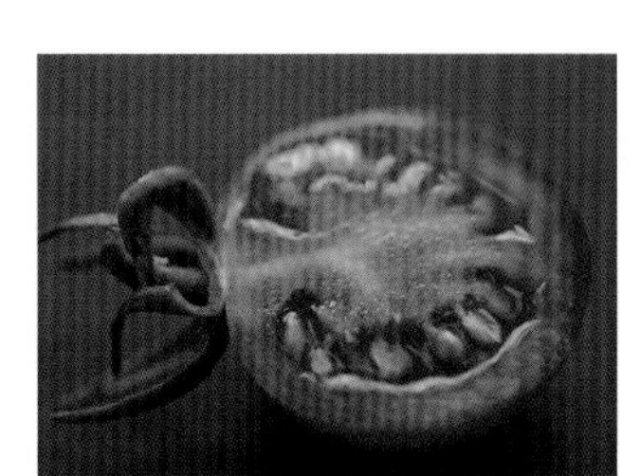

観察に使ったプチトマト

肉眼レベルで見ても、いろいろな器官、組織があることがわかる。どのようになっているか想像しながら観察すると面白い。

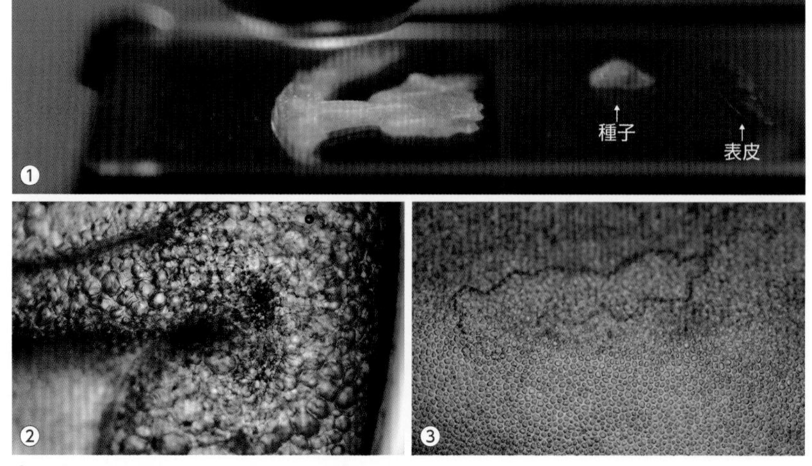

①：プチトマトをスライスしたもの、種子、表皮。

②：縦断面（40倍）　③：表皮細胞（40倍）赤い色素「カロテン」が多数見られる。

生徒の感想

- 植物の細胞を観察する、という理由で高級フルーツを食べられた。細胞を見た後は、食べるときも集中した。

観察できたいろいろな植物細胞

レモンの細胞も肉眼で観察することはできません。顕微鏡を使って40倍にすると、下のようにたくさんの細胞が見られます。

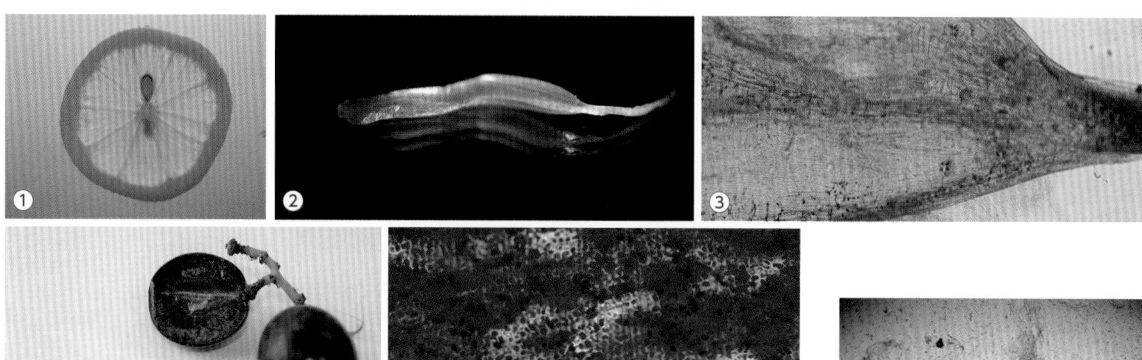

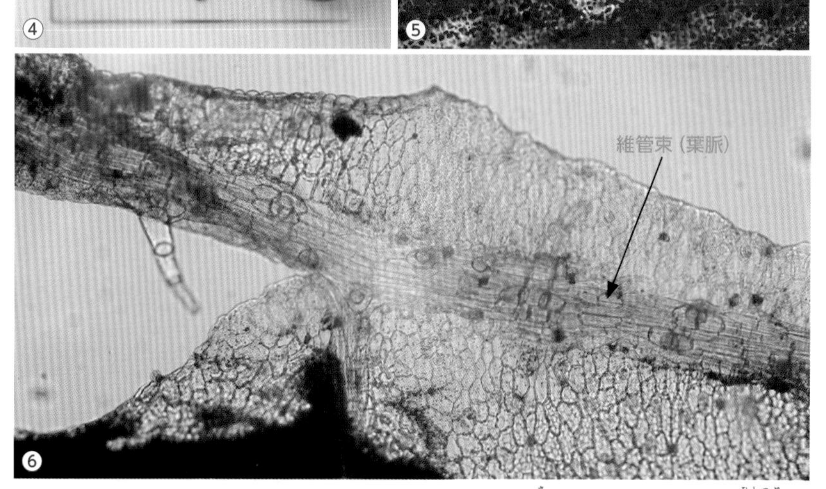

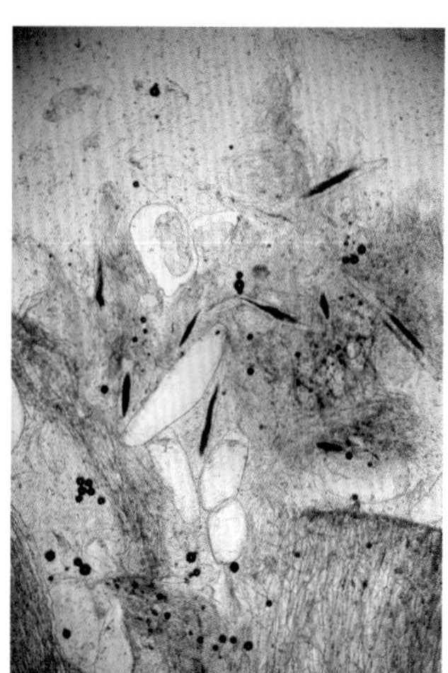

キウイの果実（40倍）

①〜③：**レモン**　写真①は輪切り。写真②は果汁を含んだ砂じょう（つぶつぶ）の一粒。写真③はカバーガラスをかけて押しつぶした一粒。たくさんの細胞が見える（40倍）。
④、⑤：**ブドウ（巨峰）**　写真⑤は赤い色素が見える表皮（100倍）。
⑥：**シソの葉（表）**　水や養分を運ぶための維管束（p.143）が見られる（40倍）。

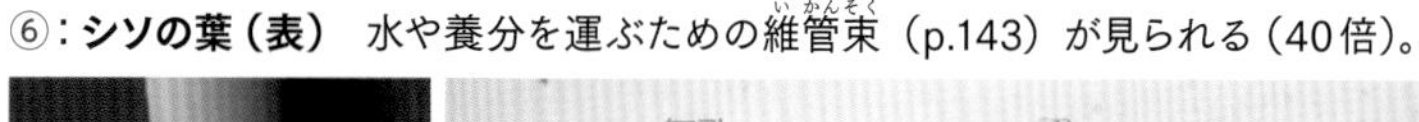

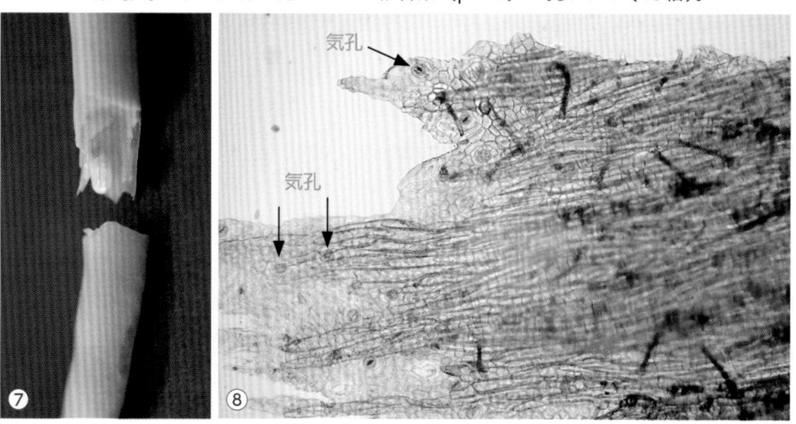

⑦、⑧：**インゲンマメ**　薄い部分ができるように考えながら、ポキンと折る。写真⑧は、偶然できた薄い部分「さやの表皮細胞」。気孔の孔辺細胞（p.34）が見える（40倍）。

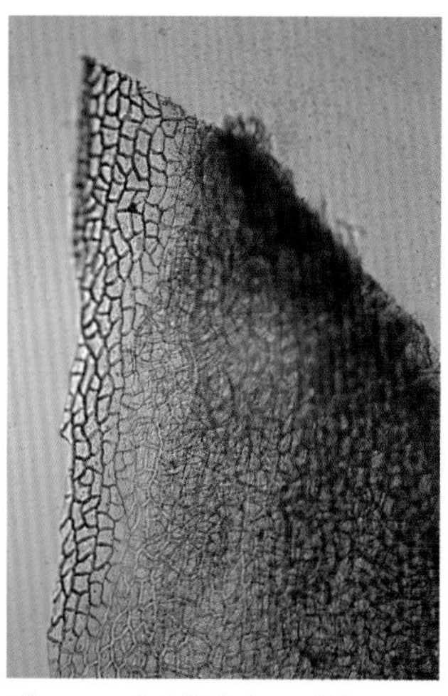

ピーマンの表皮細胞（100倍）

10 観察の基礎
(肉眼、ルーペと顕微鏡、プレパラート、スケッチ)

生物を観察するときは、目、耳、鼻、口、手、頭など体全体を使って注意深く調べます。とくに目と脳をしっかり働かせて感じ、考え、イメージしながら観察しましょう。

肉眼でプレパラートを見る
顕微鏡で観察する前に、プレパラートを肉眼で見る。

倍率の基準(ルーペ)
基準は、25cm離れて見た大きさ(1倍)。したがって、8cmまで近寄れば肉眼で3倍(25cm÷8cm)になる。

対象に近づけない場合
双眼鏡や望遠鏡を使う。

■ できるだけ近づいて肉眼で見る

中学生は、肉眼で約8cmの距離にあるものまでピントを合わせられます。1.28mの距離から8cmまで近づくと、16倍になる計算です。もっと近づきたい場合はルーペや顕微鏡を使いますが、最初に行うことは、積極的に近づくことです。

①〜③:**ハルジオン** 近づくだけで、違う世界が見えてくる。

生物観察の基礎・基本
YouTubeチャンネル
『中学理科のMr.Taka』

■ 限界になったらルーペを使う

肉眼の限界より近づきたい場合は、ルーペ(虫眼鏡)を使います。ポイントは、目から1cmぐらいの距離でルーペを固定することです。握った手をほおに当てると良いでしょう(写真①)。そして、見たいものを前後させるか、目にルーペを当てたまま自分が前後します。

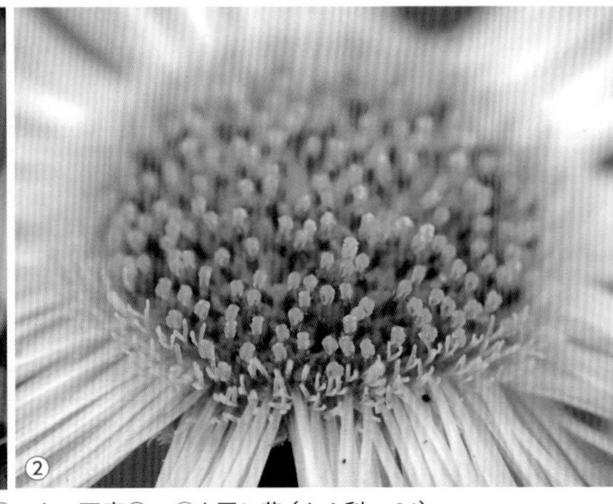

①:ルーペの正しい位置。 ②:上の写真①〜③と同じ花(キク科 p.91)。

生徒の感想

- その辺にあるものでも、ルーペを使うとすごいもの、肉眼ではわからなかったしくみが見えた。
- 先生に言われたようにレンズは自分の眼球レンズと同じように、大切に扱います。

双眼実体顕微鏡は両目で見る

双眼実体顕微鏡は左右同時に見ることで、立体的な観察ができます。したがって、左右の目の幅を合わせること、視力差がある人は視度調節リングで両目のピントを合わせることがポイントです。

2種類の光

光学顕微鏡は下からの透過光、双眼実体顕微鏡は、上からの落射照明（室内の照明）を使う。

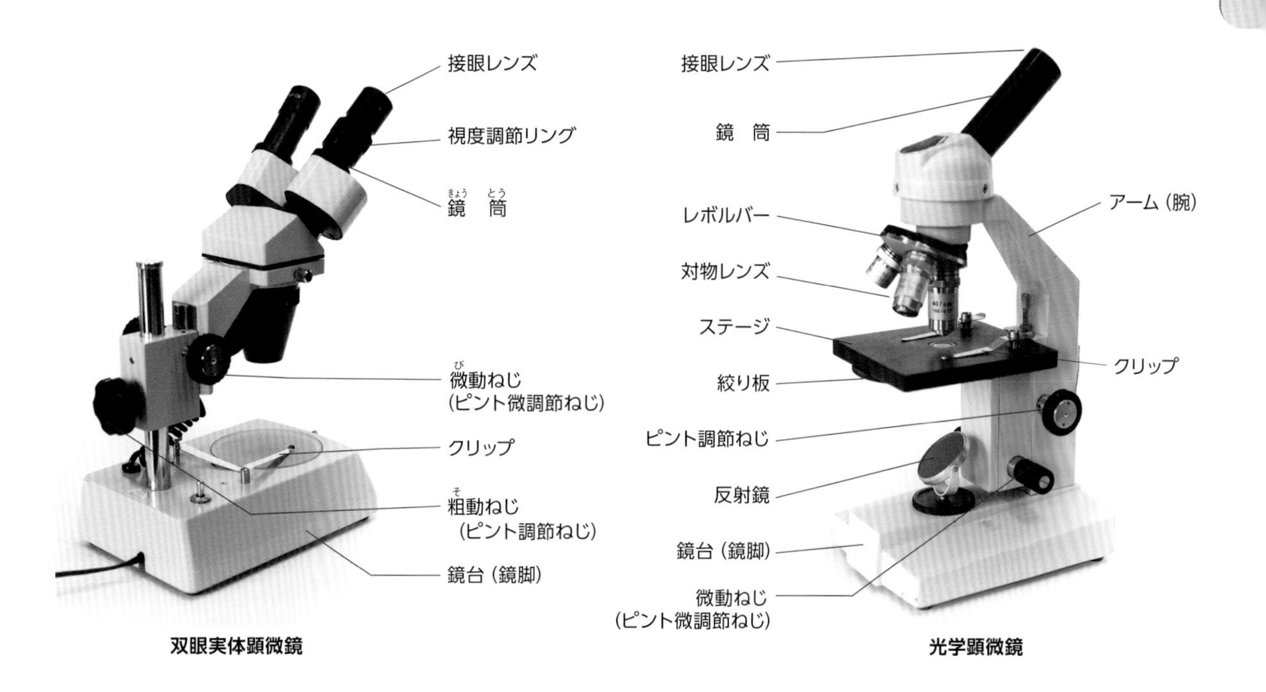

双眼実体顕微鏡　　光学顕微鏡

顕微鏡を使うときのポイント

光学顕微鏡のポイントは、視野に光を入れること（写真①）、低倍率で良いポイントを探すことです。写真②の生徒は、最低倍率を使っています。上級者になると、絞り板を使ってピントの深さを変えます。明るさよりも目的のものをしっかり見るための操作です。

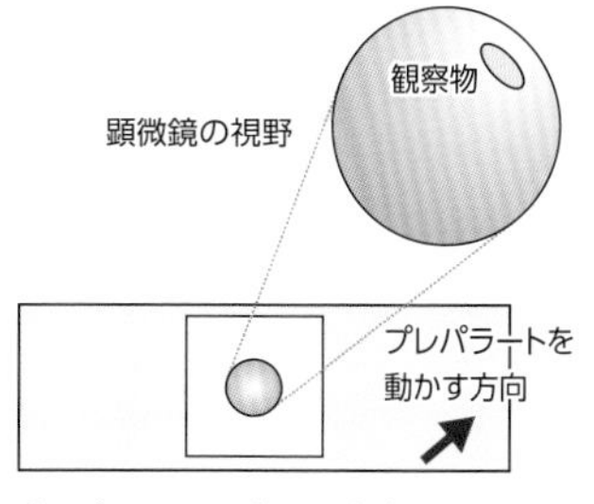

プレパラートを動かす方向

顕微鏡では、左右上下が逆に見える。したがって、観察物が視野の右上に見える場合、上図のようにプレパラートを動かすと中央になる。

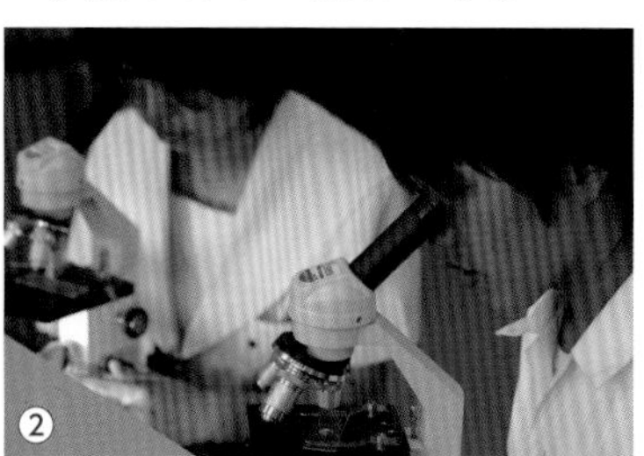

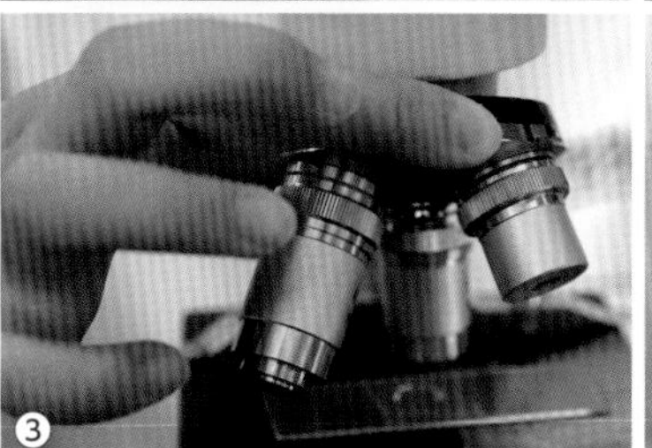

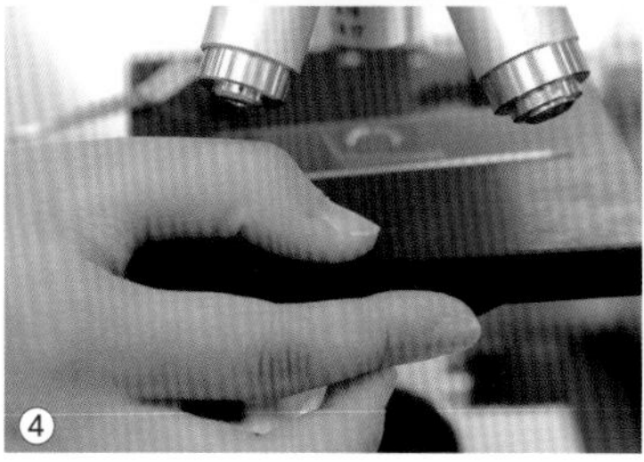

①：低倍率は平面鏡、高倍率は凹面鏡を使う。LED光源は適量で。　②：見る目はスケッチする手と逆が良いが、無意識で利き目で見る人が多い（p.51）。　③：対物レンズを持って回すと光軸がずれるので、レボルバーを回す。　④：絞り板で光量を調節する。絞り板は、ヒトの瞳の虹彩（p.50）に相当する。

一般的なプレパラートの作り方

試料（観察するもの）をスライドガラスとカバーガラスで挟んだものをプレパラートといいます。

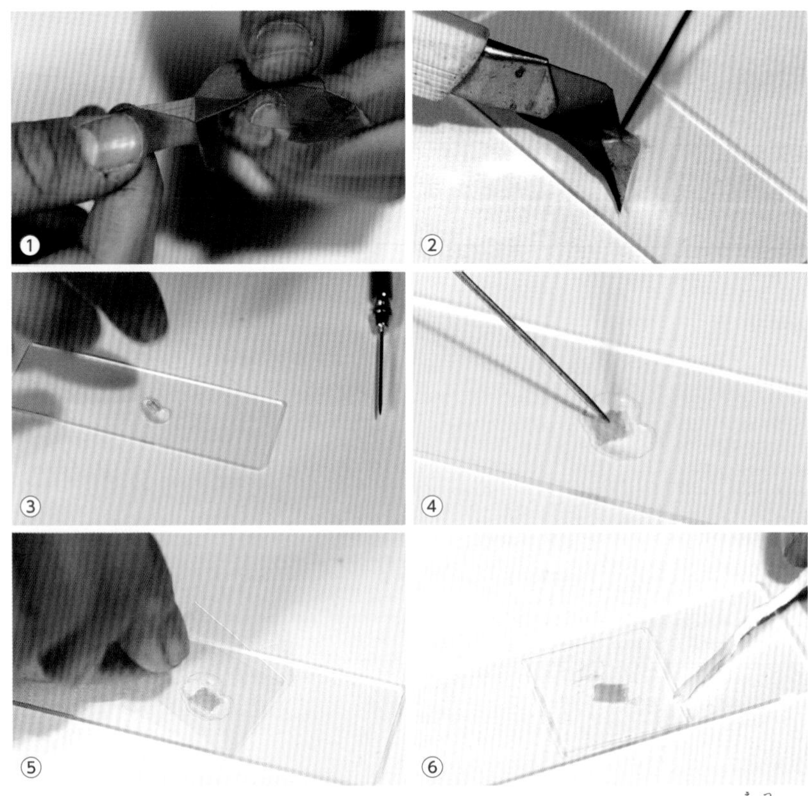

①：できるだけ薄い試料をつくる（偶然できたものを大切にする）。　②：カッター、柄付き針、ピンセットを使って、試料を小さくする。　③～④：水をかけ、空気が入った場合は柄付き針などを使って抜く。　⑤：カバーガラスをかける。　⑥：余分な水分を吸い取る（スライドガラスとカバーガラスの隙間にティシューを触れるだけで、毛細管現象により写真⑥のように吸い上がる）。

プレパラート

プレパラート作りは、顕微鏡操作より重要。美しいものができれば、顕微鏡操作もスケッチも簡単になる。

いろいろな試料作りの方法

(1) カッターで切る
(2) 引き裂く
(3) 押しつぶす

①：指につけた1滴の水を垂らす生徒 最高に優れた道具は自分の指。　**②：空気が入ったプレパラート** 空気が入ると、試料が厚くなり、上手く検鏡できない。

科学的スケッチの書き方

科学的スケッチは、自分が観察して伝えたいことだけを書きます。全体を書いたり、芸術的な雰囲気を表現する必要はありません。誰が見ても間違いないように、細くはっきりした線と点だけで書きます。

(1) 同じ太さの細い線と、同じ大きさの点だけで書く。
(2) 線を枝分かれさせたり、途中で切ったりしない。
(3) 陰影をつけない。
(4) 色を塗らない（ただし、場合によっては色鉛筆で着色する）。

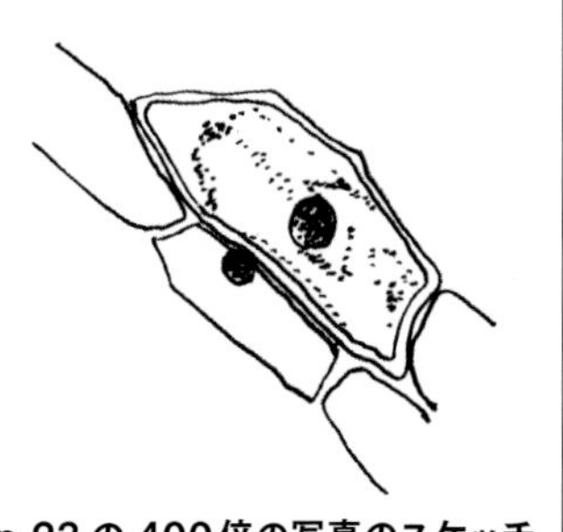

p.23 の 400倍の写真のスケッチ

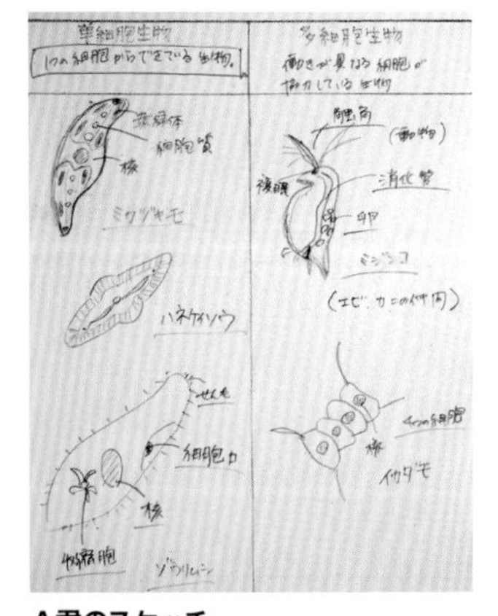

A君のスケッチ

単細胞生物と多細胞生物に分け、単純な線で正しくスケッチしている。

タマネギのプレパラートを作る手順

タマネギ鱗片(りんぺん)の表皮細胞のプレパラート作りは簡単です。素早くできるようになるまで何回も練習しましょう。

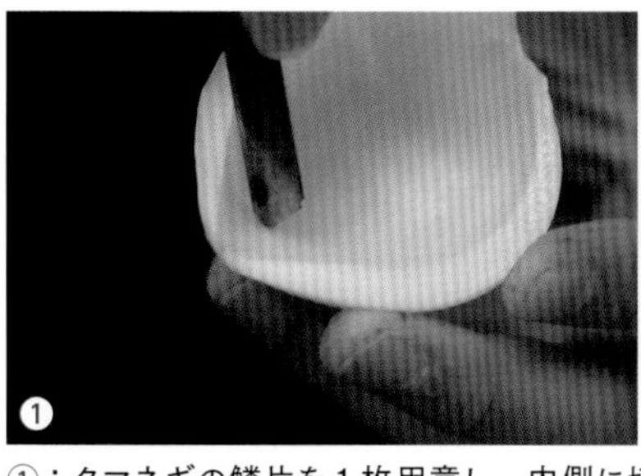
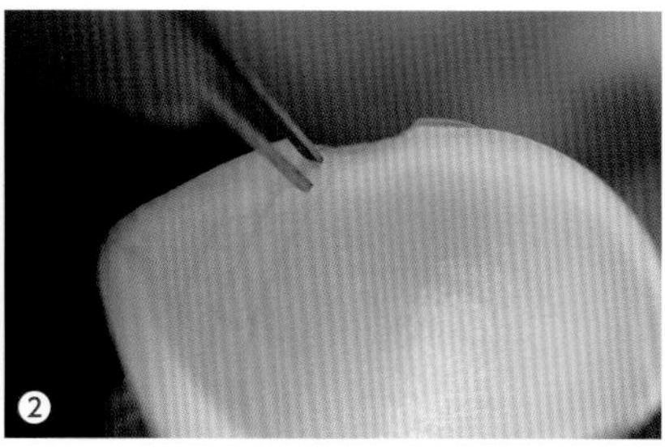

①：タマネギの鱗片を1枚用意し、内側に切り込みを入れる。　②：ピンセットで切り込み部分の表皮を引き剥(は)がし、スライドガラスにのせる（核を染色する場合は、酢酸カーミン1滴をかけ、数分間放置する）。そして、カバーガラスをかけ、ティッシュで不要な水分を吸い取り、顕微鏡で観察する。プレパラートに空気が入ったら、カバーガラスの一方を持ち上げてかけ直す。

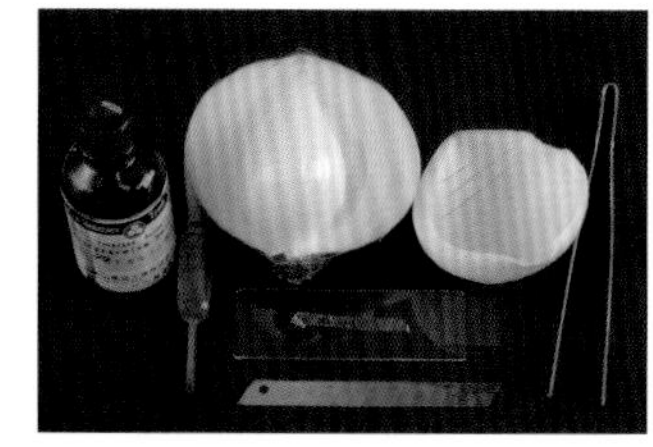

準備するもの

酢酸(さくさん)カーミン（または酢酸オルセイン）は、核を染色したいときに使う。

実験、観察のポイント

- 植物細胞は細胞壁（p.24）があるので、動物細胞より染色時間が長くなる。
- 細胞壁と細胞膜は互いに張りついているので、区別しにくい。

光学顕微鏡で見たタマネギの細胞

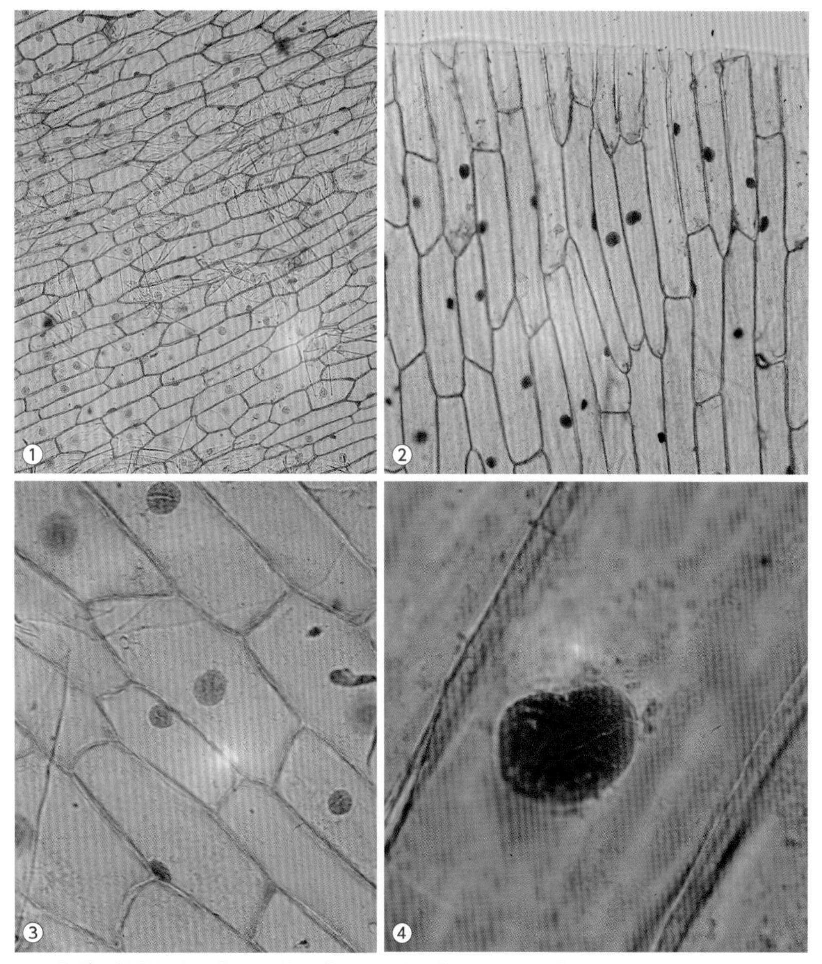

タマネギの鱗片細胞　①：40倍　②：100倍　③：400倍　④：1000倍

タマネギの染色体

細胞分裂中の核は、形を整えた染色体として観察できる（p.42）。

顕微鏡の倍率

対物レンズと接眼レンズの倍率の積(せき)。例えば、10倍と7倍なら、70倍。

観察・レポートの主な項目（生物）

(1) タイトル（観察の目的）
(2) 観察者名
(3) 日時（天気、気温など）
(4) 場所（細かな条件）
(5) スケッチ（観察道具、倍率）
(6) 特徴（色、動きなど）
(7) 考察
　・全体のまとめと根拠
　・推測、予測されること
　・今後の研究課題

生徒の感想

- タマネギも酢酸カーミンもくさい。
- 染色するときに裏表にたっぷりかけないと染まらなかった。
- 指についた酢酸カーミンがとれなくて大変。

第2章 細胞の構造とはたらき

第2章は1つの細胞の中にある器官「細胞小器官」を調べます。

多細胞生物の細胞は、からだの部分によって構造やはたらきが違いますが、核、リボソーム、ミトコンドリアなどが共通しています。単細胞生物も同じです。これらは顕微鏡では見えない物質の変化やエネルギーの交換、代謝（生命活動）の中心としてはたらきます。植物細胞には葉緑体、細胞壁、液胞などが追加されます。

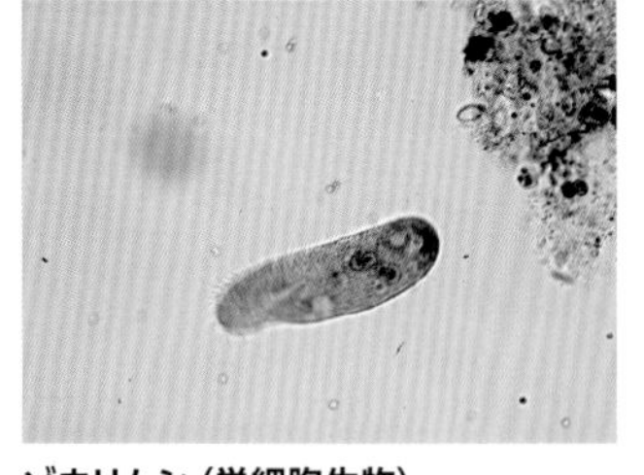

ゾウリムシ（単細胞生物）
基本的な構造の他に、動くための繊毛、食べるための細胞口、取り込んだ水を排出する細胞肛門などがある（p.12）。

器官と細胞小器官
器官という言葉は、もともと多細胞生物に対して使われる。例えば、胃、小腸、すい臓を消化器官という。

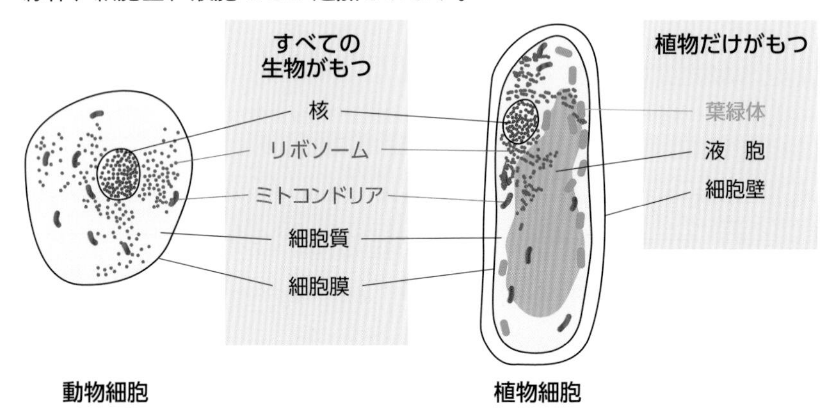

動物細胞と植物細胞の比較

植物は、葉緑体で光合成を行う多細胞生物です。細胞壁や液胞もあり、細胞レベルでは動物よりも多機能です。

細胞小器官の名前とはたらき		動物	植物
核	・タンパク質、生物の設計図（主成分は DNA）　p.117	ある	
リボソーム	・タンパク質（酵素）をつくる工場　p.25		
ミトコンドリア	・ブドウ糖からエネルギーをつくる（呼吸）装置　p.28		
細胞質	・細胞膜とその内側にあるすべて（核を除く）		
細胞膜	・細胞と外界を区別する生きた膜で、選択的透過性をもつ　p.10		
葉緑体	・光合成、ブドウ糖を合成する工場（緑色が多い）　p.38	ない※1	ある
細胞壁	・植物の体を支える壁（動物の「骨」にあたる） ※樹木が固いのはセルロースでできた細胞壁があるから		
液　胞	・細胞に必要なものを貯えるた袋（動物の「脂肪」にあたる） ※細胞容積の 90%以上にもなる（原形質流動 p.38）		

ミドリムシやゾウリムシは原生生物として分類する p.150

1 核は生物の設計図

ウシは緑の草しか食べないのに、白い乳や赤い肉をつくります。草や細菌を材料にして自分自身、つまり、有機物を合成するからです。その設計図は、１つひとつの細胞の核にあります。筋肉細胞の核は筋肉、乳をつくる細胞の核は牛乳の設計図をもっています（p.119）。

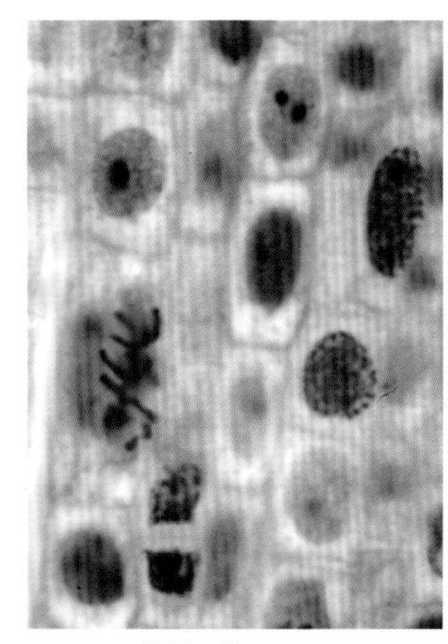

ソラマメの細胞の核

1つひとつの細胞に、細胞自身をつくるための核とリボソームがある。写真の黒いものは、細胞分裂中の核（染色体）。

設計図「核」と工場「リボソーム」

核とリボソームは生物そのものではなく、その材料となるタンパク質、物質を合成・分解する道具「酵素 p.26」をつくる。

2 リボソームはタンパク質をつくる工場

リボソームはとても小さく顕微鏡で見えませんが、核につながる小胞体の中に無数にあります。そして、核の設計図にしたがい、細胞質に溶けている物質から数万種類のタンパク質や酵素（p.26）を合成します。このはたらきは単細胞生物からヒトまですべての生物に共通するセントラル・ドグマ（p.119）、自分自身をつくる同化活動です。

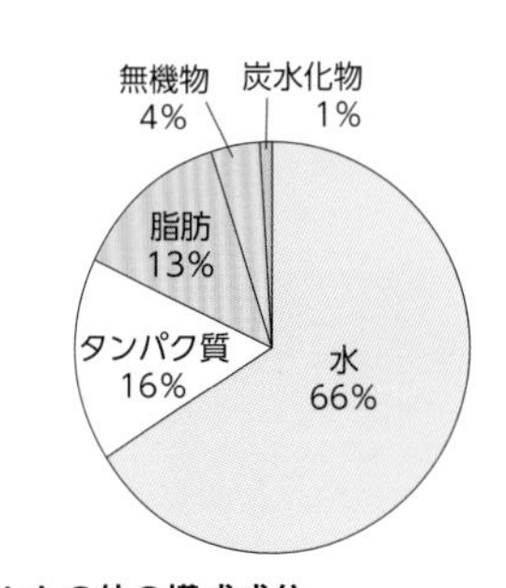

ヒトの体の構成成分

燃えてなくなる炭水化物や脂質、食塩などの無機物をのぞくと、タンパク質だけが残る。p.28 で実験する。

有機物と無機物

生物をつくる物質を有機物、それ以外の物質を無機物といいます。化学的には、炭素を含むものを有機物、含まないものを無機物といいますが、いずれの基準もやんわりとしています。

有機物	・タンパク質、炭水化物、脂質、ビタミン ・酵素（p.26）、ホルモン（p.86）、DNA（核酸）
無機物	・水、無機塩類 ・炭素を含む例外的な無機物は C（炭素）、CO_2（二酸化炭素）など

生徒の感想

・私はタンパク質からできていて、そのタンパク質は私の細胞自身がつくっている。

3 リボソームがつくる酵素

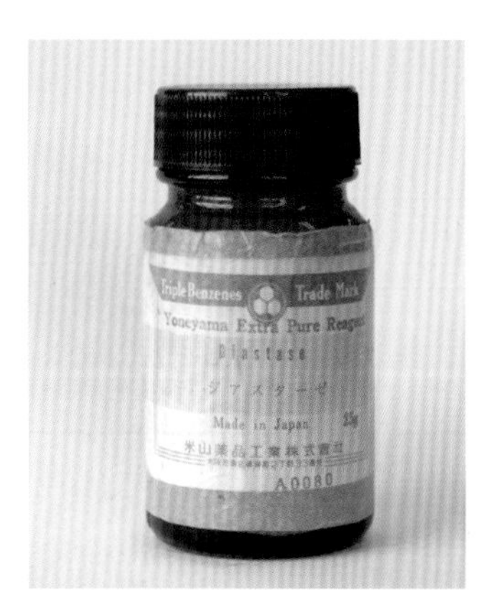

ジアスターゼ

1883年、世界で初めて植物「オオムギ」から単離された酵素(フランスで発見)。ヒトのだ液に含まれるアミラーゼと同じ物質。p.70で実験する。

酵素(エンザイム)の特徴

(1) 低温(体温)ではたらく。
(2) 加熱すると分解する。
※主成分はタンパク質。
(3) 反応の前後で変化しない(触媒)。
(4) 体外でもはたらく。

触媒(酵素)

それ自身は変化せず、化学反応を促進させる物質を触媒という。シリーズ書籍『中学理科の化学』では、オキシドールに肝臓やジャガイモを入れて酸素を発生させる。

リボソームがつくるタンパク質「酵素」は特別です。体内の物質をつくったり壊したりするからです。酵素はごく微量で何度でもくり返し使える便利な道具ですが、1つの酵素は1つの仕事しかできない基質特異性があるので、無限ともいえる種類が必要になります。

実際、あなたがこの本を読んでいる間にも、リボソームで多様な酵素がつくられ、はたらいています。また、いろいろな酵素をつくることができるリボソーム自身も巨大な酵素、といえます。

酵素の主なはたらき

酵素は、生物内のすべての物質の合成と分解、および、反応の促進・抑制を行います。合成を同化、分解を異化といいます。

(1) タンパク質(ヒトのからだの20%)をつくる	p.27
(2) エネルギーの合成(呼吸)	p.28
(3) ブドウ糖をつくる(植物の光合成)	p.38
(4) ホルモンや神経伝達物質をつくる	p.48
(5) 栄養分を分解、消化する	p.69
(6) 不要物、有害物質を分解する	肝臓 p.77、免疫 p.83
(7) 核酸(DNA、遺伝子)をつくる	p.117

※酵素を助ける「補酵素」や特別なタンパク質の種類もたくさんある。
※酵素は名前の最後に「ーゼ」がつくことが多い。

水中ではたらく酵素

酵素による化学変化は水中で行われます。感覚的には空気中の方が反応しやすく感じますが、水は多様な物質や酵素を溶かすことができるので、反応が連続して穏やかに効率よく進むのです。下図は、空気中と細胞内(ミトコンドリア p.28)での燃焼を比較しています。

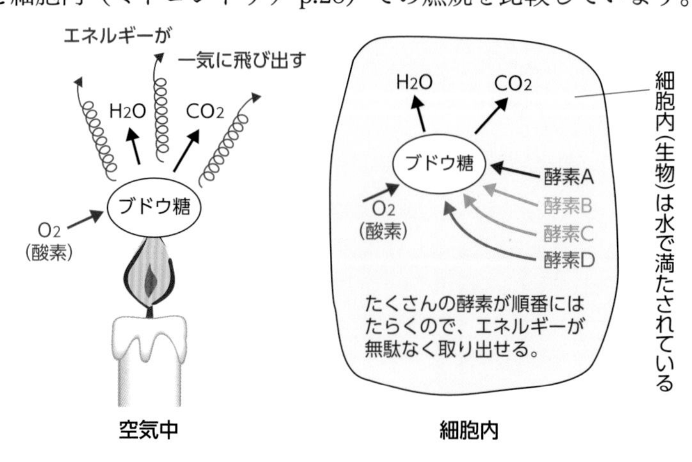

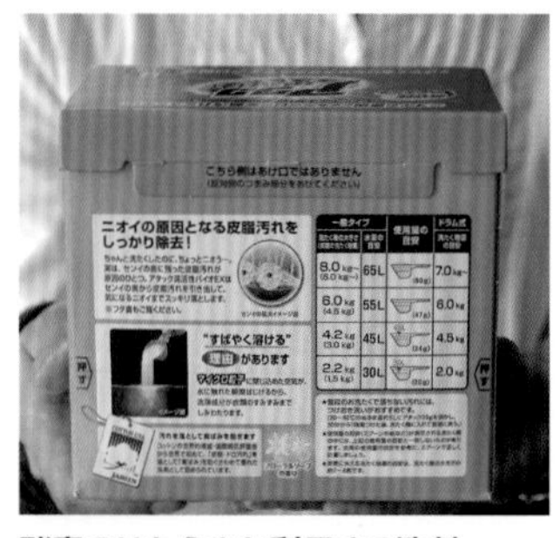

酵素のはたらきも利用する洗剤

タンパク質を分解する。

ヒトが必要とする材料「五大栄養素」

ヒトが五大栄養素として食べたものは、多様な消化酵素によってアミノ酸、ブドウ糖、脂肪酸、モノグリセリドなどに分解されます。そして、多くの酵素のはたらきで、ヒトの体を構成するすべての物質（タンパク質、脂肪、貯蔵物）として合成、つくり直されます。

栄養素名	エネルギー (kcal/g)	主なはたらきなど	主な食品
タンパク質	(4)※1	• ヒトの体をつくる材料になる	肉、魚、卵、豆腐、豆
炭水化物※2	4	• エネルギー源になる（細胞内呼吸 p.28）	米、パン、ジャガイモ
脂　質※3	9		油、バター
無機物※4	0	• Ca、P、Fe（血液）、Na、Mg、K などのミネラル	
ビタミン※5	0	• A（目や皮膚に必須）、B（炭水化物や脂質の燃焼を助ける）C（血管や傷の回復）、D（骨や歯に必須）	

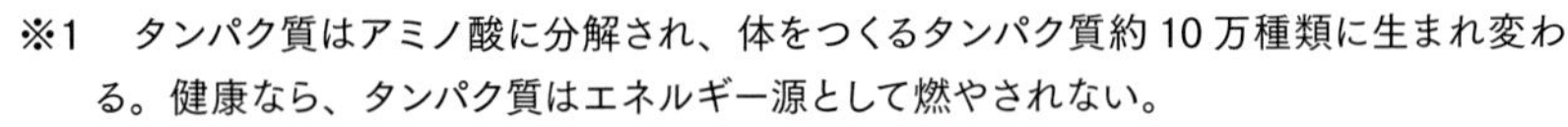

※1　タンパク質はアミノ酸に分解され、体をつくるタンパク質約 10 万種類に生まれ変わる。健康なら、タンパク質はエネルギー源として燃やされない。

※2　最も単純な炭水化物はブドウ糖（グルコース）。それが数千個以上結合したものを「でんぷん」という。

※3　脂肪をつくる物質（脂肪酸やグリセリン、モノグリセリドなど）は p.69 欄外。

※4、5　無機物やビタミンは、細胞の活動をなめらかにするはたらきがある。

有機物に満ちた世界

ヒト、ウシ、車輪（植物）、土中の生物など、この世界のほぼすべての有機物は、核とリボソームがつくる。

材料を組み立て、からだをつくる

自然界には約 500 種類のアミノ酸があり、それらを組み立ててつくるタンパク質（細胞の主成分）の種類は無限です。その一方、ヒトをつくるアミノ酸はわずか 20 種類です。このうち 11 種類は体内で合成できますが、合成できない 9 種類は必須アミノ酸といいます。もちろん、20 種類のうち 1 つでも欠けるとヒトは死に至ります。以下は、生物のからだを組み立てる材料とつくられる物質の関係です。

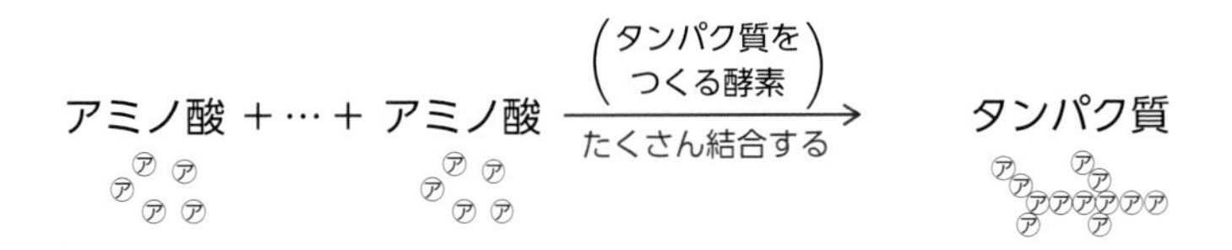

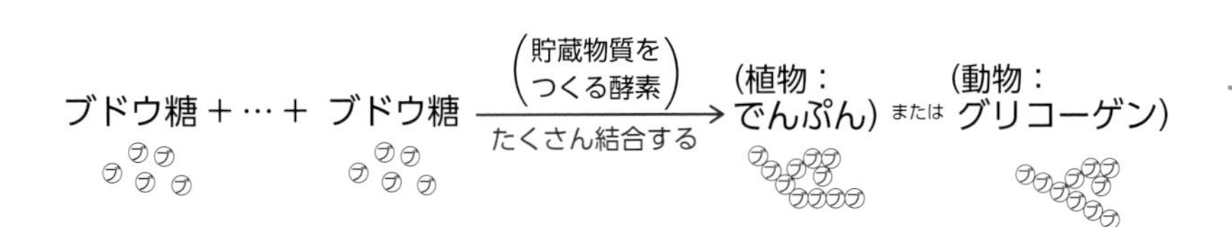

脂肪酸 ＋…＋ モノグリセリド　—（脂肪をつくる酵素）たくさん結合する→　脂　肪

ヒトの体をつくるアミノ酸 20 種類

必須アミノ酸（9 種類）
イソロイシン、トリプトファン、トレオニン、バリン、ヒスチジン、フェニルアラニン、メチオニン、リジン、ロイシン
体内で合成できるもの（11 種類）
アスパラギン、アスパラギン酸、アラニン、アルギニン、グリシン、グルタミン、グルタミン酸、システイン、セリン、チロシン、プロリン

※数十個～数百個のアミノ酸が結合して 1 つのタンパク質になる。

生徒の感想

- ママが大切にしているタンパク質は、キューティクル（髪）とコラーゲン（肌）。そのコラーゲンはタンパク質の 1/3 を占める。

4 ミトコンドリアで呼吸する細胞

ミトコンドリアは、物質がもつ化学エネルギーを取り出す装置です。エネルギーを使う筋肉細胞には、ミトコンドリアがたくさんあります。

その化学変化は、次の式で表すことができます。主に使われる栄養分はブドウ糖で、その燃焼には酸素を使い、二酸化炭素が排出されます。この反応を細胞呼吸（内呼吸 p.40）といいます。

ミトコンドリアの内部は、無数の膜があり、その上にある酵素によって、効率よくエネルギーがつくられていきます。

ミトコンドリアのモデル図

ミトコンドリアは、全生物のすべての細胞内に無数に存在するが、とても小さく光学顕微鏡では見えない。内部にある膜の上で、10 種類ほどの酵素が順序よくはたらく。

5 栄養分を燃焼（呼吸）させよう

ミトコンドリアの活動と燃焼は、原理的に同じです。どちらも酸素と化合してエネルギーを発生させます。細胞内は見られないので、いろいろな栄養分を空気中で燃やしてみましょう。

ミトコンドリア内での燃焼

細胞呼吸（燃焼）は、水に溶けた物質と酵素による反応なので大きな熱が出ない。ミトコンドリア内での化学変化はクエン酸回路（p.136）といい、ブドウ糖 1 分子から ATP 36 分子ができる。

ATP（アデノシン三リン酸）

ATP は、単細胞生物からヒトまでの全生物に共通する高エネルギー物質で、エネルギー通貨（お金）といわれる。このお金を使って、細胞は自分自身やいろいろな物質をつくる（同化 p.39）。

■ 砂糖（炭水化物）を空気中で加熱する実験

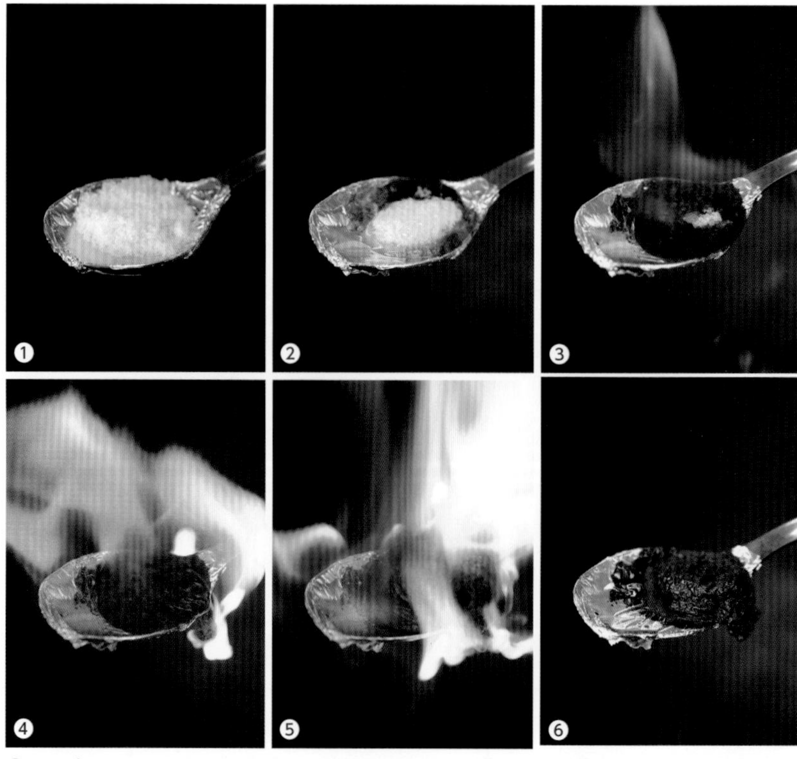

①：スプーンにアルミホイルを巻き、砂糖をのせる。　②：弱火で加熱する。　③～⑤：水蒸気を発生しながら激しく燃焼する。　⑥：最終的に、炭素が残る。

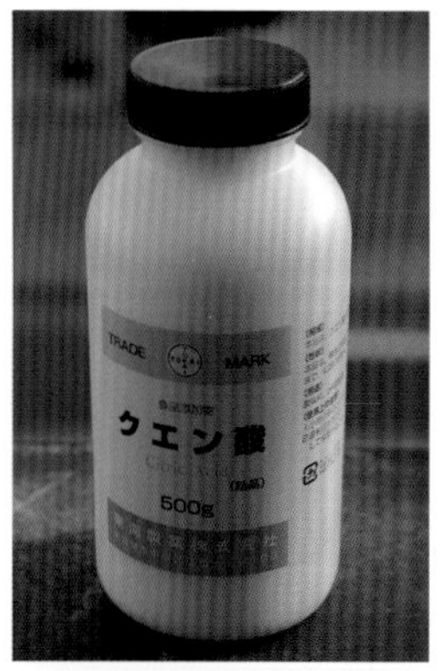

クエン酸（薬局の市販品）

クエン酸は細胞呼吸（ミトコンドリア内）でつくられるアミノ酸の1つ（p.27）。とても酸っぱく、疲労回復効果がある。

胡麻（脂肪）の燃焼実験

脂肪はとても激しく燃えます。1g当たりに発生する熱量は、有機物のなかで最大の9000cal（9kcal）です。

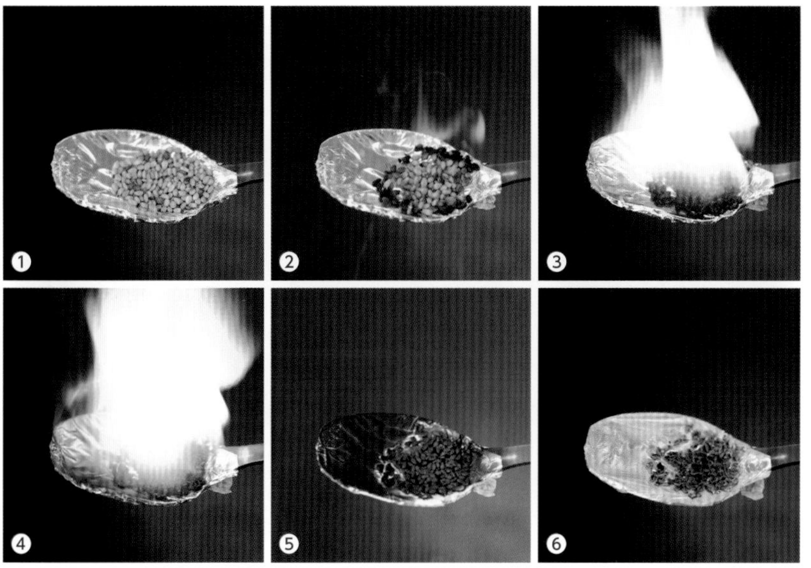

①〜⑥：栄養素の中で最も激しく液体燃料のように燃焼する。

準　備

- いろいろな有機物（砂糖、肉、バナナなど）
- アルミホイル
- スプーン
- ガスバーナー

⚠注意 火傷、換気

- 加熱するものは、少量にする。

燃焼で発生するエネルギー（有機物）

栄養素名	エネルギー（kcal/g）
タンパク質	(4)
炭水化物	4
脂　肪	9

※栄養分の種類によって違う（p.27）。

ニワトリの筋肉（タンパク質）の燃焼実験

タンパク質は、ゆっくり燃焼します。なぜなら、タンパク質は生物を構成する主要な物質で、炭水化物や脂肪のように燃焼することは本来の目的ではないからです。

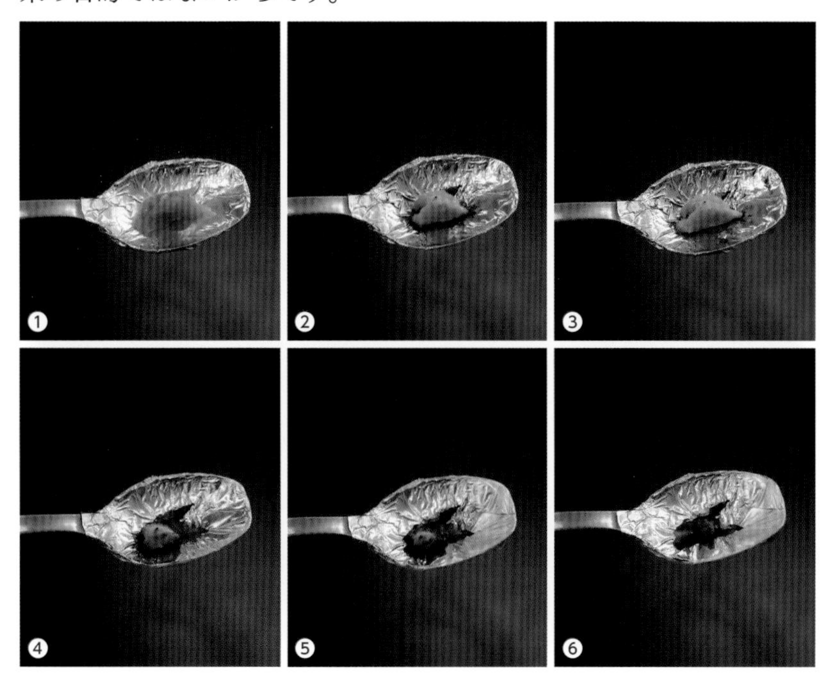

①〜⑥：炎を上げることはないが、有機物なので最終的に「炭」になることは同じ。

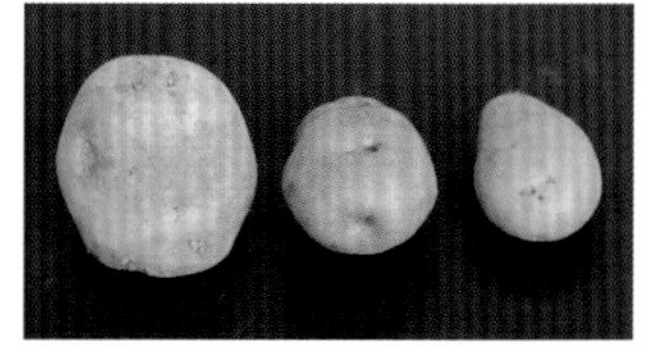

ジャガイモの地下茎

ジャガイモに限らず、ほとんどの植物は、貯蔵でんぷんをつくる。でんぷんは、エネルギーが必要なときにミトコンドリアが分解する。

生徒の感想

- 肉を焼いたらお腹が減ってきた。美味しい匂いがしたよ。
- バーベキューの残りものも、炭になることを思い出した。
- どうせ焼くなら、自分の体の中で燃やしたい。

6 呼吸を確かめる3つの実験

準　備

- 石灰水、ストロー、ヒト
- 雑草、土、ビニール袋
- ガラス管、ゴム管、輪ゴム
- ガスバーナー

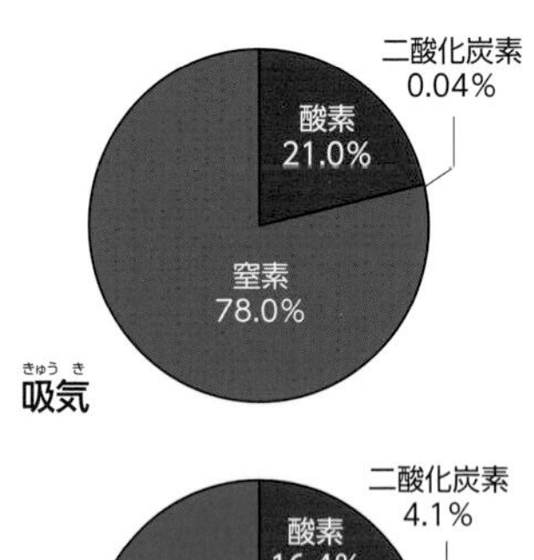

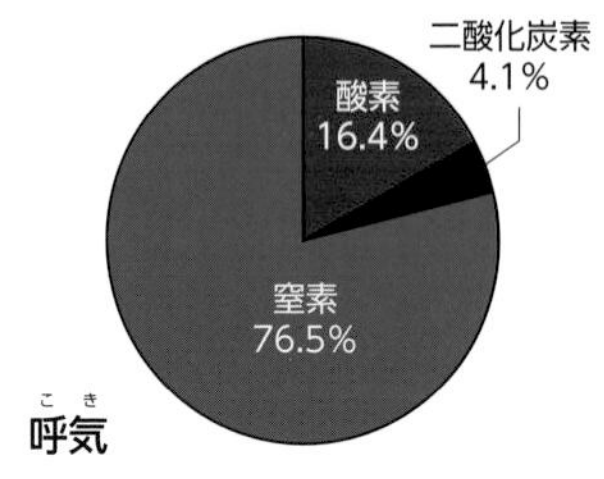

ヒトの吸気と呼気の気体成分

CO_2 は吸気（大気の成分）に 0.04%しか含まれていない。それに対して、呼気には 4.1%含まれる(約 100倍になる)。

呼吸には2つの意味があります。1つは細胞呼吸（内呼吸 p.28）、もう1つは肺や鰓（えら）で行うガス交換「外呼吸」です。

外呼吸は酸素を取り入れて二酸化炭素を排出することですが、ここでは、石灰水を使ってヒト（動物）、植物、微生物が同じように二酸化炭素を排出していることを確かめる実験をしましょう。

実験1：石灰水に息を吹き込む

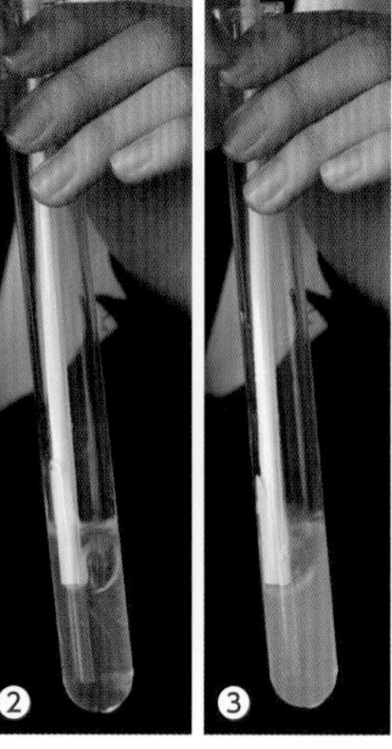
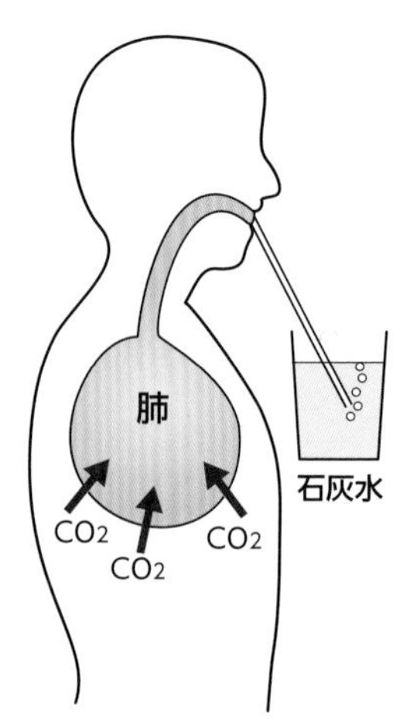

①～③：試験管に石灰水を入れ、ストローを使って息を吹き込むと、白く濁る。この結果から、ヒトの呼気には二酸化炭素が含まれることがわかる。ただし、実験2のように対照実験（呼気を入れた袋と空気を入れた袋の比較）を行うと、さらによい。

対照実験

実験結果を検証するために、条件を1つだけ変えて行う実験。生物研究でよく行われる。

実験2：植物の呼吸を調べる

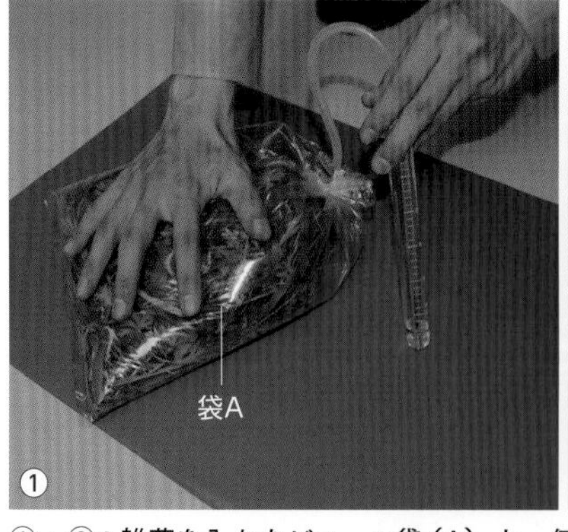

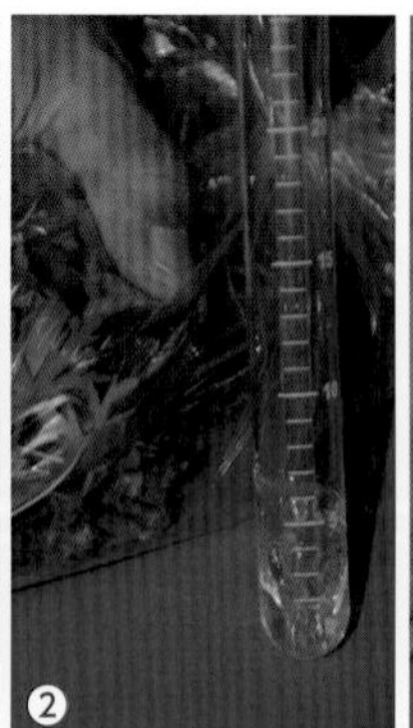
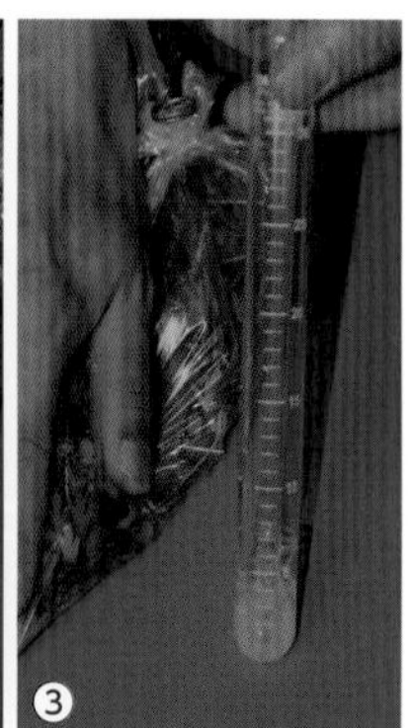

①～③：雑草を入れたビニール袋（A）と、何も入れない袋（B）をつくる（AとBは対照実験）。空気を入れ、20分～数時間、暗所に置く。A、Bの空気を石灰水に通す（写真は袋A）。この実験結果は以下のようになり、雑草が二酸化炭素を排出したことがわかる。

袋	暗所に放置する →
雑草を入れた袋（A）	白く濁る（写真①～③）
何も入れない袋（B）	変化しない

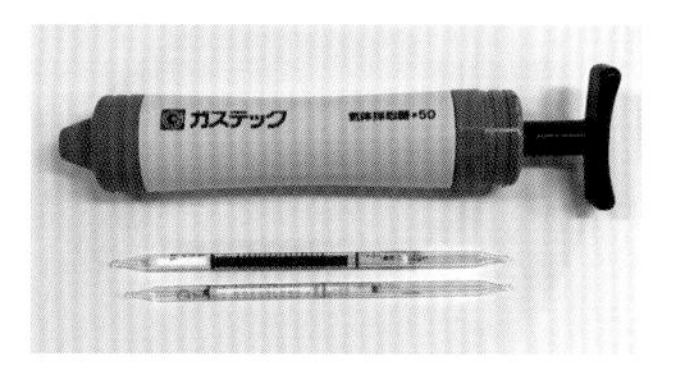

気体検知管

酸素、二酸化炭素、その他いろいろな気体濃度（%）を調べることができる。

実験３：土の中の微生物の呼吸

月（地球の衛星）に岩石や砂はありますが、土はありません。土は微生物の食物となる有機物や植物の無機養分を含みます。つまり、微生物が生活する土は生きている、呼吸しているともいえます（p.132）。

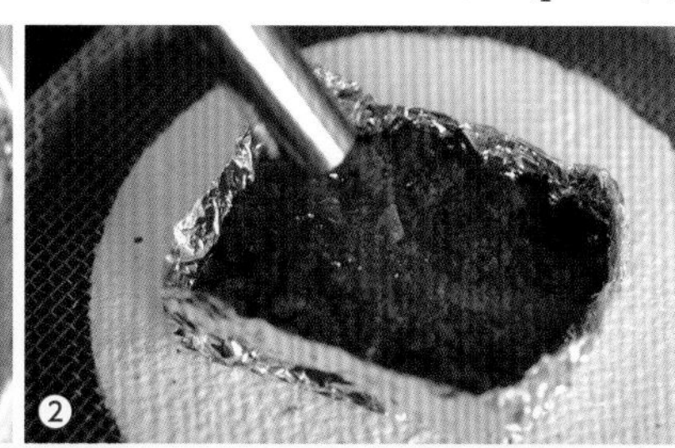

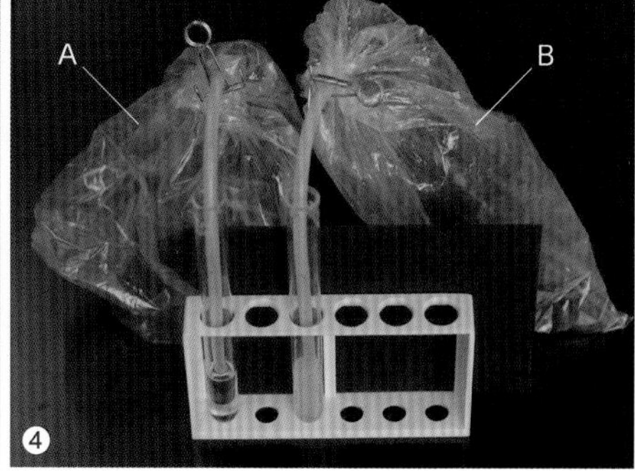

①：土を採取し、A（焼くもの）とB（そのまま）に分ける。　②：Aをアルミホイルの皿に入れて焼き、微生物を殺す。　③：AとBを別々のビニール袋に入れ、砂糖水を入れてから輪ゴムで閉じ、24時間放置する。　④：それぞれの気体を石灰水に通し、二酸化炭素の有無を調べる。その結果、Bだけが白濁し、二酸化炭素が生じたことがわかる。

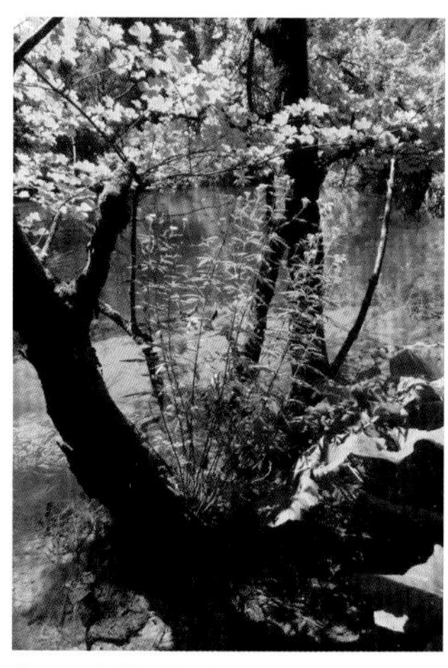

豊かな自然で深呼吸

写真は見たところ、緑の植物と水しかない。しかし、小さな動物、菌、水中の微生物など、多様な生物のミトコンドリアが呼吸している。

生徒の感想

- 何度も息継ぎ（いきつ）をすると、なかなか白くならない。
- 植物を明るいところにおけば光合成するので、結果が変わると思う。
- 土を焼くと、初めは「焼き芋」のような臭いだったが、最後はきつい臭いになった。
- 砂糖水を入れるのが不思議だったけど、食べ物がたくさんあった方が、たくさん二酸化炭素を出す。

２つの呼吸

生物は酸素を取り込み、二酸化炭素を出しています（外呼吸）。その目的は、１つひとつの細胞内にあるミトコンドリアがエネルギーを取り出すことです（内呼吸 p.28）。

外呼吸	内呼吸（細胞呼吸）
・酸素と二酸化炭素を交換すること（気体の交換）。	・酸素を使って栄養分を燃やすこと（エネルギー代謝）。結果として、二酸化炭素が出る。

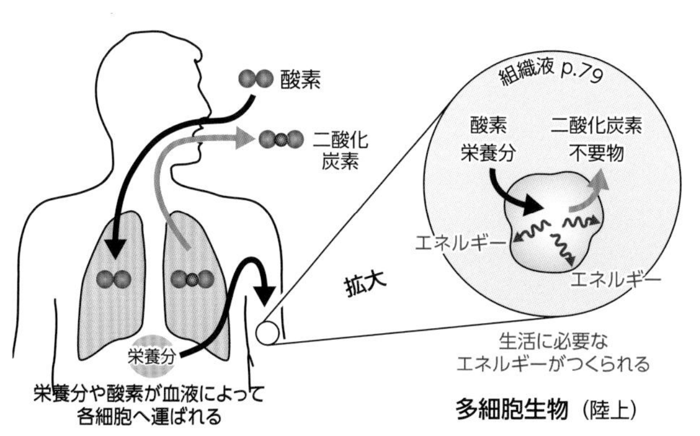

多細胞生物（陸上）

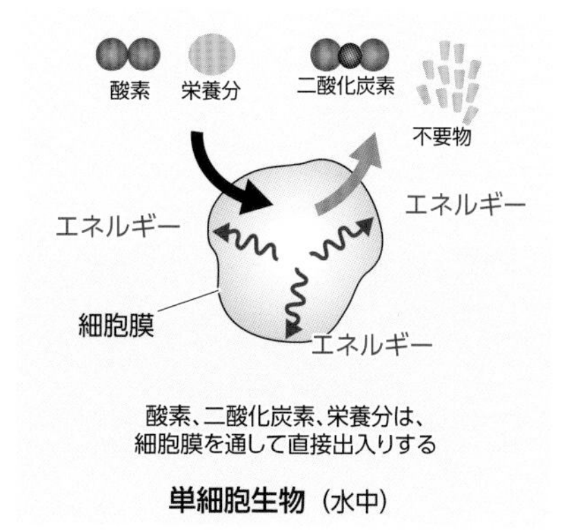

単細胞生物（水中）

7 動物、ヒトの外呼吸

動物の外呼吸について調べましょう。ポイントはガス（気体）の出入り口とガス交換の場所の区別です。ヒトの場合、鼻は出入り口、肺は交換場所です。ただし、いずれも細胞呼吸とは直接関係していません。

外呼吸をする器官

肺	• 哺乳類、鳥類、爬虫類 • 軟体動物（ナメクジ）
鰓	• 魚類 • 軟体動物（イカ、貝）
気管	• 節足動物（昆虫）
書肺	• 節足動物（クモ）
皮膚	• ミミズ　※ヒトも皮膚呼吸を行うが、1％以下

ヒトの肺の構造とはたらき

外界とつながっている気管・肺・肺胞は体外、と考えることもできます。肺胞やそれを取り巻く毛細血管をつくる細胞膜はとても薄く、酸素や二酸化炭素は簡単に出入りできます。

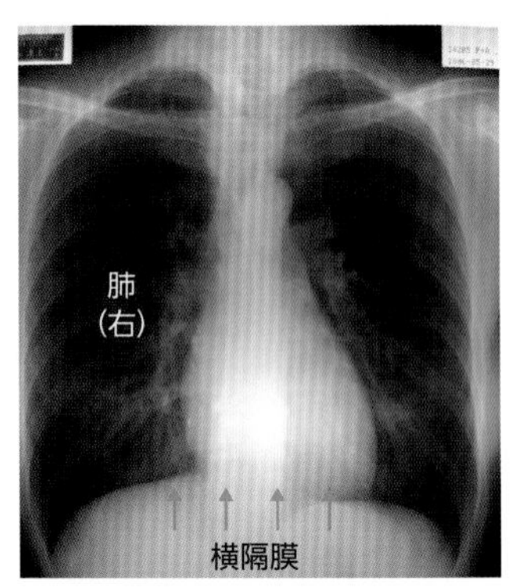

ヒトの胸部レントゲン写真

黒い部分が肺。肺には筋肉細胞がないので、肋骨や横隔膜を動かすことで空気を出し入れする。また、左の肺は心臓があるので幅が狭くなっている。

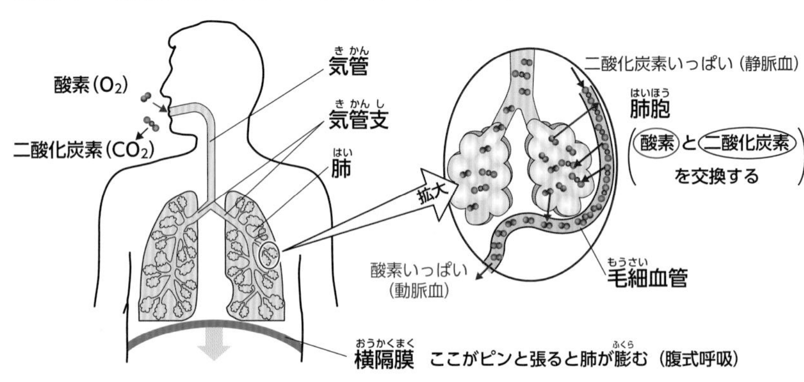

口や鼻	• 取り込んだ空気の温度や湿度を調節して、肺へ送る。（温度 25℃～ 37℃。湿度 35％～ 80％）
気　管	• 口と肺をつなぐ管で、枝分かれしたものを気管支という。 • どんどん細くなり、その末端は「肺胞」になる。
肺　胞	• 表面積を広げるために、ブドウの房のような形をしている。 • 無数の毛細血管に包まれ、細胞膜を通して CO_2 と O_2 を交換する。
毛細血管	• 毛のように細い血管。肺胞を包むものは、次のようにつながる。 • 心臓→肺動脈→毛細血管→肺静脈（肺循環 p.80）。
横隔膜	• 腹式呼吸、無意識に呼吸しているときに動く筋肉。 • ここの痙攣をしゃっくりという。 • 哺乳類だけにあり、胸と腹を分ける（p.147）。
肋　骨	• 肺や心臓を守る。

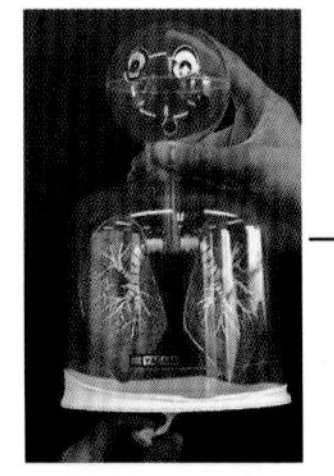
→
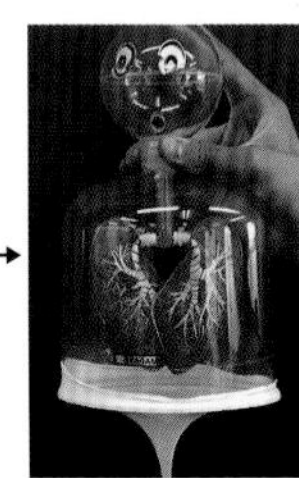

横隔膜で肺を動かす実験

密閉した容器の下にゴム（横隔膜）を取りつけて、引っ張る。すると、外界とつながっている口から空気が入り、肺が膨らむ。ただし、これは実際の動きとは違う。自然状態の横隔膜は弛緩し、上に引っ張られている（肺がしぼんでいる）が、収縮して横にピンと張ると胸腔が広がり（腹が出て）、肺に空気が入る。つまり、横隔膜が下に引っ張られることはない。

ヒトの２つの呼吸方法

ヒトの肺は筋肉がないので、動くことができません。次の２つの方法で、大きくしたり小さくしたりします。

(1) 胸式呼吸
- 肋骨にある胸腔を広げる肋間筋の収縮による呼吸。
- 無理に歌おうとすると、胸式呼吸になり、発声が悪くなる。

(2) 腹式呼吸
- 横隔膜の収縮による呼吸で、寝ているときは自然に複式呼吸をしている。
- 収縮で胸腔と腹腔が広がる（空気が入る、腹が出る）、脱力＝吐く。

魚類の鰓の観察

魚類は、水に溶けた酸素を取り込む装置として、鰓をもっています。顕微鏡で観察すると、面積を広くする構造がよくわかります。

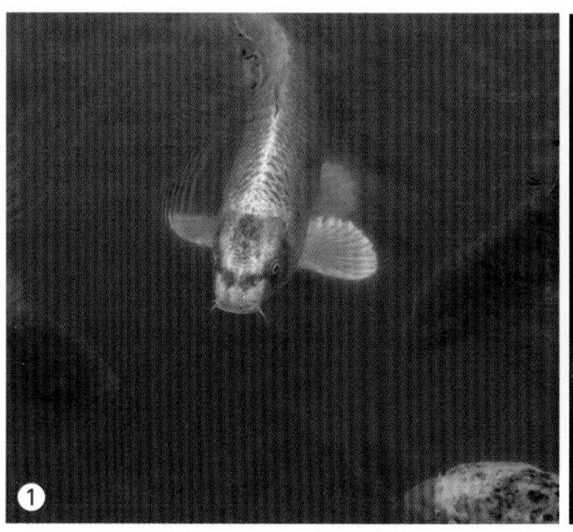

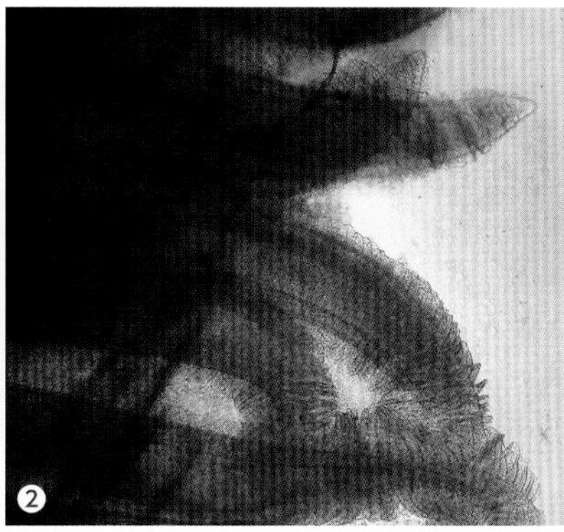

①：**コイ（魚類）**　生まれてから死ぬまで、水中で呼吸する。　②：**鰓の顕微鏡写真（40倍）**　赤い血液が流れる毛細血管を観察できる。水中に溶けている酸素が、自然に鰓の細胞膜を通して溶け込み、血管内のヘモグロビンと結合する（p.78）。

動物のいろいろな呼吸方法

肺や鰓の他、「皮膚」「気管」などでガス交換する生物がいます。

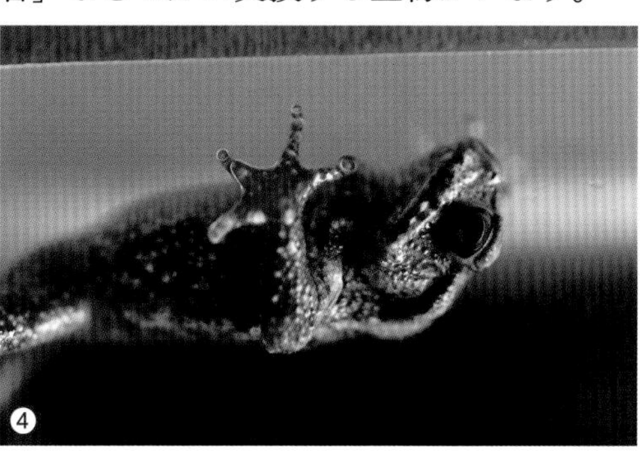

③：**昆虫の幼虫**　昆虫類は、腹部の横にある穴「気門」から、空気を出し入れする。体内には、ヒトの肺胞と同じように、無数に枝分かれした空気の通り道「気管」がある。
④：**アズマヒキガエル**　両生類は、十分な酸素を得るために、肺と皮膚で呼吸する。ただし、ガスは水に溶けた状態でしか交換できないので、皮膚が乾燥すると死ぬ。

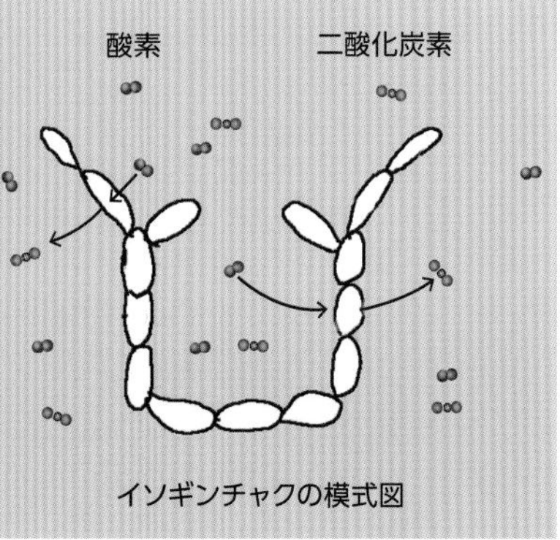

⑤：**イソギンチャク**　水中で生活する刺胞動物は、各細胞が直接ガス交換（酸素⟷二酸化炭素）する。これより発達した動物は、鰓や肺などの呼吸器官をもつ。

カエルの肺（ホルマリン標本）
ブドウの房のような肺胞がよくわかる。血管もよく走っている。

いろいろな気体が溶けている水
水中には、酸素や二酸化炭素などの気体も溶けている。したがって、一度沸騰させて冷やした水に魚類を入れると、呼吸困難におちいる。

酸素を運ぶ物質
血液がある動物の酸素は、ヘモグロビン（赤血球に含まれる。p.78）やヘモシアニン（昆虫などは青い血）によって運ばれる。

二酸化炭素の運搬
二酸化炭素は、血液中の水（血漿 p.78）に溶けて運ばれ、細胞内外の濃度差によって自然に出入りする。

初めての肺呼吸
子宮内の胎児は、へその緒を通して母体の血液中に含まれる酸素を使って呼吸する。出産すると「おぎゃあ」と泣き、自分の肺でガス交換を始める。

生徒の感想

- 水中で呼吸できたら水泳で絶対１番になれるのに！
- カエルの体がしっとりしている理由がわかりました。
- 歌がうまく歌えないのは意識しすぎ。腹式呼吸で、もっと自然に歌えばいい。

8 植物の気孔の観察

準　備

- いろいろな植物
- 光学顕微鏡セット

今回準備した植物
左からカイワレダイコン、シソ、モロヘイヤ、ホウレンソウ。

気孔のはたらき

(1) 酸素と二酸化炭素の交換
(2) 水の蒸散 ・水や養分を吸い上げる ・植物の体温を下げる

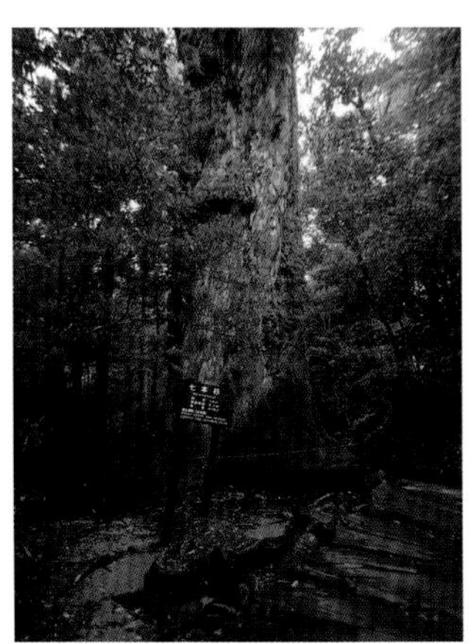

水の蒸散による、水の吸収
根が水を吸収する力は、地上部の蒸散から生まれる。この力は非常に強く、水を100m以上吸い上げることができる。

花の水切り
花は、水中で茎を切ると長持ちする。その理由は、維管束に空気が入らず、スムーズに蒸散できるから(p.142)。血管に空気を入れてはいけないのと同じ。

植物のからだの表面には無数の穴「気孔」があります。それはヒトの鼻孔に当たるもので、ガス交換はそれぞれの細胞が細胞膜で行います。呼吸と光合成をするためです。さて、気孔はツユクサの葉の裏が有名ですが、今回は身近な野菜や果物を調べてみましょう。

観察できたいろいろな気孔

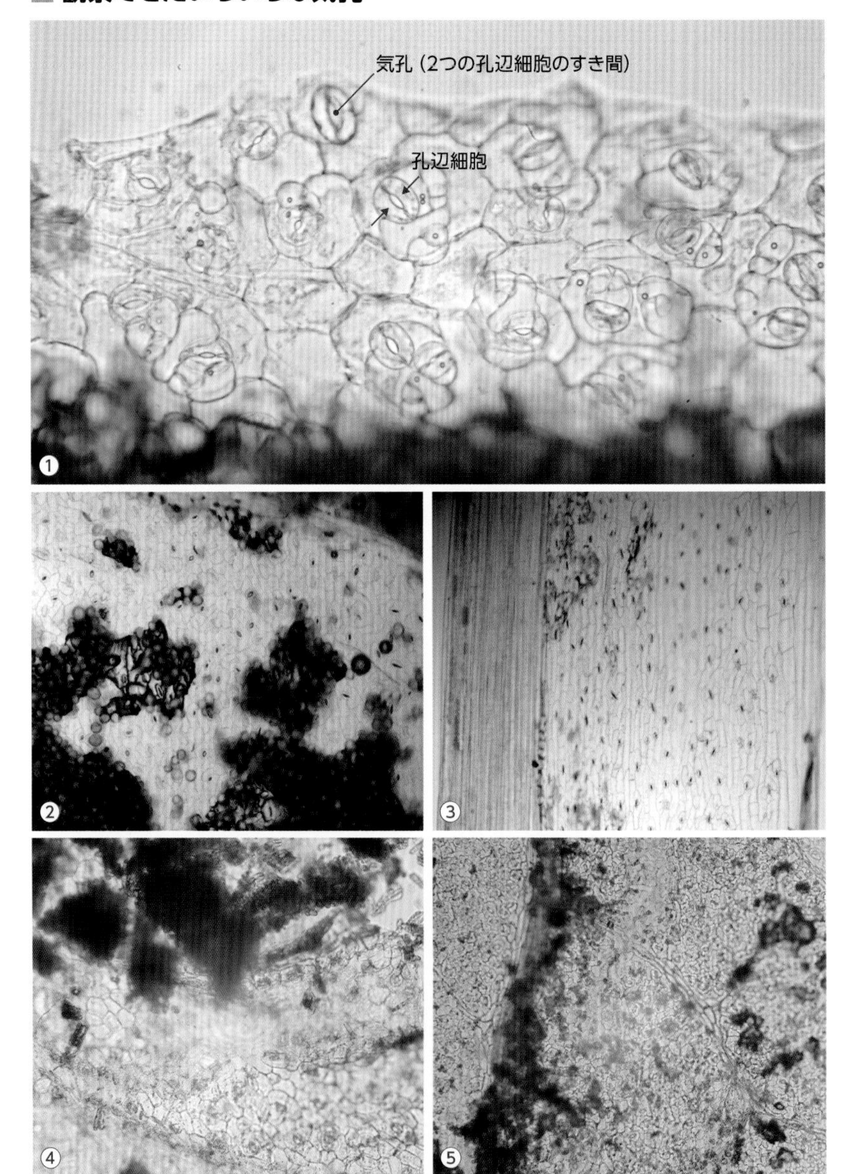

①：**カイワレダイコンの気孔**　唇のような形をした2つの孔辺細胞がよく観察できる。このすき間を開閉することで、ガス交換を行う。空気のほとんどがここを通る（400倍）。
②、③：**ホウレンソウ**　②は葉の表、③は茎（いずれも100倍）。
④、⑤：**モロヘイヤ**　④は葉の表、⑤は裏（いずれも100倍）。

ツユクサの葉の裏側の表皮細胞（400倍）

孔辺細胞には葉緑体があります。光合成で開閉運動のエネルギーを蓄えるだけでなく、光センサーの役目もある、といわれています。

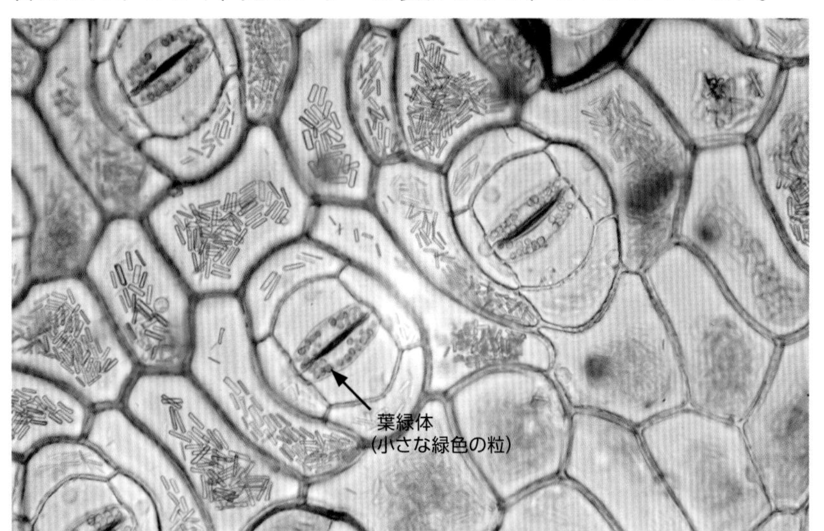

※無色透明の細長いものはシュウ酸カリウム（渋み、えぐみの原因）。

気孔の開閉
2つの孔辺細胞は、水分を吸うと開き、水分を失うと閉じる。また、晴天時のような青い光によっても開く。

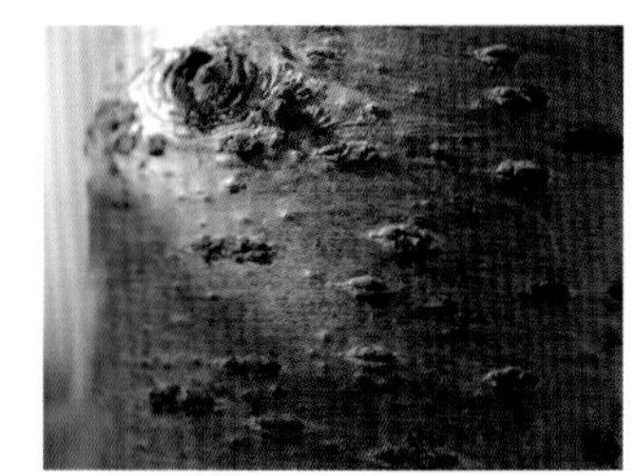

サクラの皮目
よく成長した樹木は、その表面にある皮目からも空気を取り入れる。

シャガの葉の縦断面（40倍）

下の写真と図は、葉の縦断面です。表は光合成のために細胞が整列し、裏は気孔とすき間（海綿状組織 p.143）でヒトの肺の肺胞のように効率よくガス交換していることがわかります。

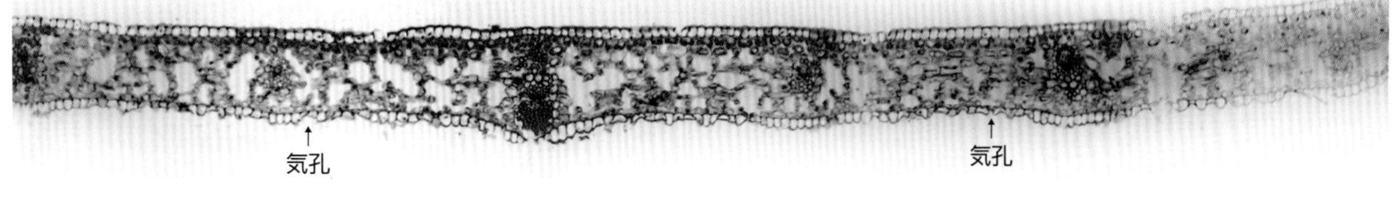

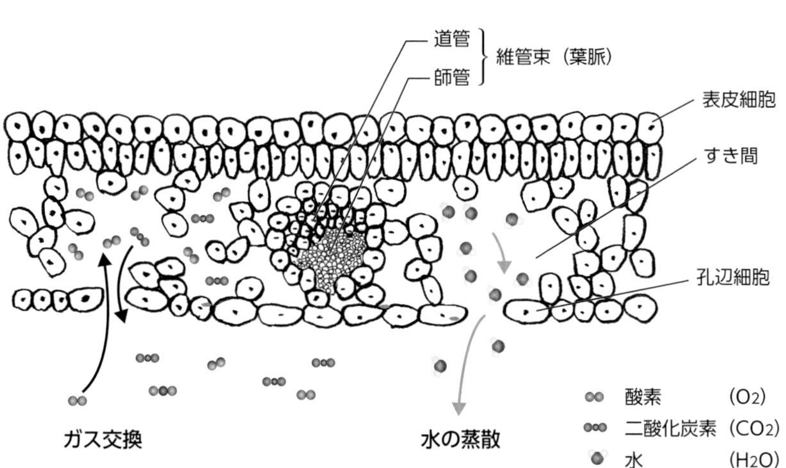

※光合成と細胞呼吸で出入りする気体（$O_2 \longleftrightarrow CO_2$）は逆になる（p.40）。
※顕微鏡観察は平面的なので立体的にイメージすること（ツバキの葉 p.143）。

生徒の感想
- 気孔はどこにでもあった。
- 葉緑体の形が見えるようになってきた。
- 薄いプレパラートをつくることが大切。

9 雑草の葉からでんぷんを取り出す実験

葉緑体がつくったでんぷんを確かめてみましょう。太陽の光をいっぱいに浴びた植物の葉なら、何でもできます。庭にある雑草の葉を、ヨウ素液のでんぷん反応を利用して、紫色に染めてみましょう。

準　備

- いろいろな植物の葉
- ろ紙
- 木槌
- 家庭用脱色液
- ヨウ素液

雨の日のムラサキカタバミ
太陽が出ていない曇りや雨の日は、逆にでんぷんを消費する（p.40）。花も開かないし、実験も失敗する。

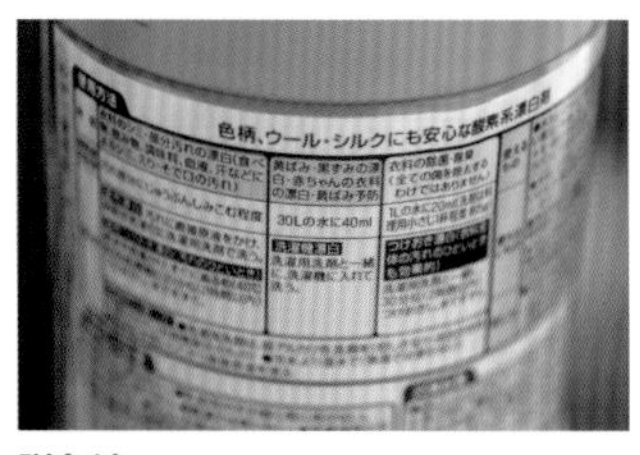

脱色液
市販のものでよい。濃いめにすると時間短縮できる。

でんぷんを取り出す実験

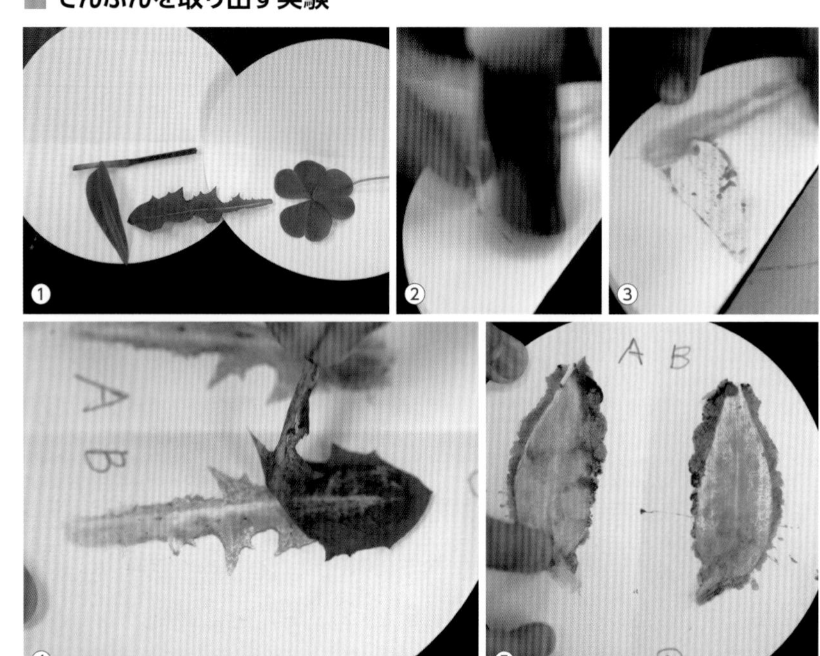

①：太陽の光をよく浴びた葉（左から順にツユクサ、タンポポ、ムラサキカタバミ）を採取する。ろ紙にはさみ、木槌でたたき、葉の細胞内の汁を出す（写真②、③、⑤はツユクサ）。
④、⑤：葉をろ紙から外す。裏 A、表 B とメモする（写真④はタンポポ）。

⑥、⑦：エタノールや家庭用脱色液で脱色する（濃度によるが、3 ～ 10分程度）。水で軽く洗い流す（エタノール 100％なら紙質は変化しないが、水分が多いと簡単に破れるので注意）。また、肌が弱い人は脱色液をできるだけ触らないようにすること。

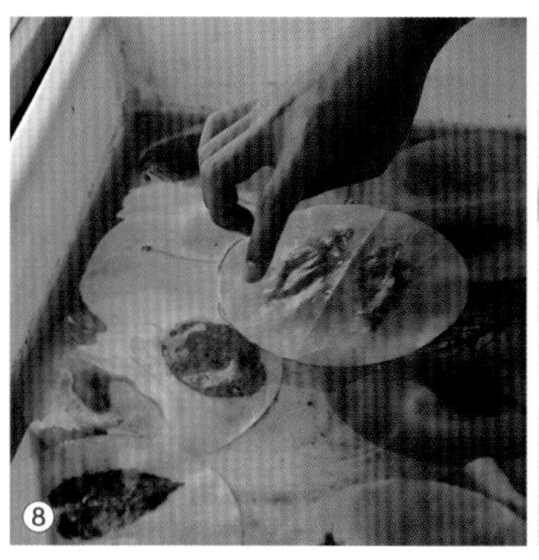

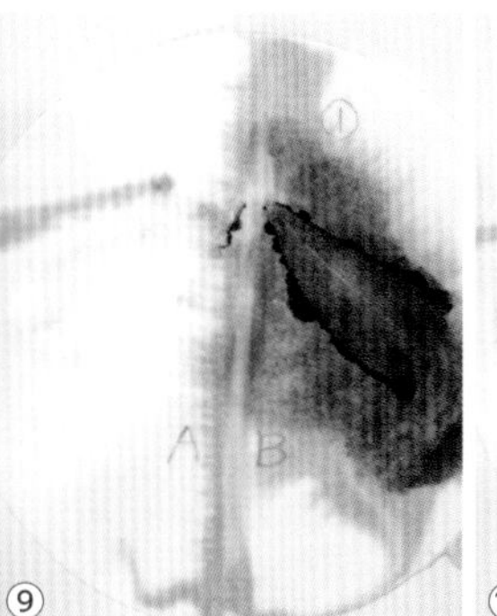

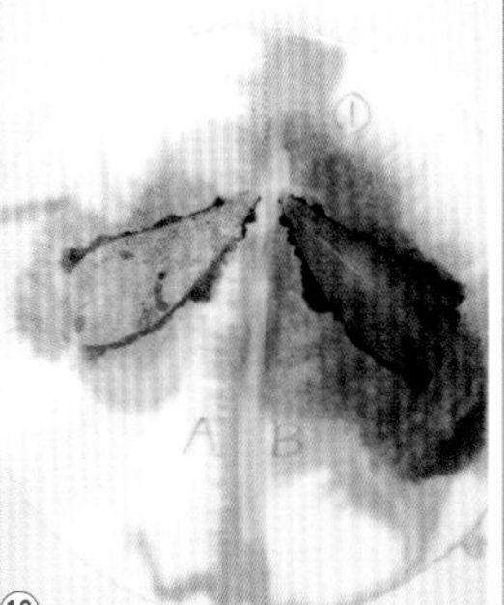

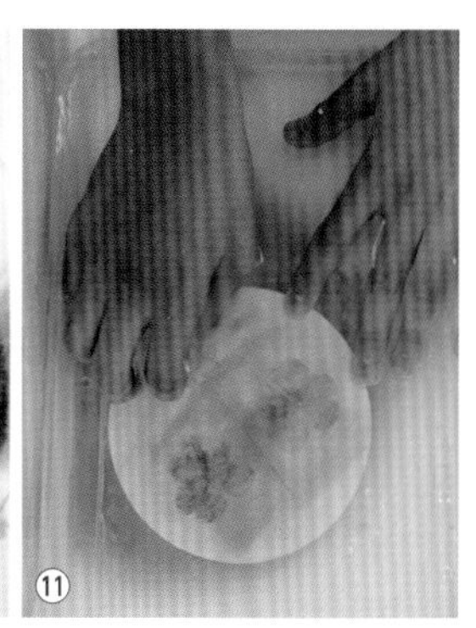

⑧：薄いヨウ素液につける。　⑨、⑩：変化が弱い場合は、濃いめのヨウ素液をスポイトでかける。　⑪：余分なヨウ素液を水で洗い流す。

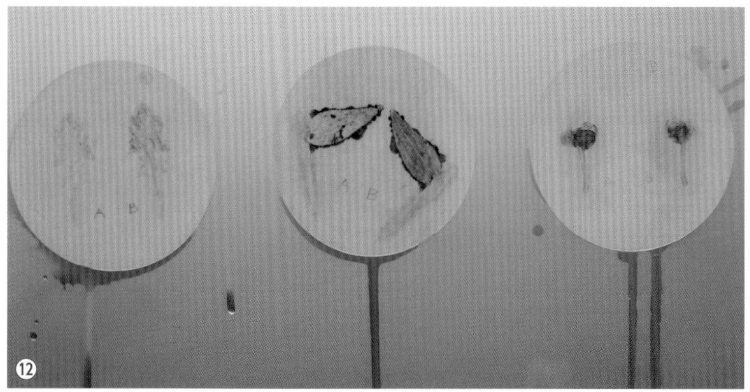

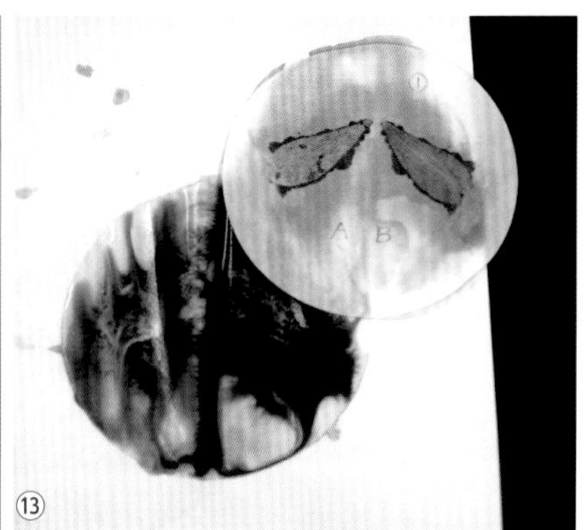

⑫：ろ紙を机や窓ガラスに貼り付け、自然乾燥させる（左からタンポポ、ツユクサ、シロツメクサ）。　⑬：白紙の上に、処理後のろ紙を置いたもの。ろ紙をめくると、裏が濃い紫色だった（一般的な白紙は接着剤としてでんぷんを含むので注意）。

ヨウ素液（指示薬）の性質

黄色　―でんぷんを加える→　青紫色

この実験や斑入りの葉（欄外）を使う実験から、でんぷんは太陽を浴びた緑色部分にあることがわかります。さらに詳しい実験から、葉緑体でつくられたブドウ糖は、すぐさま「でんぷん」につくり変えられることがわかっています。それはいくつもの酵素による連続した化学反応です。また、p.39では植物が行う2つの同化活動の1つとして、他の生物との違いがわかるようにまとめてあります。

斑入りのアサガオの葉

葉緑体がなく、白く見える部分を「斑」という。光合成できないので、でんぷん反応もない。

シダ植物や単子葉植物を使った実験

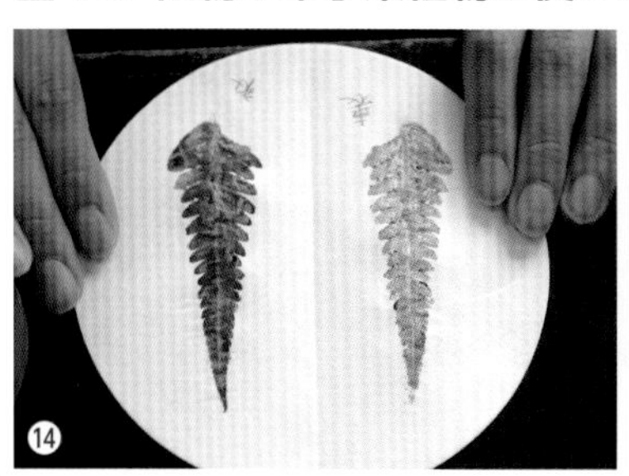

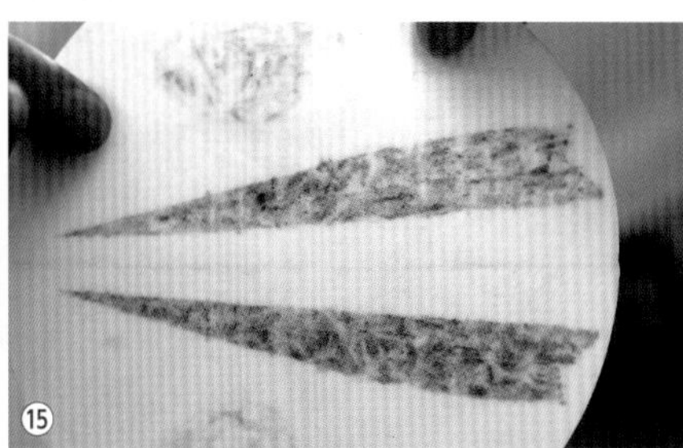

⑭：シダ植物（p.104）の葉をたたいて、でんぷんを含む細胞内の液体を取り出した様子。
⑮：エノコログサ（単子葉植物 p.144）の実験結果。

生徒の感想

- 葉をたたいたとき、汁がたくさん出たものほど、紫色になった。
- 花が終わった枯れかけのツユクサの葉がよく反応した。

10 ブドウ糖をつくる葉緑体(光合成)

細胞内の小さな葉緑体は、太陽エネルギーを取り込む装置です。二酸化炭素と水を材料にしてブドウ糖をつくり、エネルギーを閉じ込めます。そのはたらきを光合成、これができる生物を植物といいます。植物は、他の生物を食べなくても成長し、生きていくことができます。

二酸化炭素 ＋ 水 ＋ 太陽エネルギー $\xrightarrow{\text{光合成}}$ ブドウ糖 ＋ 酸素

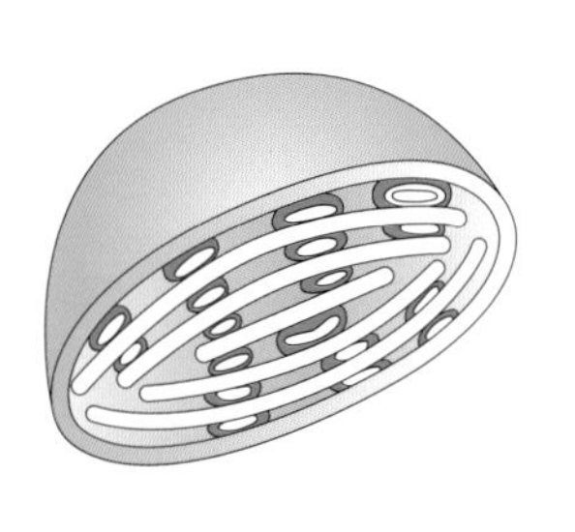

葉緑体のモデル図

内部に何層も膜があり、10種類以上の酵素 (p.26) のはたらきでブドウ糖をつくる (カルビン回路)。この素晴らしい工場を人類の技術でつくることは至難の業。クロロフィルやカロテンなどの光合成色素をもつ (p.109)。

オオカナダモの葉緑体の観察

金魚屋で購入できるオオカナダモは、簡単にプレパラートがつくれます。しかも、光を十分に当てると葉緑体がぐるぐる動きます。

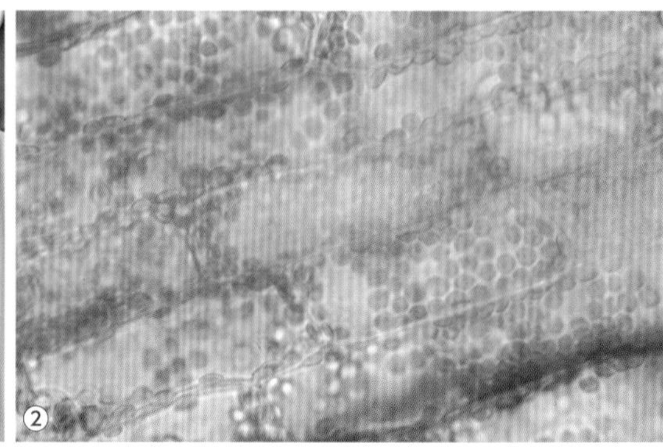

①：濃い緑をした元気な葉を１枚選び、プレパラートにして顕微鏡で観察する。　②：反射鏡で光を十分に当てると、動きのない細胞でも数分で活動し始める (原形質流動)。

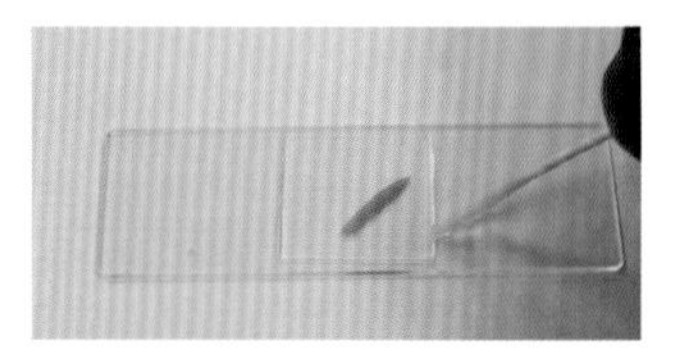

オオカナダモのプレパラート

葉を１枚のせるだけで完成する。しかし、細胞が２～３層重なっているので、細胞そのものの観察が目的なら、他の植物の方が適している (p.34)。

原形質、原形質流動

光を当てると、細胞内全体が動く。ただし、透明な液胞 (p.24) が大部分を占めるので、葉緑体が周辺を回るように見える。なお、原形質はリボソームやミトコンドリアが知られていなかった時代の言葉で、最近はあまり使わない。

先端部分の観察

40倍

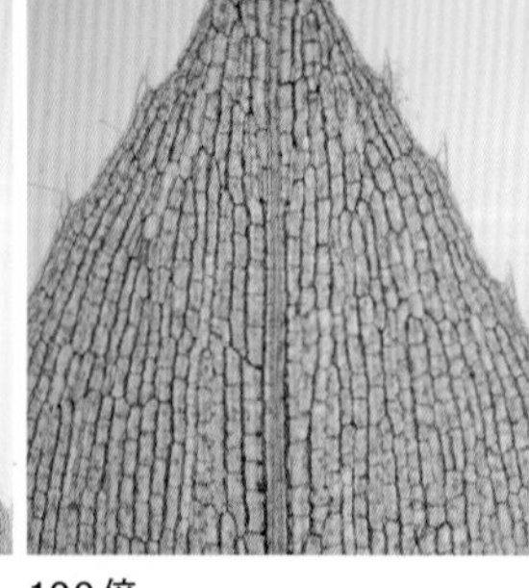

100倍

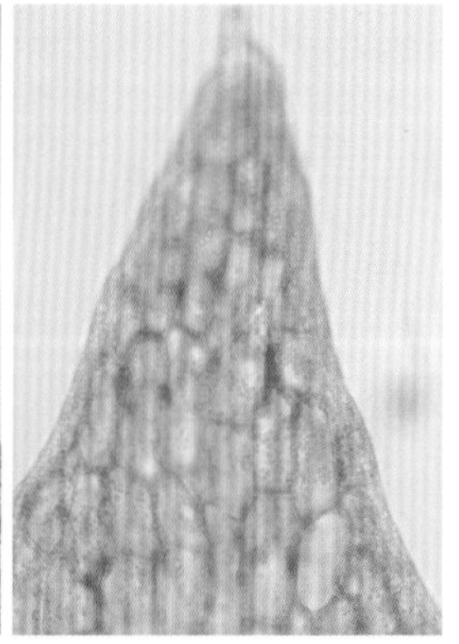

400倍

葉緑体を観察するときのポイント

(1) 葉緑体の数や色合いが違う (よく光合成している葉は濃い緑色)。

(2) 葉緑体が多すぎて見にくいようなら、裏側を観察する。

生徒の感想

- 細胞は無色透明で、葉緑体が緑色をしていた。
- 葉緑体が細胞内の壁面にそって回るように動いていた。

11 植物の2つの同化活動

植物を含むすべての生物は、核とリボソームによる同化（タンパク質合成）をしますが、植物はそれに加えて光合成も行います。

光合成：植物だけが行う（p.38）	ブドウ糖の合成（でんぷんを最終産物とするものが多い）
タンパク質合成：すべての生物が行う（p.25～31）	p.27の五大栄養分などから自分自身をつくる

2つの同化作用のモデル図

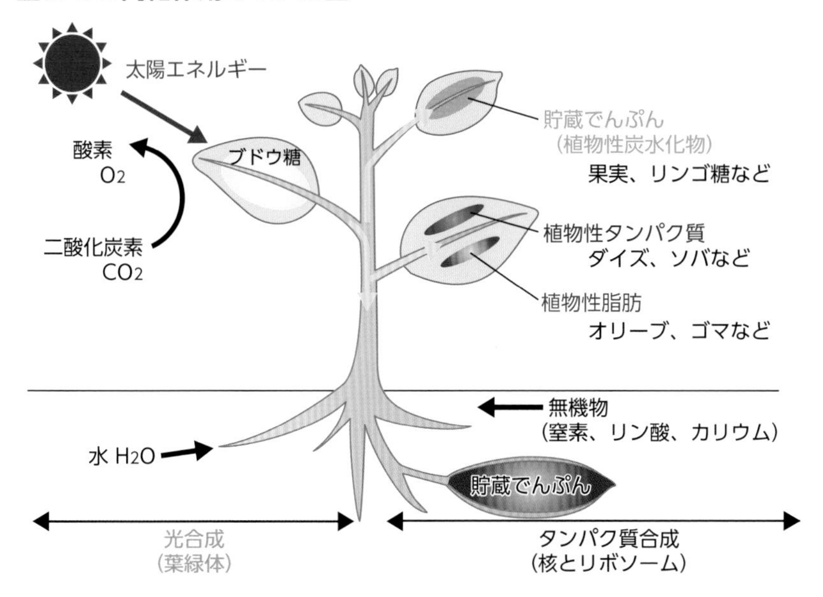

光を必要としない発芽

発芽に必要なのは、水と適切な温度です。光は必要ありません。種子に蓄えられている栄養分を材料にして、根や芽をつくります（タンパク質合成）。そして、栄養分を使い果たすと、さらに成長するために葉緑体で栄養分をつくります（光合成）。

アズキ（小豆）の発芽

細胞と葉緑体の色

植物に限らず、細胞は無色透明。植物が緑色に見えるのはの葉緑体が透けて見えるから。同様に、唇やウサギの目が赤いのは、赤血球の赤色による。

植物の栄養分を蓄える場所

サツマイモは根（写真）、ジャガイモは地下茎（p.29）、メロンは果実、イネは種子に養分を蓄積する。それぞれの場所の細胞が、ブドウ糖を材料にして合成する。

発芽するもの

(1) 種子植物の種子
(2) 種子植物の花粉 p.95
(3) シダ・コケ・藻類の胞子
(4) 地下茎やジャガイモ p.111
(5) 菌類の胞子 p.135

クロロフィル

葉緑体の中にはクロロフィルという緑色の色素（葉緑素）があり、太陽エネルギーを使って、二酸化炭素と水からブドウ糖を合成する。

12 代謝（同化と異化）のまとめ

光合成と呼吸（同化と異化）の関係は、以下のように正反対です。これは植物の光合成が生態系の基盤であることを示します（p.128）。

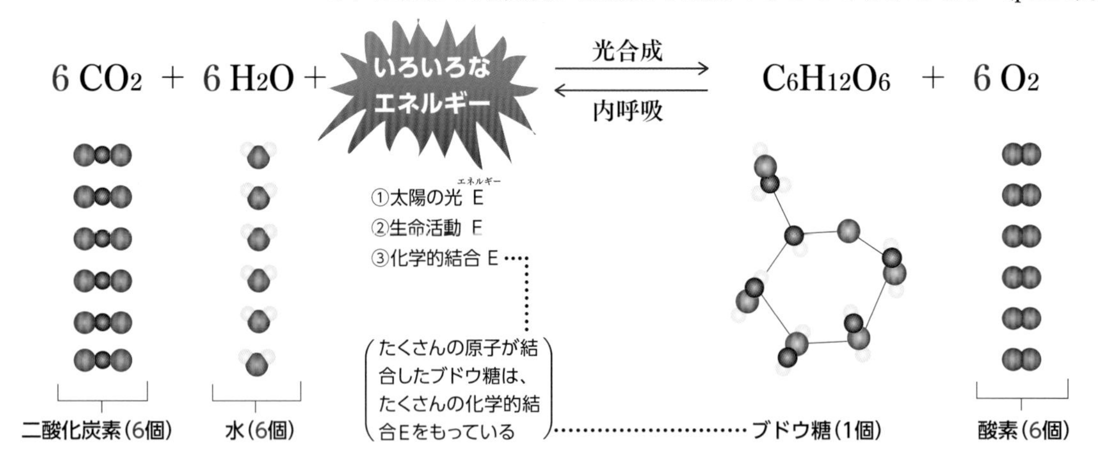

光合成と呼吸のバランス「補償点」

植物は、光が十分にあれば成長します。しかし、不足すると呼吸量が大きくなりやせ衰えます。この境界を補償点といいます。

いろいろな植物の補償点
日光を好む植物の補償点は高く、シダ植物のように日陰を好むものは低い。

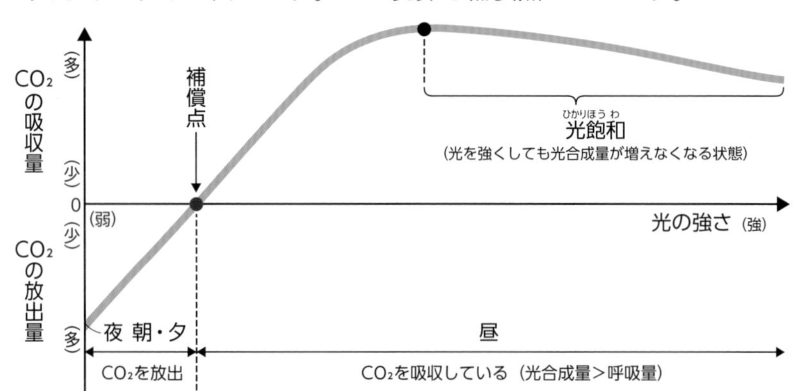

エネルギー代謝、物質代謝（生命活動）

下表は、生物の同化と異化、それに光合成を加えたものです。これらの生命活動は、エネルギーと物質の交換（代謝）です。

同 化	異 化
・エネルギーを使い、物質や自分をつくること	・栄養分を燃やし、エネルギーを得ること
(1) **タンパク質合成**（すべての生物が行う） 合成工場　：リボソーム（設計図＝遺伝子） つくるもの：自分自身、酵素、ホルモン、貯蔵物	(1) 内呼吸（すべての生物が行う） 分解工場　：ミトコンドリア つくるもの：エネルギー ※動物の消化、菌類の分解も異化という ※菌類の分解（発酵）は p.136 参照
(2) **光合成**（植物だけが行う） 合成工場　：葉緑体 つくるもの：ブドウ糖（材料は二酸化炭素と水）	

13 豚肉で復習する同化と異化

みなさんは豚肉を食べますか。ブタの体をつくる細胞は、それぞれが呼吸し（異化）、それぞれの細胞をつくります（同化）。

準　　備

- 豚肉
- 光学顕微鏡セット
- スプーン、アルミホイル
- 加熱器具

肉眼と顕微鏡で観察する

下の写真２枚は、同じ豚肉を撮影したものです。筋細胞（タンパク質）と脂肪細胞が見られますが、それらは各細胞が呼吸（異化）で得たエネルギーで合成（同化）したものです。

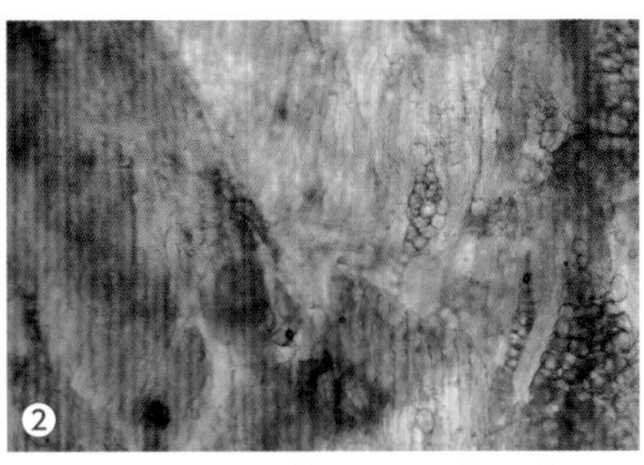

①、②：ブタ肉（左：肉眼、右：40倍）。ニワトリ、ウシ、ウマとも比較すること（p.60）。

野生のイノシシ（ジンバブエ）

イノシシを家畜化し、品種改良したものがブタ。ブタは清潔で、臓器は人間への移植用に研究され、知能はイヌより高いといわれる。

豚肉の加熱実験

あなたが豚肉を食べると、それは脂肪酸・モノグリセリド、アミノ酸に分解され（異化）、あなたの脂肪や筋肉につくり変えられます（同化）。この加熱実験では高エネルギーの脂肪から燃え始めます。

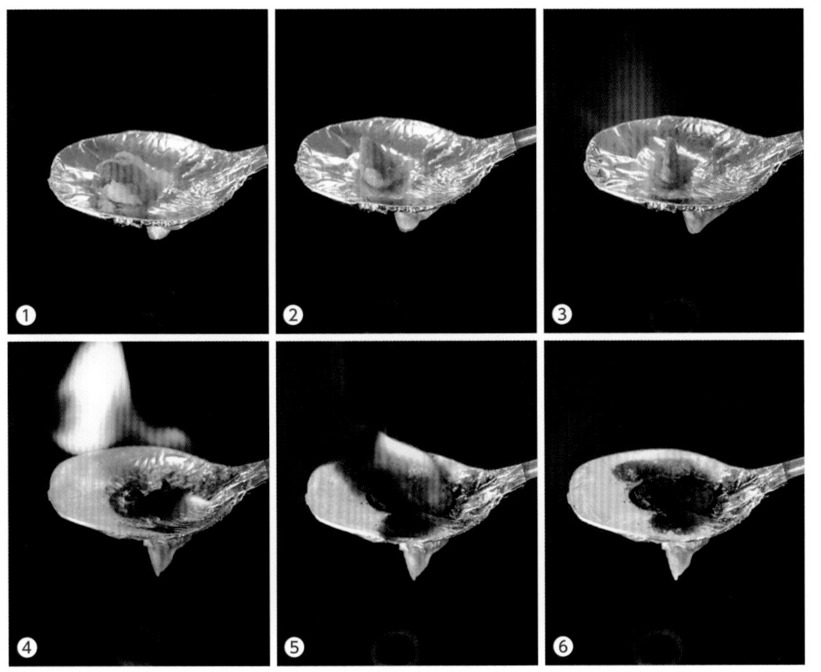

①～⑥：エネルギー（熱や光）を出して脂肪が先に燃焼するが、タンパク質は遅い。これは呼吸（異化）で得るエネルギー量を示す。燃焼後の炭は、有機物の特徴。

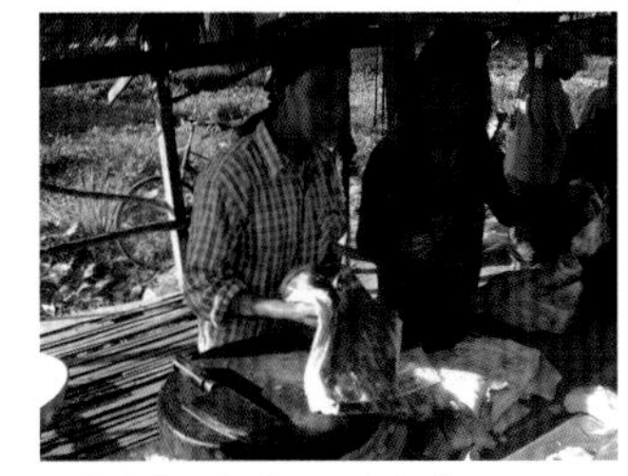

豚肉を売る店（カンボジア）

豚肉は良質なタンパク質、コレステロール値を上げないオレイン酸（脂肪酸 p.69）、ビタミン B_1 を多く含む。

生徒の感想

- 美味しそうな匂いがするので、食べてみたかった。元気になりそう。
- 最後は、タンパク質も脂肪も炭になった。

14 成長、新しくあるための細胞分裂

準　備

- タマネギを水栽培して出てきたばかりの根（先端1cm）
- 光学顕微鏡セット
- 酢酸カーミン
- うすい塩酸

成長点は先端や根元

植物に限らず、先端や根元はよく細胞分裂する（成長点）。ただし、これは長さの成長で、太さの成長は形成層（p.145 欄外）の細胞分裂による。

根冠

根の先端部のさらに先端にある膨らんだ部分で、分裂中の細胞を守る。鉛筆の先につけるキャップのようなもの。

タマネギの根の成長点と根冠（40倍）
市販プレパラートを観察したもの。p.43 欄外（400 倍）では根冠と成長する細胞の違いがよくわかる。

赤ちゃんが中学生に成長するのは、細胞数が増えるからです。数が安定してからは、古い細胞を新しい細胞に交換しています。これを細胞レベルで見たものが体細胞分裂、同化の１つです。

成長点のプレパラートの作り方

植物の細胞分裂する部分は決まっていて、先端部分によく見られます。ここでは、タマネギの根を顕微鏡で観察しましょう。プレパラートがうまくできれば、半分以上成功です。核が変形して染色体になったり、染色体が移動したりしている様子が観察できます。

①：水栽培で根を生やし、先端部５～10mmを切り取る。　②：塩酸処理※によって細胞をばらばらにしてから、スライドガラスにのせる。※ 60℃に温めた薄い塩酸（5%）の中に、3 分間入れておく。　③：柄つき針で軽くつぶしながら、酢酸カーミンで染色する。　④：カバーガラスをかけ、ろ紙ではさんでから、さらに軽く押しつぶす。さらに、こよりを使って余分な染色液を吸い取ることで圧縮する。

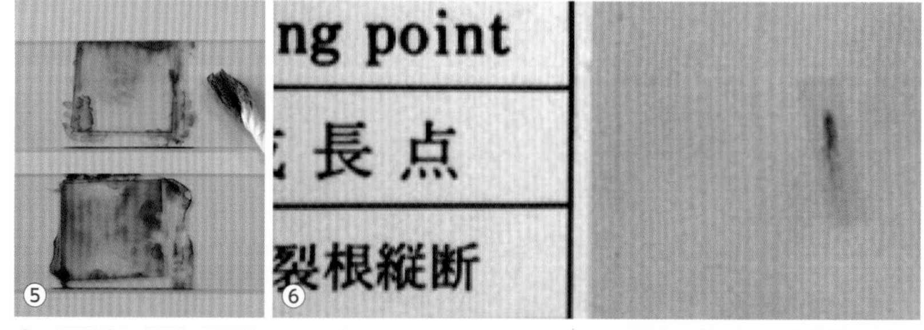

⑤：**分裂中の細胞が観察できたプレパラート**　良い条件がそろったプレパラートを作るためには、いくつものプレパラートを作って観察すること。上の写真のカバーガラスの中をよく見ると、ぺちゃんこになった細胞がわかる。　⑥：**市販プレパラート（部分）**　黒っぽく見える部分を観察する。

分裂中の細胞を低倍率から探してみよう！

下の写真４枚は、同じプレパラートを順に拡大したものです。赤く染まった核に着目し、細胞分裂しているものを探してみましょう。

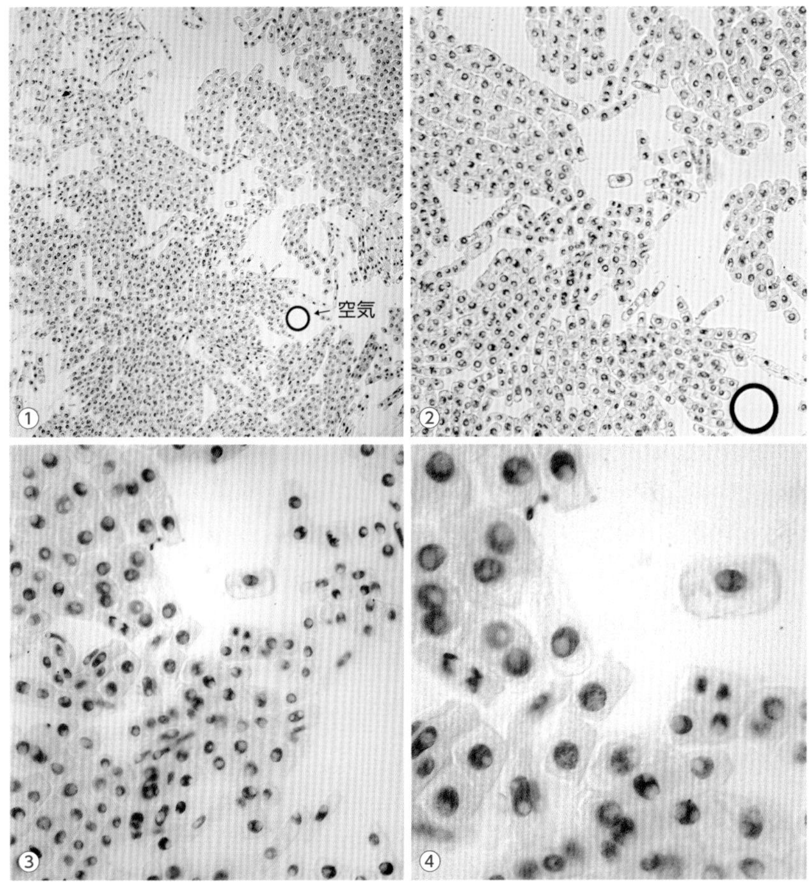

①〜④：順に 100、200、400、800 倍（タマネギの根）。400 倍では中期・後期・終期、800 倍では紫に染まった後期〜終期の細胞（p.45）が見える。

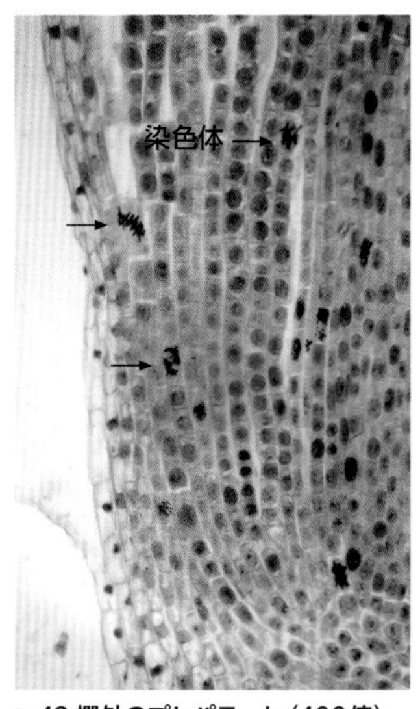

p.42 欄外のプレパラート（400倍）
細胞分裂中の核は「染色体 p.44、p.117」という形になり、濃く染まる。

生徒の感想

- 細胞がたくさんすぎる。
- 先生に教えてもらったら、核の違いがわかるようになった。

細胞分裂をくり返して大きくなる子どもたち

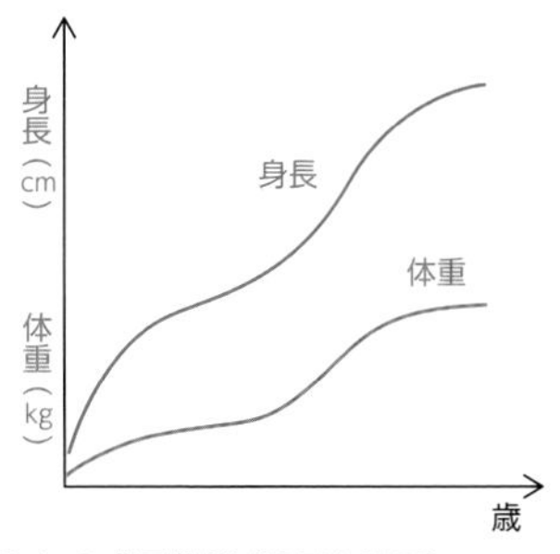

ヒトの成長曲線（身長と体重）
ヒトが大きく成長するのは、赤ちゃんと中学生の時期の２回。これをグラフにするとＳ字曲線になる。また、成長する順序も決まっており、大人になるにしたがって頭の大きさの割合が小さくなり、八頭身（はっとうしん）に近づく。

15 ヒヤシンスの細胞分裂

市販のプレパラートを使って、細胞分裂している細胞を観察し、分裂する過程を整理してみましょう。注目するポイントは、核内の核酸（DNA）が変形した「染色体」の形や動きです。

準　備

- 細胞分裂の市販プレパラート（ヒヤシンス、ソラマメなど）
- 光学顕微鏡

■ 観察したヒヤシンスのプレパラート

根の先端部（成長点）から分裂中の細胞を探しましょう。

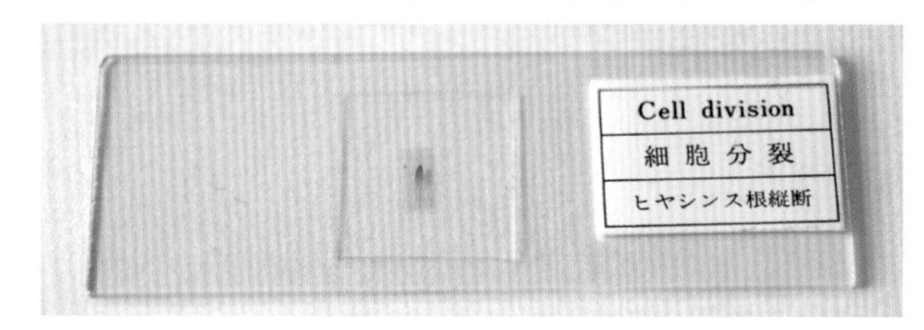

観察のポイント

- 実際の細胞は、立体的にいろいろな方向を向く。染色体が平面上に並ぶ角度のものばかりではない。
- 通常の核は、ぼやっとした丸い球のように見える。染色液で赤～紫～黒に染まる。

■ 細胞分裂４つの時期

前期	中期	後期	終期
核酸が染色体になる。	染色体が中央に並ぶ。	染色体が2つに分かれる。	染色体が核酸に戻る。

核酸が染色体になる

染色体は、核に含まれる物質「核酸」が、細胞分裂で簡単に二等分できるように形を整えたもの。立体構造が変化したものであり、核酸そのものは変わっていない（p.117）。

前期：核に変化が現れる（核酸が染色体に変わる。欄外参照）。
　※染色体の数は、タマネギ 16 本、ヒト 46 本（p.117）

中期：染色体が２本で組になり、中央に並ぶ。

後期：染色体が２つに分かれる。

終期：染色体が核酸に戻り、核が初めの状態に戻る。
　※核酸の量は正確に二等分される。

動物　周囲がくびれて２つの細胞になる。

植物　中央にシキリ（細胞板（さいぼうばん） p.45）ができて２つになる。

その他の観察ポイント

- 核だけでなく、ミトコンドリアやリボソームなど細胞小器官も二分される。
- 終期に細胞板ができるのは、細胞壁が硬いから。動物は周囲がくびれて２つになる。

■ 細胞分裂の目的

分裂の目的は、単細胞生物と多細胞生物で下表のように違います。

単細胞生物	多細胞生物
・自分と同じ遺伝子の子孫を残す（無性生殖 p.111）	・細胞数を増やして成長する ・古い細胞と新しい細胞を交換する ・無性生殖をする　p.111 ・有性生殖のための生殖細胞（卵や精子）をつくる

生徒の感想

- はじめはすべて同じ細胞に見えたけれど、一度区別できると、次々に発見できるようになった。

■ ヒヤシンスの根の先端部分の観察

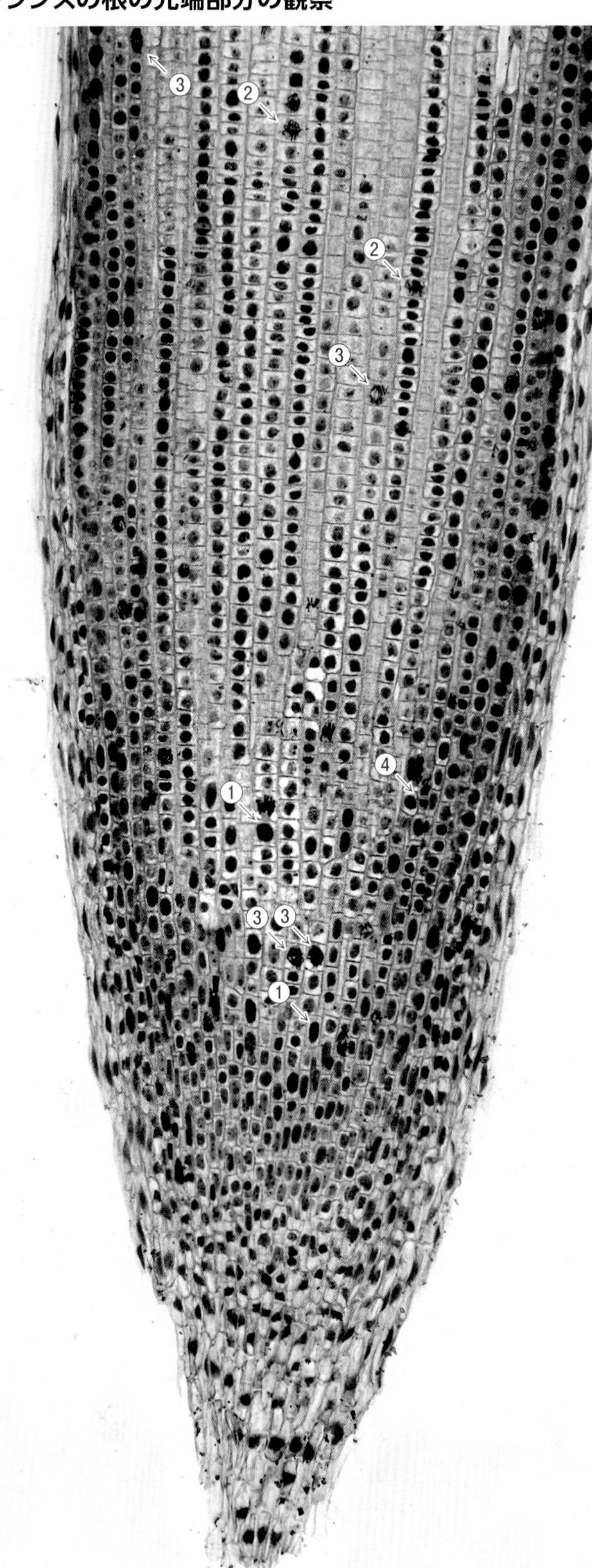

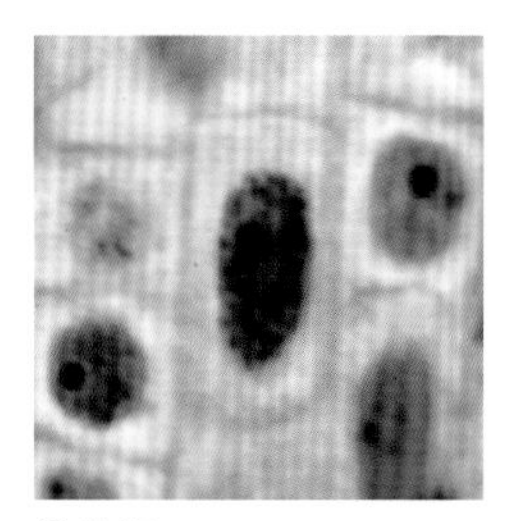

①前期

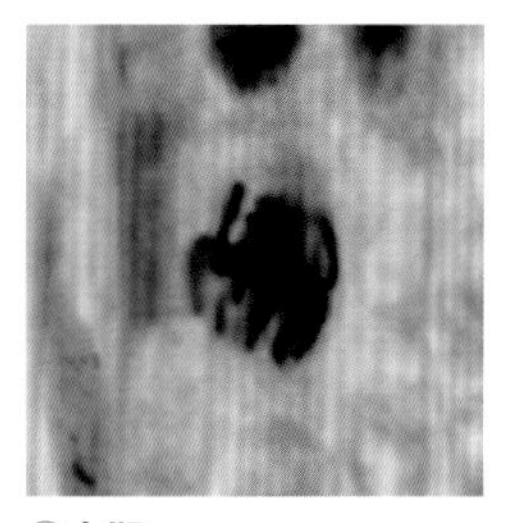

②中期

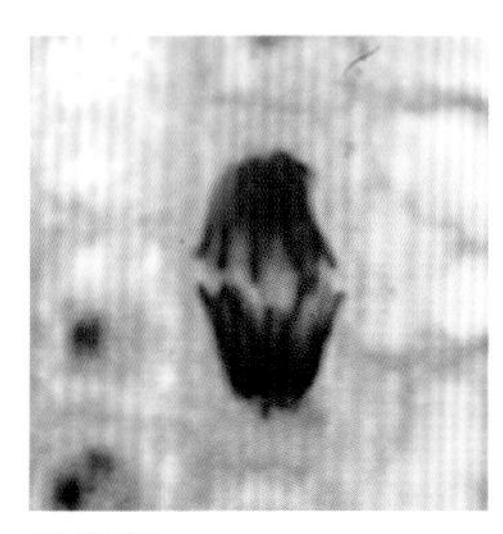

③後期

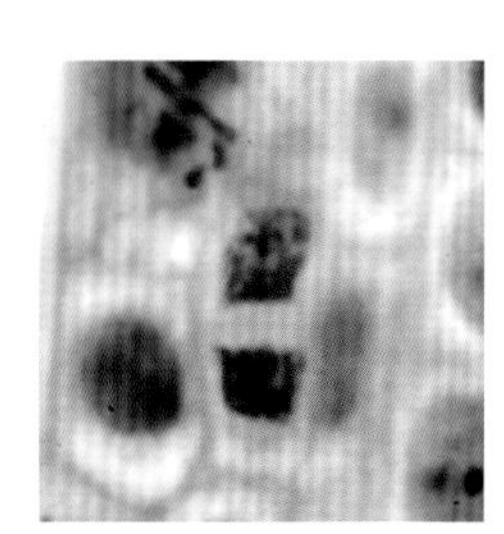

④終期

①**前期**：核酸が染色体になるためには時間がかかるので、途中段階のいろいろな状態（黒くぼやっとした丸いかたまり）が観察できる。

②**中期**：濃く染まった染色体が２組になり、中央に並んでいる様子が観察できる。この中期と次の後期は、細胞分裂の典型的な時期。

③**後期**：染色体が２つに分かれ始めている細胞が観察できる。

④**終期**：染色体が核に戻り、中央に薄い「しきり（細胞板）」が形成される。ただし、実際の観察で「しきり」をはっきり判別することは難しい。

第3章 動物が動くしくみ

動物が動く目的は生きることです。食物争いに勝つこと、危険から逃れること、子孫を残すことです。これらが満たされている動物は、植物や菌と同じようにあまり動きません。ヒトが遊んだり、この本を読んだりするのは、単に生きるだけでなく知的好奇心をもった動物だからです。この章では、動物が素早く動くためのしくみを調べましょう。

1 動くためのステップ

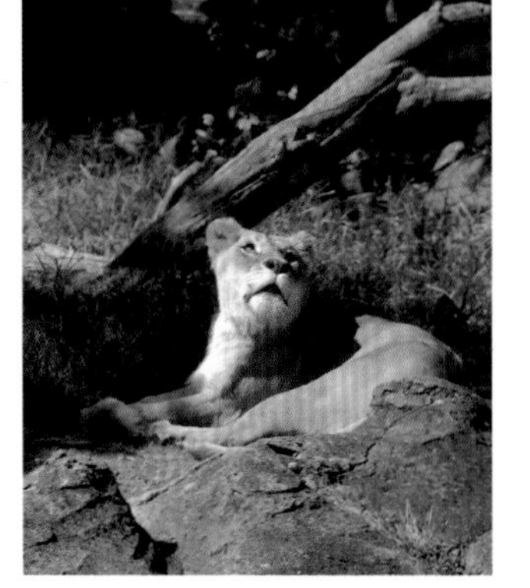

動物園のライオン（哺乳類）
腹は満たされていても、物音がすれば目と耳を向ける。運動のしくみや一連の流れは決まっている。

動物が動くための手順は決まっています。まず、目や耳などの感覚器官で外界の状況を感知し、その情報を中枢神経へ送り、神経が運動器官へ命令を出します。

感覚器官 （目、耳、皮膚、鼻、舌）	外界の刺激を受けとる

↓ 感覚神経（末梢神経）

中枢神経 脊髄：反射	⇄	中枢神経 大脳：随意運動

↓ 運動神経（末梢神経）

（感覚神経〜運動神経：神経系（p.85））

運動器官 （骨格・筋肉）	からだを動かす

ブレファリスマ（単細胞生物）
明るすぎれば暗い方へ、温度が高すぎれば低い方へなど、刺激に対して決まった動きをする（走性）。

■ 2つの動き方（随意運動と反射）

ヒトは、大脳を使って行動します。経験を生かして予測し、危険を避けたり、初めてのことでも1回で成功させたりします。しかし、生まれたばかりの乳児は、母乳を吸うような反射（本能行動）しかできません。強い光を避けて移動するミミズと同じような反射です。

随意運動 （大　脳）	•考えてから動く運動 例：ボールを投げる、打つ、キャッチする。
反　射 （脊髄、延髄など）	•意識しなくても動く、型通りの無意識の運動 例：膝蓋腱反射（脊髄 p.47 欄外）、熱い物や電気に触れたとき（屈筋反射。脊髄）、まばたきや瞳孔の動き（中脳）、だ液が出る（延髄）、心臓の拍動、歩行反射、消化液が出る

2 落下する定規をつかまえよう！

友達が落とした定規を素早くキャッチしましょう。そして、落下距離が短くなる方法を考えてみましょう。これは大脳を使った随意運動の実験です。

準　備

- 30cm定規
- 友達
- 記録用紙

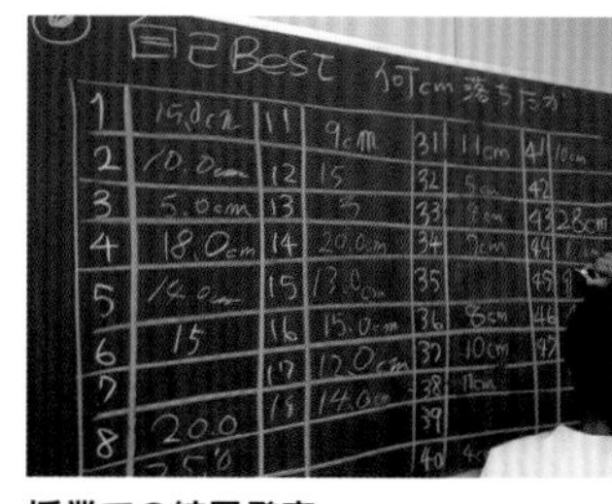

授業での結果発表

大脳が判断してから命令を出すので、速くても7cm程度は落下する。5cm以内はフライング !?

大脳を使う随意運動の実験

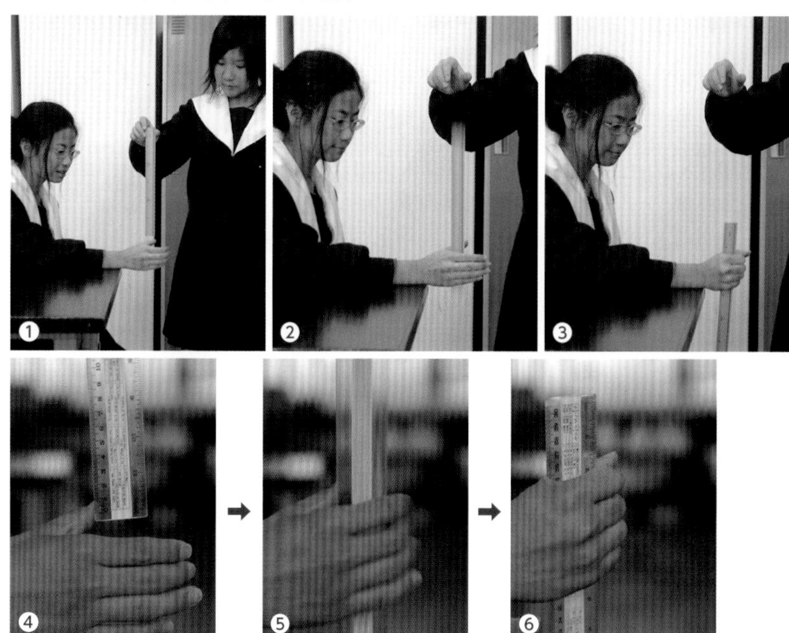

①～③：2人1組になって、一方が定規を落とす。もう1人が、落ちてきた定規を捕まえ、何cm落下したか測定する。手首は台につけて固定すること。　④～⑥：10cm以内なら相当速い。しかし写真をよく見ると、手首が上がっていて損をしている。

反応時間

随意運動の速さは大脳の学習で速くなるが、反射は変わらない。

スポーツの「運動神経」

スポーツの運動神経は、ボールの見方、脚の動かし方、判断方法など複数の要素からなる。

随意運動、反射（不随意運動）の模式図

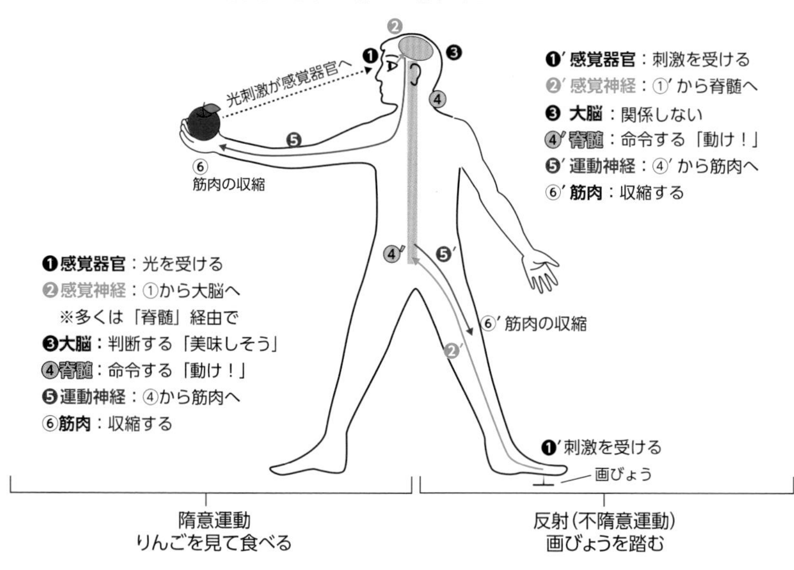

膝蓋腱反射を試す

膝頭（ひざがしら）の下をたたくと、無意識に足が上がる。脊髄反射の1つで、反射中枢は第2～4腰椎（ようつい）。不随意運動。

生徒の感想

- 定規に触っていると、すぐにつかまえられた。また、相手の目を見て予測するのも楽しい。
- 膝は動かさない、と頑張っても動く。自分の足じゃないみたいで怖い。
- 反射神経は、日常で使う言葉。

3 神経細胞の基本単位「ニューロン」

神経細胞の基本単位はニューロンといい、核がある細胞体、情報を伝達する神経突起（樹状突起、軸索）の2つに分けられます。樹状突起は枝分かれし、軸索は数十cmに伸びて情報を伝達します。

ニューロンの模式図

ニューロンどうしはシナプスによって結ばれ、シナプスはさまざまな神経伝達物質（欄外）を分泌して、情報を伝達します。

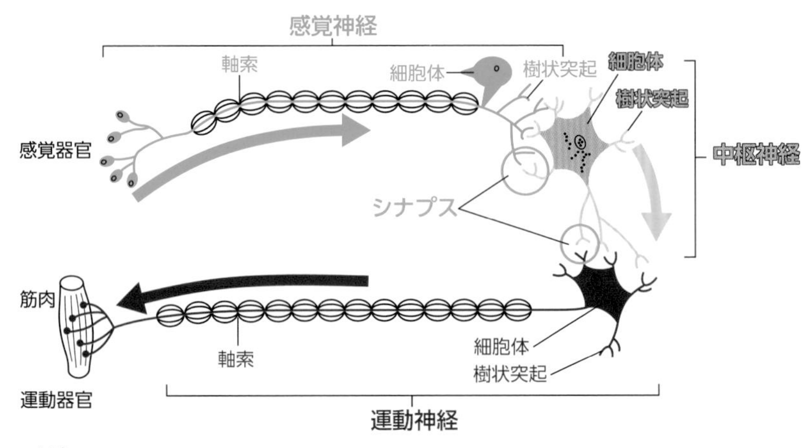

※散在神経系の動物はシナプスがない（p.49）。

系の模式図

下図は、体の中枢神経があり、末梢神経（感覚神経、運動神経）は主に脊髄からつながっていることを示しています（p.85）。

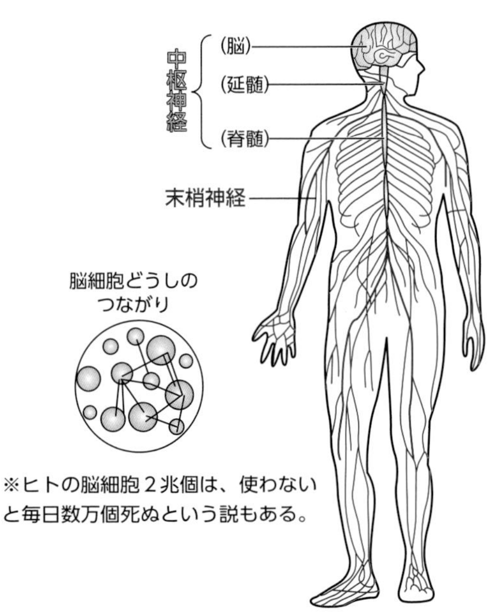

※ヒトの脳細胞2兆個は、使わないと毎日数万個死ぬという説もある。

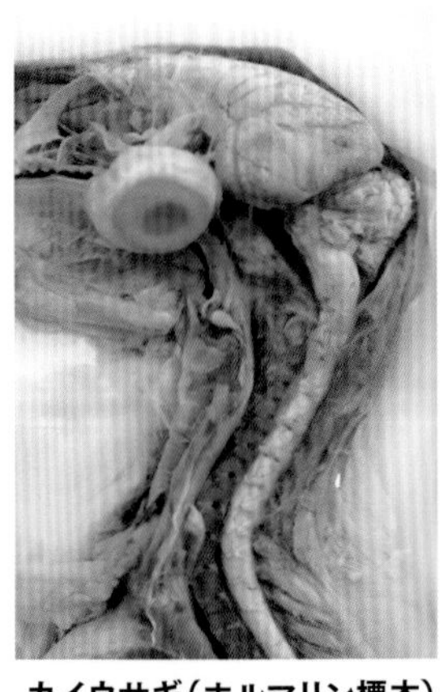

カイウサギ（ホルマリン標本）
上から大脳、小脳、延髄、脊髄が見られる。脊髄は背骨（脊椎）によって守られている。

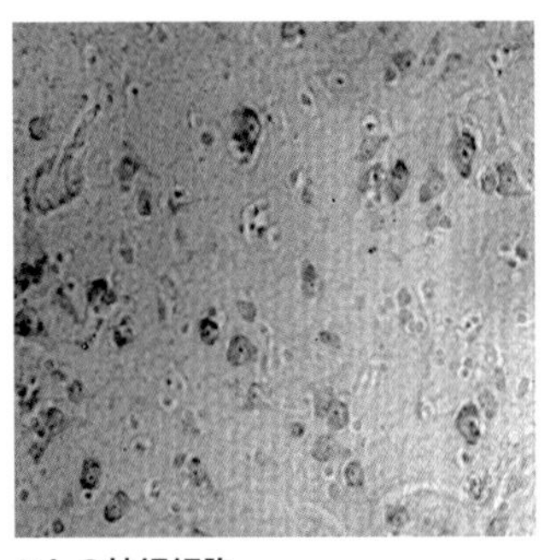

ヒトの神経細胞
市販プレパラートを400倍で観察したもの。

主な神経伝達物質

(1) グルタミン酸
(2) アドレナリン　p.84
(3) ドーパミン
(4) アセチルコリン

ヒトの大脳（1～1.4kg）
質量は体重の2％でも、消費カロリーは全体の20％。つまり、頭を使うヒトはたくさん食べる必要がある。ただし、脳は20歳から減少する。また、脳のしわを広げると、新聞紙1枚分の面積。

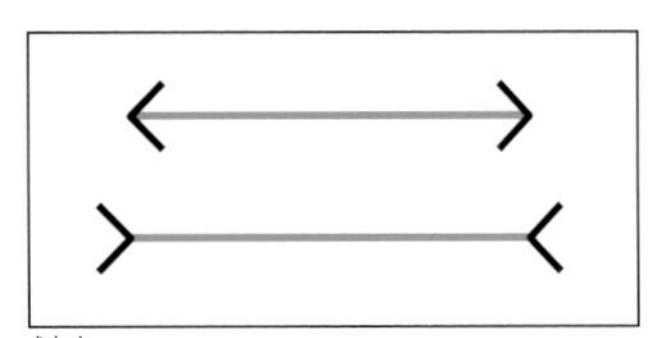

錯視（ミューラー・リヤー錯視）
感覚器官からの刺激は、大脳で処理され、認識される。錯視は、目が正常でも違うように認識してしまうこと。上図では、2本の直線部分の長さが同じ。

生徒の感想

- 脳細胞がシナプスでつながると頭が良くなる。切れて暴れる人は、本当に神経が切れてる！

動物の神経系の発達

神経は多細胞動物の特徴の１つです。クラゲのようにゆったり動く動物でも、神経をもっています。進化の歴史は、情報を素早く伝達するよう、次のように発達してきたと考えられます。

散在神経系	集中神経系		
	かご状神経系	はしご状神経系	管状神経系
	脳	脳 神経節	脳 脊髄
刺胞動物 ヒドラ(p.111)	扁形動物 プラナリア(p.111)	節足動物 バッタ(p.65)	脊椎動物 カエル

※散在神経系は神経細胞が網目状につながり、１点の刺激が四方八方に伝わる。
※押しつぶされたような形の扁形動物は、口や肛門、呼吸器官、循環器官がない。からだや神経が切断されてもほぼ完全に再生する。

脊椎動物は「脊椎」という骨の中に脊髄という中枢神経をもっています。その一方、中枢神経がなくてもより素早く動くことができる節足動物や軟体動物の仲間もたくさんいます（p.64、p.66）。それらは、互いに別の進化の道を歩んだ高等動物です。

生徒の感想

- ゆらゆら動くクラゲも神経でコントロールされていた。
- ホルマリン標本は恐いけれど、カエルの目玉がかわいい。

水中を泳ぐタコクラゲ
刺胞動物のクラゲのかさには、神経細胞が網目状に伸び、これらが連係しあって泳ぐ。（写真：名古屋港水族館）

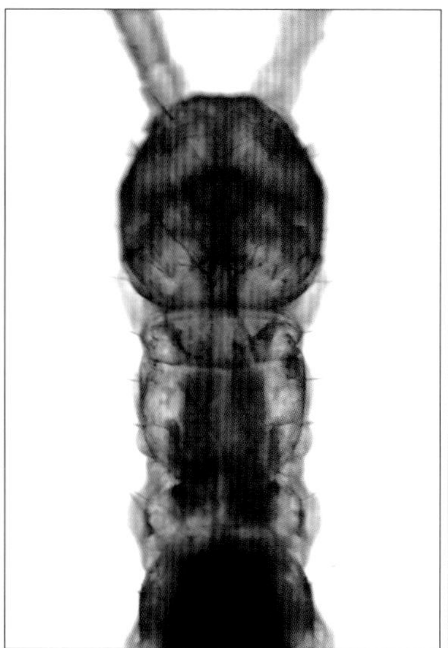

多足類（節足動物）　40倍
脳やはしご状の神経が透けて見える。写真の多足類は、ツルグレン装置で採取した小さな土壌生活者（p.131）。

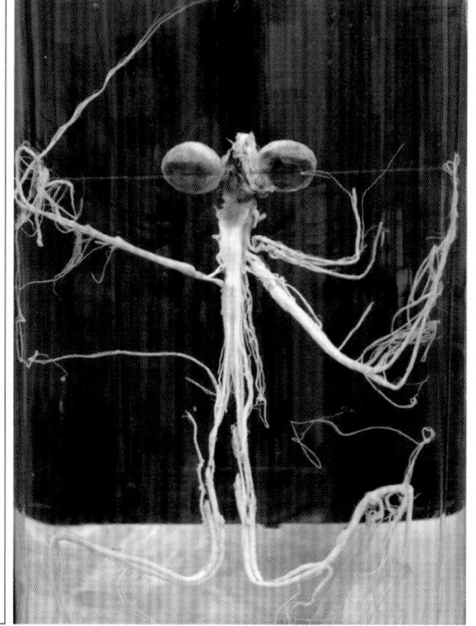

カエルの神経（ホルマリン標本）
カエルやヒトなどの脊椎動物の中枢神経は、頭蓋骨や脊椎骨で守られている（p.148）。

4 光を感じる目

ヒトの瞳から入った光は、眼球の底にある光を感じる細胞を刺激します。その細胞の集まりを網膜といいます。刺激は脳へ送られますが、右目は左脳、左目は右脳につながっています。脳は、両目からの情報（両眼視差）を処理して立体像にします。

ヒトの目

外界の情報の80%が目から入るという説が古くからある。

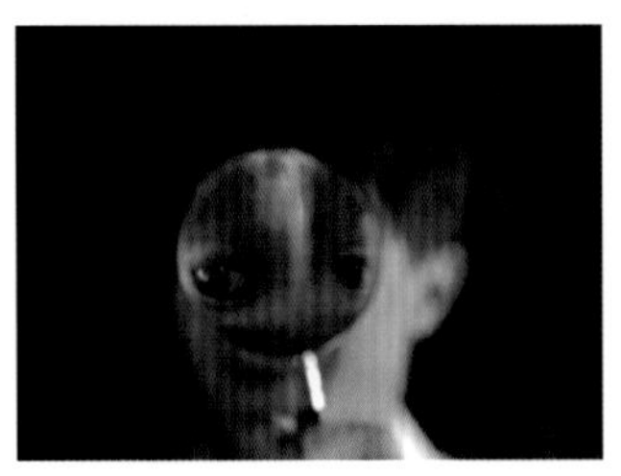

網膜に像が写るしくみ

カメラと同じ原理で、網膜に倒立像（実像）が写る。その情報を大脳が処理し、何が写っているか判断する。詳細はシリーズ書籍『中学理科の物理学』。

黒目（虹彩、瞳）と白目の観察とスケッチ

黒目の瞳、虹彩の彩り・形・大きさを正確に観察すると、表情豊かになります。

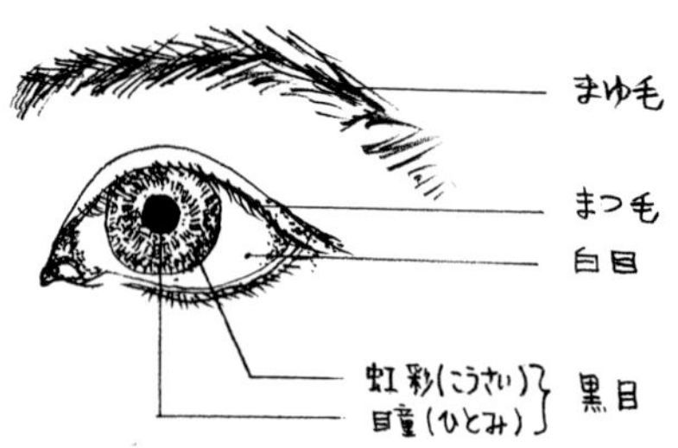

黒 目	瞳 （瞳孔）	・黒目の中心にある暗黒の部分（青い目の西欧人も暗黒） ・外界の光を眼球内に入れる
	虹 彩	・瞳の周りにあり、外界の光量に応じて大きさが変わる ・メラニン色素が少ない人は、茶や青色に見える
角 膜		・黒目を保護するための最前列の膜で、強膜と連続している ・色素がなく無色透明
白 目	強 膜	・眼球をおおっている強い膜で、毛細血管が走っている

網膜にある2つの光感覚細胞

錐状体	・昼に、光の3原色（赤・緑・青）を感じる ・網膜中心部に多い ・約600万個 ・明順応は数分以内
桿状体	・夜に、明暗を感じる ・網膜周辺部に多い ・約1200万個 ・錐状体の1000倍の感度だが、はたらくまで10分必要（暗順応）

目の断面図と各部のはたらき

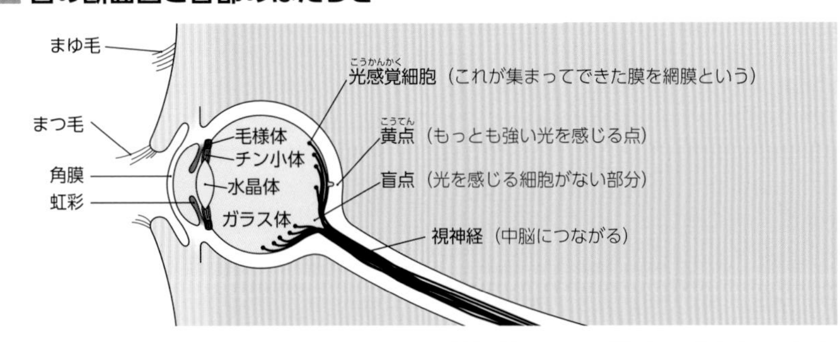

眼 球	・6本の筋肉で、いろいろな方向へ動かすことができる
ガラス体	・眼球内を満たしている透明なゼリー状の組織
水晶体 （レンズ）	・無色透明の細胞からなる。ピント調節のため厚みが変わる。近眼で厚く、遠視（老眼）で薄くなるが、原因不明。白内障は細胞が白濁
まつ毛	・ものが触れると、一瞬で「まぶた」が閉じる（反射 p.46）
涙	・涙腺は上まぶたの外側にあり、大泣きすると、涙丘（目の内側）の近くにある涙点から涙が鼻涙管を通って鼻へ流れる

ビタミンAの作用

光感覚細胞にある色素ロドプシンは、光で分解されることで信号を出す。その再合成に必要なビタミンAが不足すると暗所に弱くなる。

実験Ａ　瞳の大きさを変化させよう

暗いところでは瞳が大きくなります。これは無意識に行われますが、同じように好きな人を見たり、嘘をついたりすると瞳の大きさが瞬時に変わります。アドレナリンが分泌されるからです（p.84）。

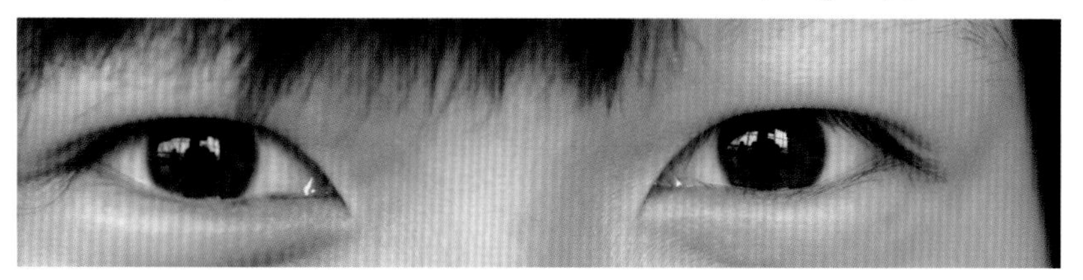

<方法>友達と見つめ合い、お互いの虹彩の動きを観察する。無意識のうちに激しく変化する。恥ずかしがったり照れたりすると、とくによく変わる。または、光を当てて瞳が小さくなること（瞳孔反射）を調べる（強い光を絶対に当てないこと）。

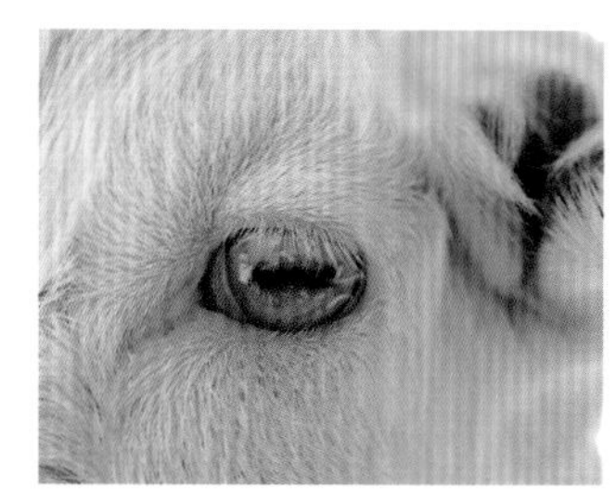

ヤギの瞳
瞳が横に細長く見えるのは、虹彩（黄色の部分）の形による。

実験Ｂ　盲点を調べよう

盲点は「視神経が眼球から出るために集まった場所」で、光感覚細胞がありません。まるで魔法にかかったように見えない位置（点）があります。家族みんなで試して、盛り上がりましょう。

1　右目を片手で隠し、左目を×の正面にする。

2　左目をできる限り、×に近づける。
　→左目でまっすぐ×を見ていても、◎が見える
3　左目で×を見たまま、ゆっくり遠ざける。
　→15cm～20cmで◎が見えなくなる＝盲点。

※盲点の距離で×を中心に用紙を回転させると、◎が見え隠れする。

盲点を調べる生徒

生徒の感想
・右目は18cm、左目は15cmのところで見えなくなった。本当に見えなくなるのでビックリした！
・私の父は角膜ドナーです。

実験Ｃ　利き目を調べよう

私の利き目は右です。さて、みなさんの利き目はどちらでしょう。

<利き目を調べる方法>
1. 片手に鉛筆を持つ
2. 遠くにある風景と鉛筆を重ねる
3. 片目をつむる
4. もう一方の片目をつむる
5. 鉛筆と風景がずれなかった方が利き目

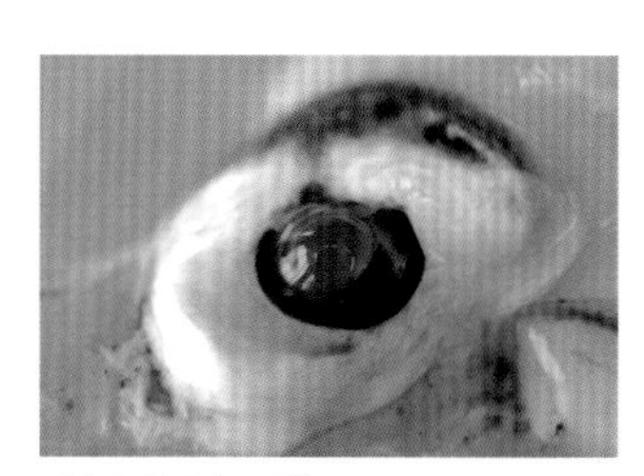

イカの目のレンズ
簡単に観察できる（p.66）。

いろいろな動物の光を感じる器官

ヒトが見ている世界と他の動物が見ている世界は違います。動物の種類によって見える範囲（波長、強弱）が違います。例えば、ミツバチは赤が見えず、紫外線が見えます。また、ヒトは3原色を感じますが（p.50 欄外）、個人差により同じものを見てるとはいえません。

動物の目の数（複眼と単眼）

目が2つの生物は少数派。多くの個眼が集合した「複眼」と明るさだけを感知する「単眼」をもつものが多い。

目の数	動　物
2	・脊椎動物
3	・ムカシトカゲ（額に第3の目）
4	・クモ類
5	・昆虫類
6	・クモ類
7	・シロハラコカゲロウ（複眼4、単眼3）
8	・クモ類

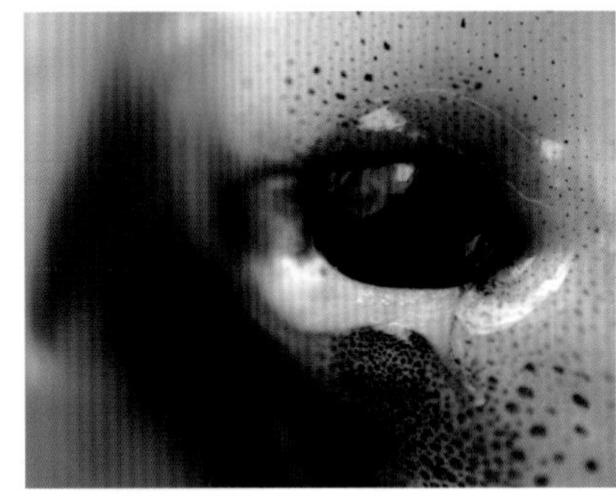

イカの眼球レンズ

イカやタコなど頭足類（軟体動物）は、ヒトと同レベルに発達した目をもつ。イカは海の食物連鎖の頂点に近い肉食動物。

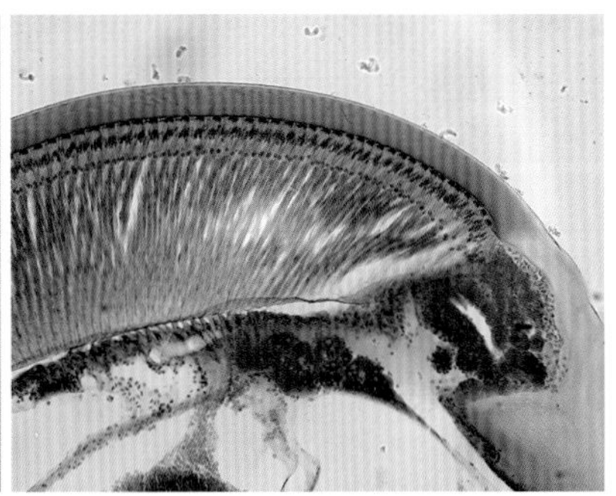

イナゴの複眼（100倍）

昆虫類は、複眼（個眼2～3000個の集まり）をもつ。物体の形よりも、動きを感知することに優れる。

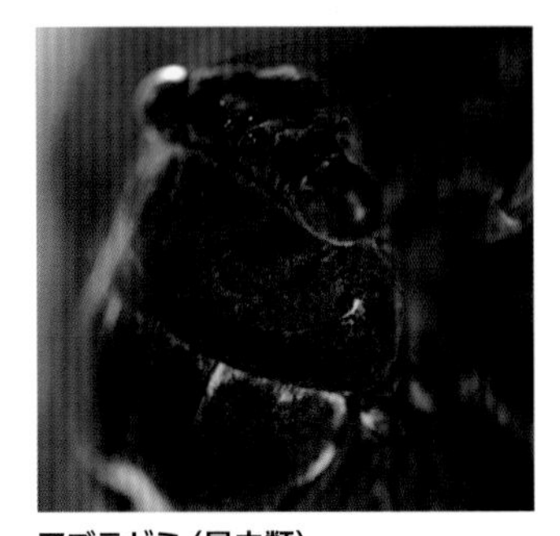

アブラゼミ（昆虫類）

2個の複眼と3個の単眼をもつ。

ヨツメウオ

目の中央にある仕切りから上で水上の獲物を狙う。下半分は水中を見る。（写真：世界淡水魚園水族館 アクア・トト ぎふ）

ミミズ（環形動物）

目はないが、皮膚にたくさんある光感覚細胞で、わずかな光を感じる。なお、このミミズは生まれたばかりで体が透けている。

光に反応するゾウリムシ

ゾウリムシは、光子1粒のエネルギーを感知して動く。目という複雑な器官はなくても、原形質内部の化学物質が光に反応する。

光を発する生物

デンキナマズ

からだ全体が発電できるようになっている。海水、淡水の違いや種類によって発電方法は違う。（写真：世界淡水魚園水族館 アクア・トト ぎふ）

ホタル

酵素ルシフェラーゼとATP（p.28）によって発光する。効率が高く熱を出さないので「冷光」といわれる。

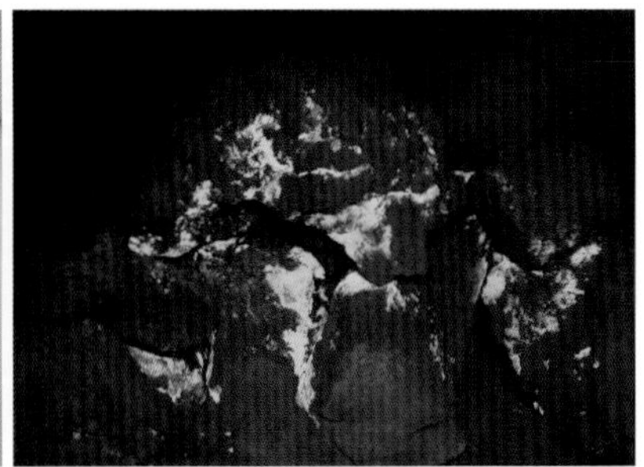

ヒカリゴケ（コケ植物>鮮類）

1属1種の貴重な植物で、エメラルド色に光る。内部のレンズ状細胞が外界の光を反射し、葉緑体の緑色を放つ。

5　乾燥イワシ「脊椎動物」の解剖

乾燥イワシ（煮干し）は、食料品コーナーで簡単に手に入ります。眼球、視神経、脳、脊椎（背骨）、筋肉、内臓などが簡単に調べられます。乾燥イワシの解剖後は、生のイワシに挑戦しましょう。

■ 主な観察ポイント

初めに頭部と腹部の２つに分けて内部を調べます。最後に骨と神経と血管、筋肉を観察してから、美味しく食べましょう。

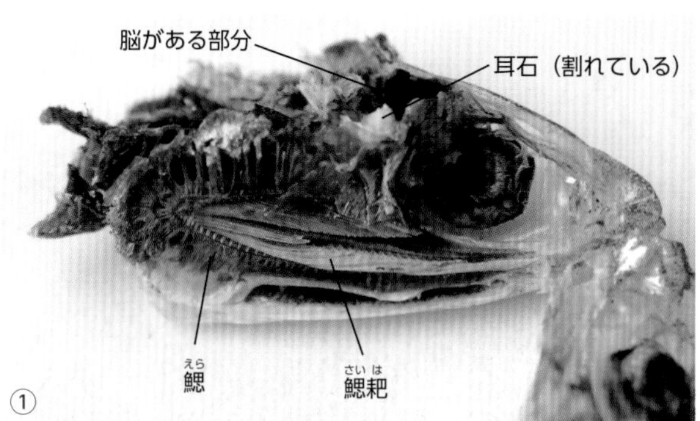

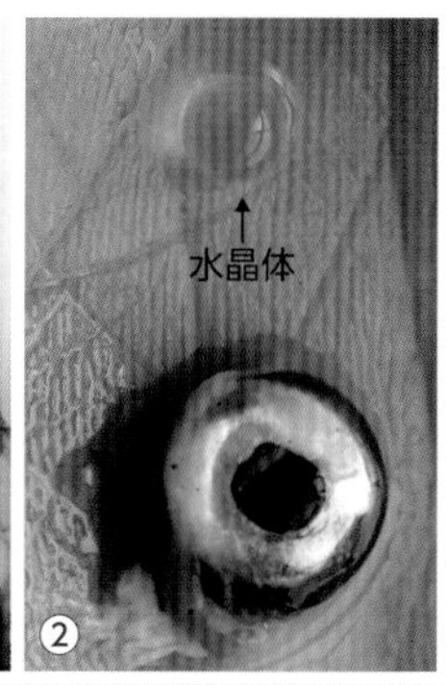

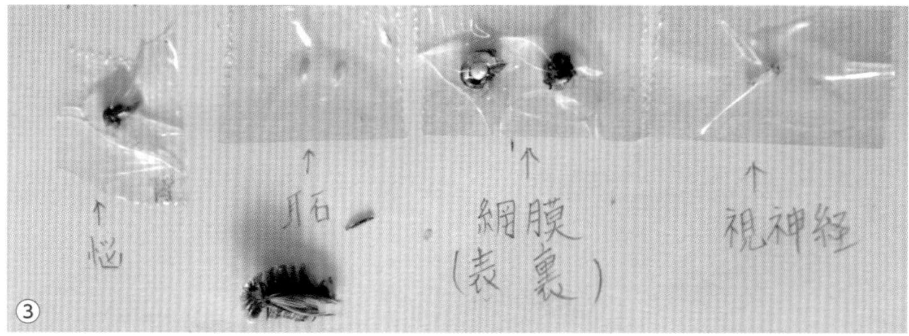

①：頭部の真上を両手で持ち、「ぱかっ」と左右に割ったもの。　②：生イワシの眼球と水晶体（無色透明）。　③：生徒のプリント。上段左から、脳、耳石（p.54）、網膜（左は白くなったレンズ、右は漆黒の網膜）、視神経、下段は鰓と鰓耙。

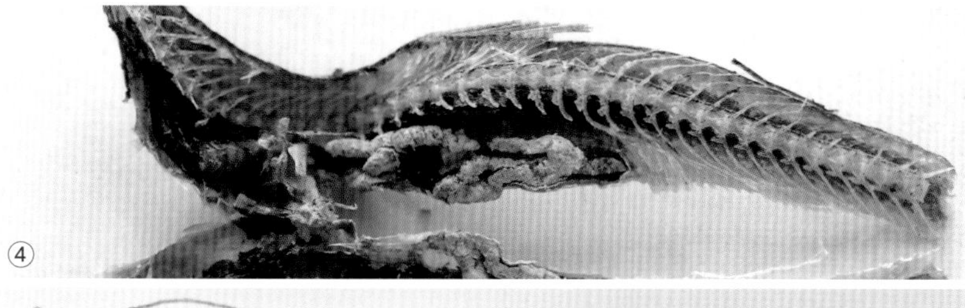

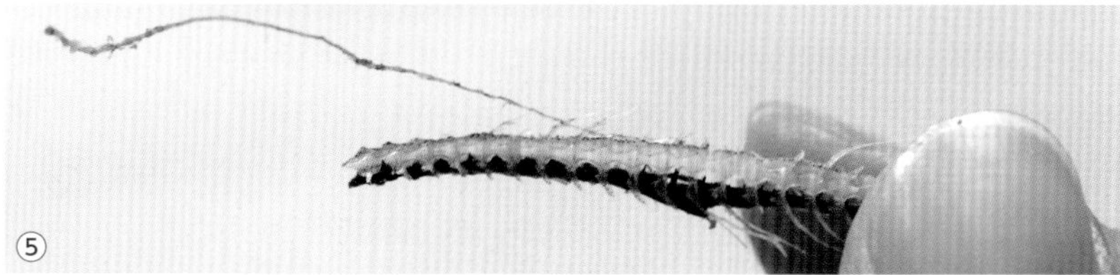

④：消化器官（胃、肝臓、腸、腎臓）、心臓、生殖器官（卵巣、または、精巣）。　⑤：脊椎（背骨）と脊髄（神経）、その他の骨、血管。

準　備

- つまようじ（柄つき針）

イワシ

弱い魚、と書いて鰯。カタクチイワシ（煮干しに使われることが多い）、マイワシ、ウルメイワシなど、種類は多い。

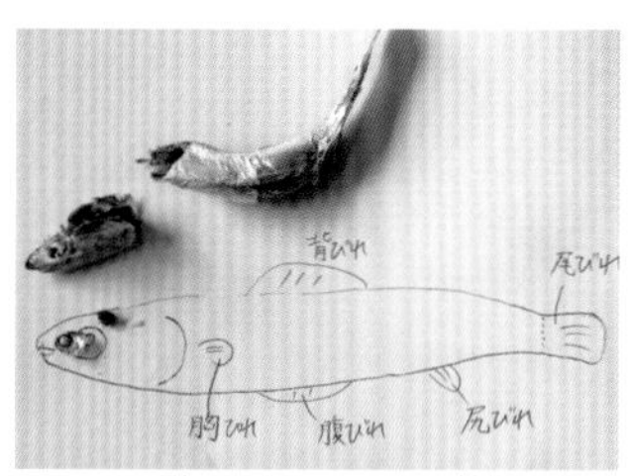

5種類の鰭（運動器官）と総排出口

背びれ、尾びれ、胸びれ２（前脚）、腹びれ２（後脚）、臀びれがある。また、腹びれと臀びれの間にある尻の穴を総排出口といい、解剖はここからハサミを入れる。直後に、直腸、尿道、子宮や精巣とつながる管３本の出口がある小部屋（総排出腔）がある。

イワシの鰓と鰓耙（本文）

イワシは水を口から取り入れ、鰓から出す。鰓はガス交換、その直前の「鰓耙」は微生物をこし取る。

組織ごとに筋肉を集めて味を調べる

細胞の種類によって成分が違う。

生徒の感想

- にぼし、おいしー！
- 魚もヒトも同じセキツイ動物だった。

6 音とバランスを感じる耳

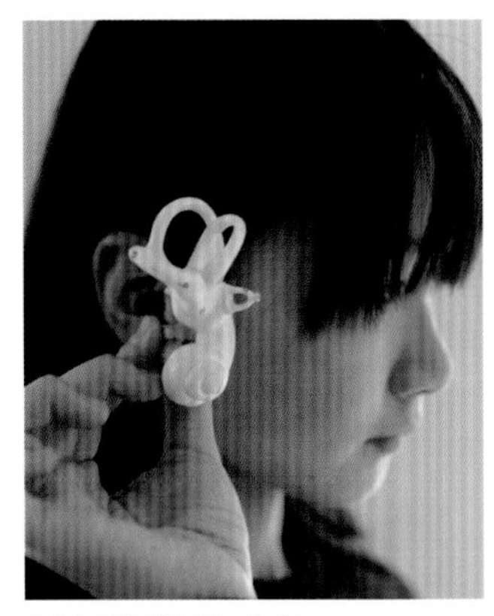

内耳の模型を持つ生徒
上に三半規管、下にうずまき管、その間に前庭。右に出たものは、耳小骨の「あぶみ骨」。

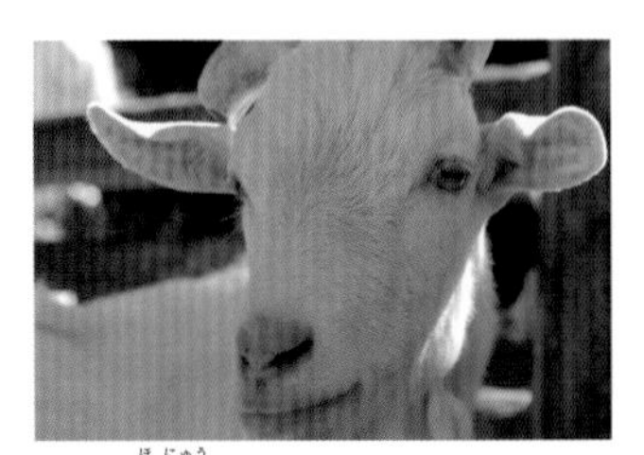

ヤギ（哺乳類）
草食動物の多くは、肉食動物から身を守るため、耳がよく動く。

ヒトの耳には、2つの刺激を感じる細胞があります。1つは空気の振動（音）を感じる「うずまき管」、もう1つは体のバランス（平衡）や動きを感じる「三半規管」の中にあります。そこにある感覚細胞には短い毛があり、それが揺れることで感知します。

ヒトの耳の構造とはたらき

音は空気の振動です。感じる範囲は動物によって違います。また、重力に支配されている陸上生物にとって、姿勢を保つことは重要なはたらきです。植物には特別な器官がありませんが、音や重力を感じて動くものがあります。

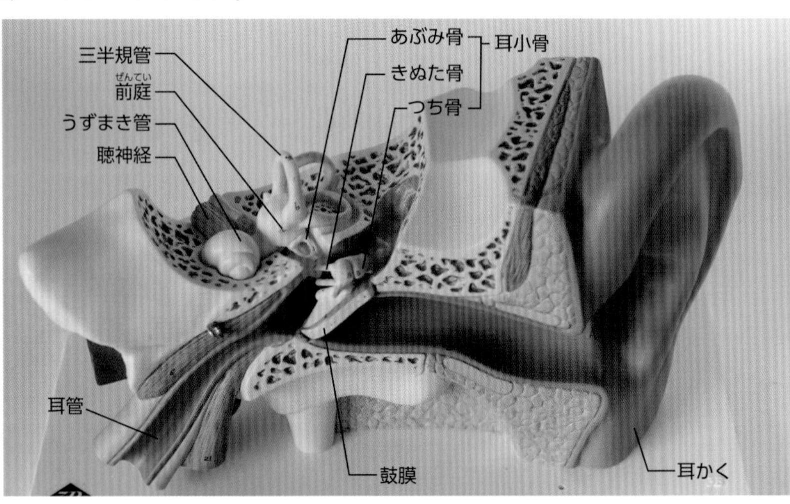

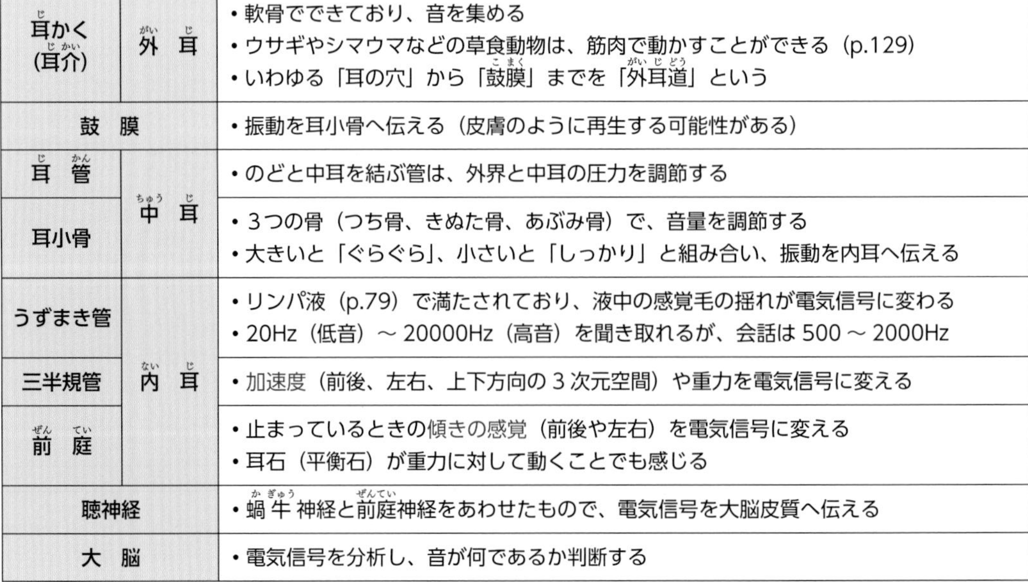

耳かく（耳介）	外耳	・軟骨でできており、音を集める ・ウサギやシマウマなどの草食動物は、筋肉で動かすことができる（p.129） ・いわゆる「耳の穴」から「鼓膜」までを「外耳道」という
鼓膜		・振動を耳小骨へ伝える（皮膚のように再生する可能性がある）
耳管	中耳	・のどと中耳を結ぶ管は、外界と中耳の圧力を調節する
耳小骨	中耳	・3つの骨（つち骨、きぬた骨、あぶみ骨）で、音量を調節する ・大きいと「ぐらぐら」、小さいと「しっかり」と組み合い、振動を内耳へ伝える
うずまき管	内耳	・リンパ液（p.79）で満たされており、液中の感覚毛の揺れが電気信号に変わる ・20Hz（低音）～ 20000Hz（高音）を聞き取れるが、会話は 500 ～ 2000Hz
三半規管	内耳	・加速度（前後、左右、上下方向の3次元空間）や重力を電気信号に変える
前庭	内耳	・止まっているときの傾きの感覚（前後や左右）を電気信号に変える ・耳石（平衡石）が重力に対して動くことでも感じる
聴神経		・蝸牛神経と前庭神経をあわせたもので、電気信号を大脳皮質へ伝える
大脳		・電気信号を分析し、音が何であるか判断する

※鼓膜は、両生類・爬虫類・鳥類・哺乳類にみられる。

音やバランスを感じる動物の器官

コウモリ（哺乳類）　30万Hzの超音波を発し、その反射を感知しながら飛ぶ。

アジの側線　水圧、水流だけでなく、筋肉を振動させて反射した振動も感じ、群れをなして泳ぐ。

イルカ（哺乳類）
10～13万Hzの超音波で仲間と会話する。

バッタ（昆虫類）　前脚の付け根に聴覚器官をもっている。

ナマズ　平衡器官をもっている。その他にクラゲ、甲殻類にも平衡器官がある。

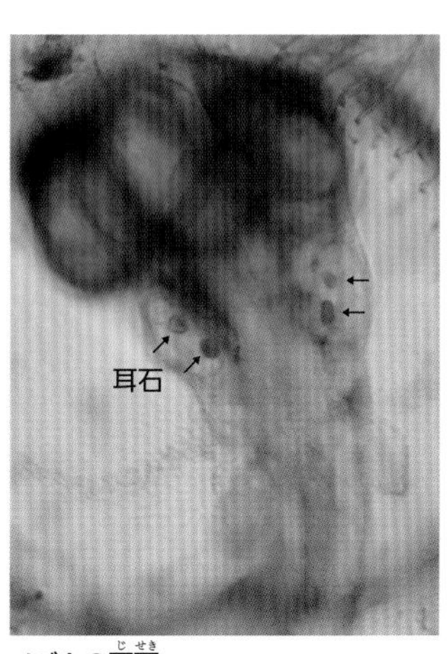

メダカの耳石
発生中のメダカを顕微鏡で見ると、平衡感覚を司る耳石が簡単に観察できる。

音源の方向を当てる実験

うずまき管は空気の振動をとらえるだけですが、大脳は、左右の音量やわずかな時間差から音源の方向を計算します。みんなで耳と大脳の能力を確かめてみましょう。

<方法>目隠しをした人を中心に輪をつくり、誰かが１回手を打つ。中心の人は音がした方向を指し、目隠しをとる。その他、回転椅子に座り、回してから行うと、三半規管も反応するので面白い。

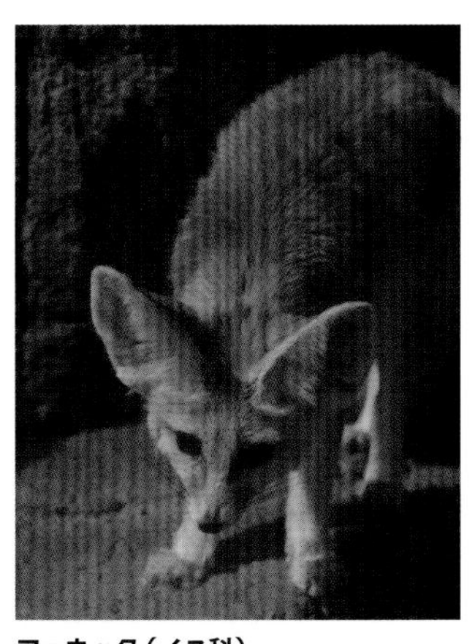

フェネック（イヌ科）
砂漠に穴を掘って棲む。夜行性なので、耳の役割は大きい。耳から放熱して体温上昇も抑える。

7 水に溶けた味を感じる舌

筋肉のかたまりである舌の表面は、粘膜でおおわれています。よく見ると小さな突起（舌乳頭）がありますが、その側面に味覚芽があり、水に溶けた化学物質を感じる味覚細胞が並んでいます。

ヒトの舌
無数の突起で味を感じる。赤ちゃんの舌は味覚が十分に発達していない。

舌乳頭の写真と味覚芽の模式図

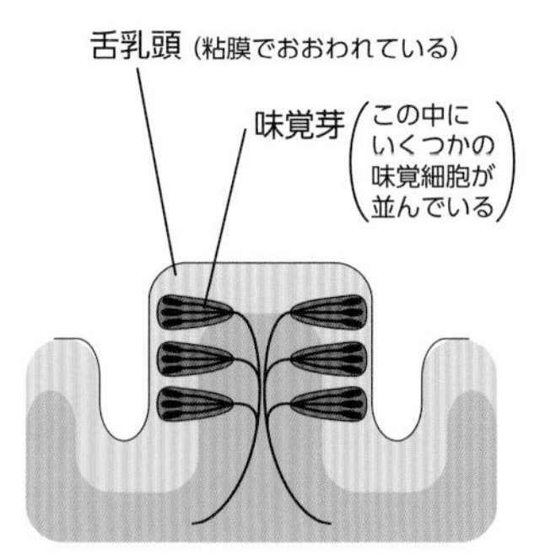

ヒトの舌は、欄外の表のように4つの味覚を感じます。しかし、実際の食事では、視覚・嗅覚・雰囲気など総合的な刺激によって決まるので、暗闇の中で食事をしても美味しさをあまり感じません。また、最近は「旨味」を加えて5つの味覚とすることもあります。

舌で感じる4つの味覚

味覚細胞	(1) 甘い甘味 (2) 塩からい塩味 (3) 酸っぱい酸味 (4) 苦い苦味 ※それぞれ別々の味覚を感じる
味覚神経	延髄→大脳

※甘味は、応答範囲が狭く、高濃度で応答が飽和する。甘味を嫌う動物はいない。また、塩味は甘味を増強する（味覚間の交差）。

水に溶けた化学物質を感じる動物の器官

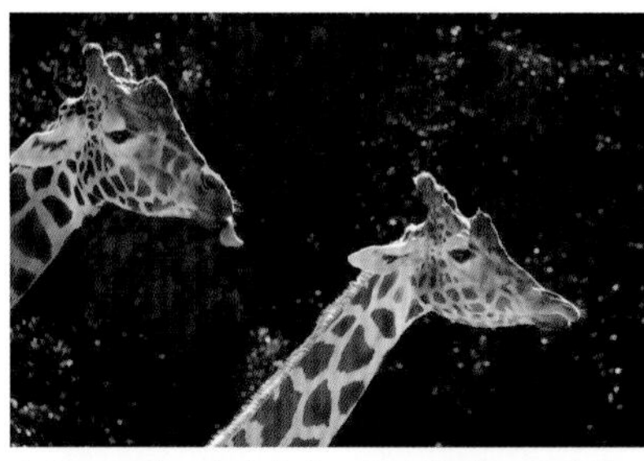

キリンの舌　自由自在に動く筋肉の集まりで、植物の葉を食べるのに活躍する。

花の蜜を吸うアゲハチョウ　甘い花の蜜を吸う昆虫は、ストロー状の口（吻）を使う。

ハナムグリ　昆虫の仲間には、足の先端や交尾器でも味を感じるものがいる。

カメレオンの舌　味を感じるだけでなく、獲物を捕らえるためにも役立つ。

8 空気中の物質を溶かして感じる鼻

舌の味覚細胞と同じように、鼻の奥にある嗅細胞も水に溶けた物質に反応します。つまり、空気中の物質を粘液に溶かしてから感じます。イヌの鼻の頭が濡れているのはこのためで、ヒトの鼻腔も同じです。

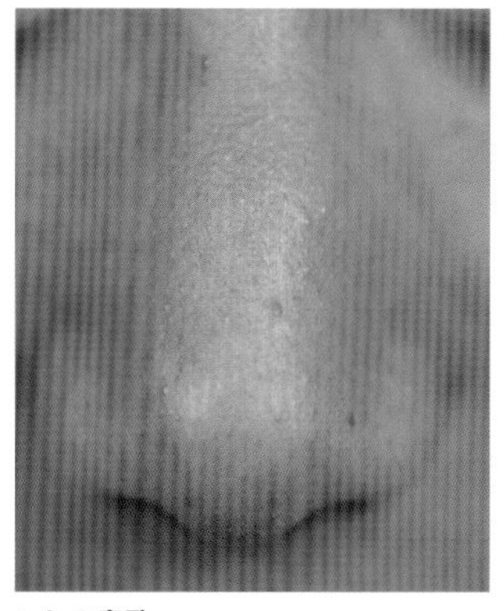

ヒトの鼻孔
空気を体内に取り込むための穴。昆虫の気門（p.33）、植物の気孔（p.34）に対応する。なお、鼻腔（鼻の奥の空間）にはにおいを感じる嗅細胞がある。

鼻腔の上部にある嗅細胞

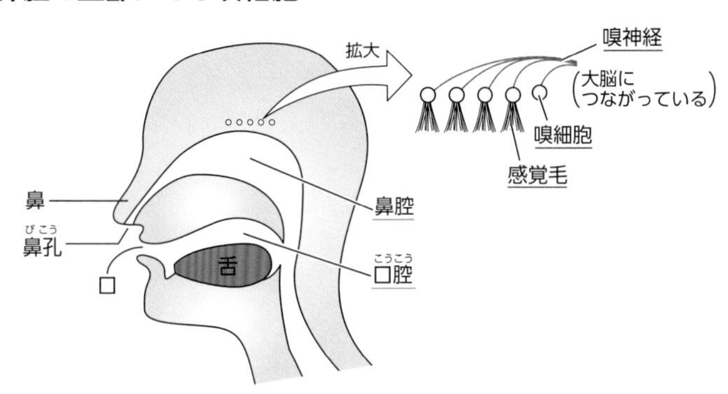

有害なにおいを感じると、くしゃみや咳の反射が起こります。逆に、食べ物や異性のにおいを感じると、食欲や性欲を満たそうとします。ただし、ヒトの嗅覚は他の動物とくらべて劣っています。視覚や言語による情報、後天的な学習が主な原因だと思われます。

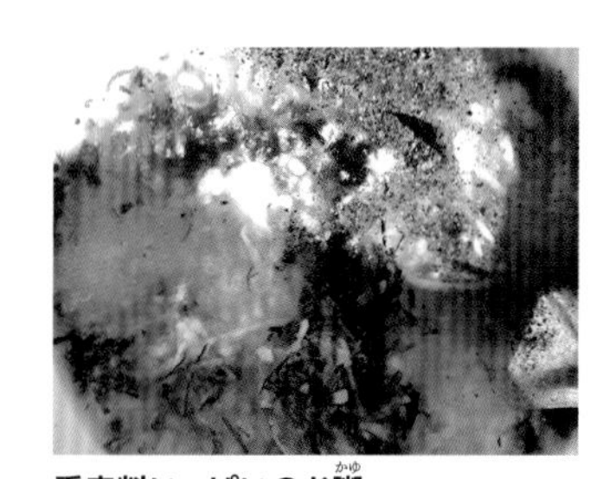

香辛料いっぱいのお粥
蒸気に溶けたにおいは、直接、嗅細胞を刺激する。

空気中の化学物質を感じる動物の器官

イヌ（脊椎動物＞哺乳類） ヒトの100倍、5億個の嗅覚受容細胞をもつ。マーキング（尿）で縄張りをする。

カタツムリ（軟体動物＞腹足類） カタツムリは触覚で、ミミズ（環形動物）は体表で、においに反応する。

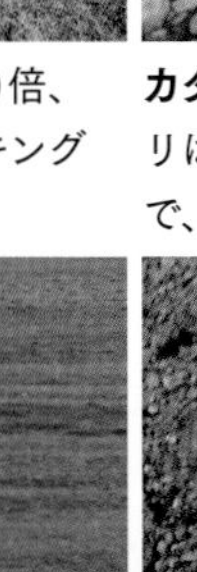

雌のにおい（性フェロモン）を嗅ぐ雄 雌が生殖可能な状態にあるか確かめるためににおいを嗅ぐ。

アリの道標フェロモン 良い食料を見つけると、通り道ににおいをつけて同じ道を通る。

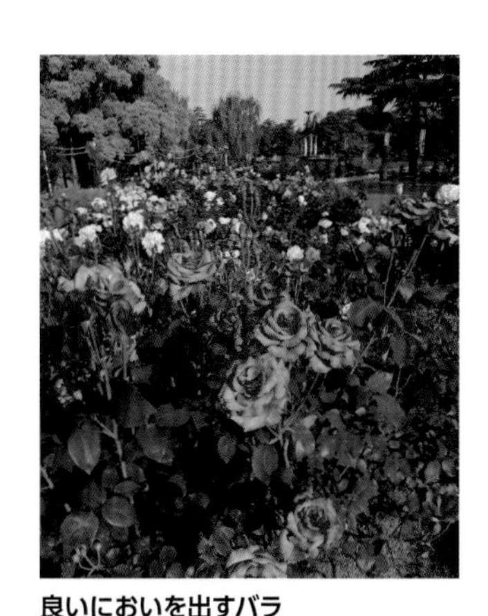

良いにおいを出すバラ
においの目的は昆虫に花粉を運んでもらうこと。逆に、スカンクのように敵を遠ざけるにおいもある。

9 5つの刺激を感じる皮膚

皮膚は外界の刺激から内部を守り、恒常性を維持するはたらきがあります。その表面は多様で、粘膜でおおわれていたり、硬いウロコになっていたり、毛が生えていたりしています。また、危険を察知し、逃げるための感覚器官としてのはたらきもあります。

①：**アルダブラゾウガメ（変温動物）**
爬虫類のからだは乾燥を防ぐ硬いウロコでおおわれている。（写真：世界淡水魚園水族館 アクア・トト ぎふ）
②：**クジャク（恒温動物）**
羽根1本1本に立毛筋がついている。ヒトにできる鳥肌も同じ。

■ ヒトの皮膚の模式図

ヒトにある5つの感覚は、直接触れるもの（痛覚、圧覚、触覚）と温度に関するもの（冷覚、温覚）に分けることができます。

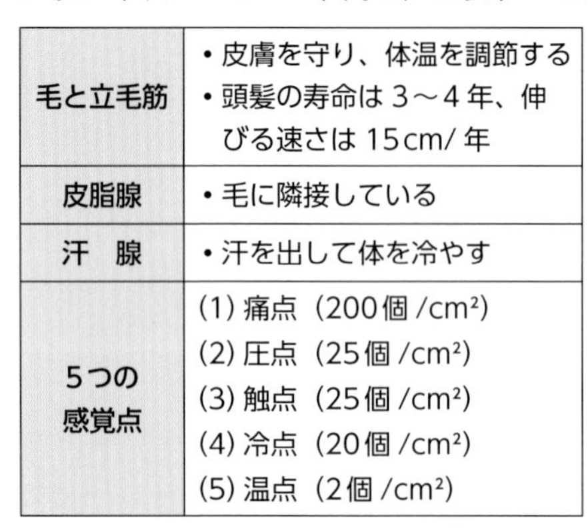

毛と立毛筋	• 皮膚を守り、体温を調節する • 頭髪の寿命は3〜4年、伸びる速さは15cm/年
皮脂腺	• 毛に隣接している
汗　腺	• 汗を出して体を冷やす
5つの感覚点	(1) 痛点（200個/cm²） (2) 圧点（25個/cm²） (3) 触点（25個/cm²） (4) 冷点（20個/cm²） (5) 温点（2個/cm²）

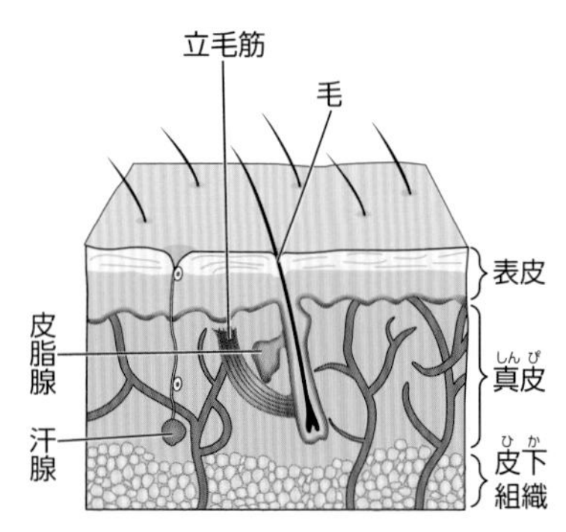

■ 痛点の分布を調べる「2点弁別テスト」

痛点は1番重要な感覚です。痛さを感じなければ、何も気づかないまま死ぬ可能性があるからです。今回は、皮膚の場所による、痛点の分布密度の違いを調べてみましょう。自宅でも簡単にできます。

準　備

- つまようじ
- 定規

1cm² あたりの痛点の数
1cm²の枠を書いてから調べても良い。本文中の表から、痛点は200個/1cm²。

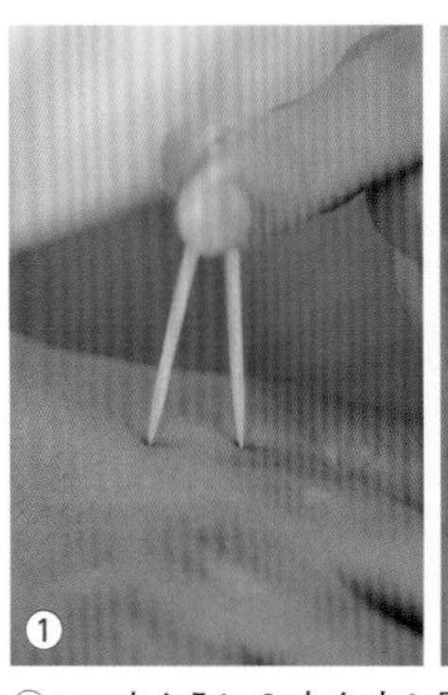

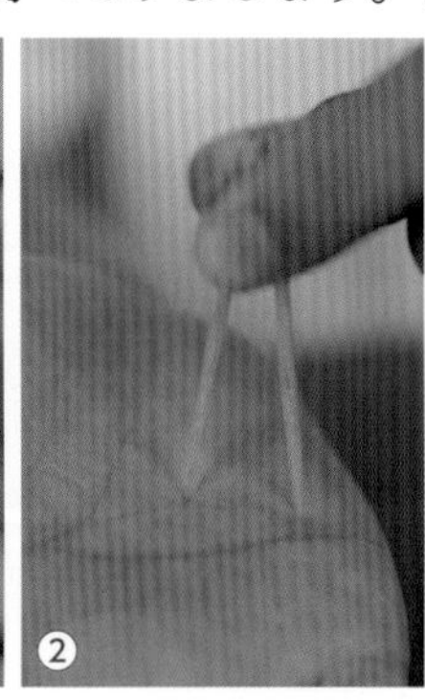

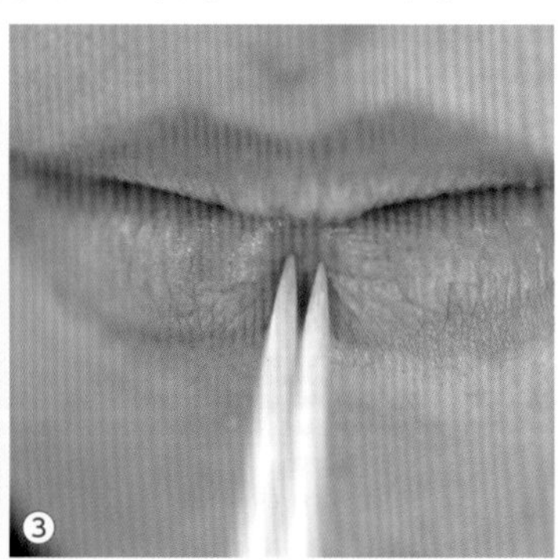

①：つまようじ2本を少し開き、同時に刺激する。間隔をだんだん狭くし、刺激が1つになった間隔を記録する。ただし、つまようじで怪我をしないように十分に注意すること。　②、③：いろいろな場所で試す。

太もも	腕	手のひら	唇	舌
鈍感（どんかん） ←—— （自分で距離を測定してみよう！） ——→ 敏感（びんかん）				
数cm ←——				——→ 数mm

生徒の感想

- 私って鈍感かも。

主な刺激と感覚器官のまとめ

下表は、外界からの６種類の刺激を、５つの感覚器官に分けて整理したものです。ヒトの目、耳などは高度に発達した感覚器官ですが、その発生を調べると、全て表皮細胞の一部が特殊化したものです。

外界からの刺激	感覚器官	感覚細胞
1　光	目	• 網膜にある光感覚細胞　p.50
2　音	耳	• うずまき管にある細胞　p.54
3　重力（加速度）		• 三半規管、前庭器官にある細胞　p.54
4　痛み、温度、圧力	皮　膚	• 4つの感覚細胞　p.58
5　匂い	鼻	• 鼻腔にある嗅細胞　p.57
6　味	舌	• 味覚芽の中にある味覚細胞　p.56

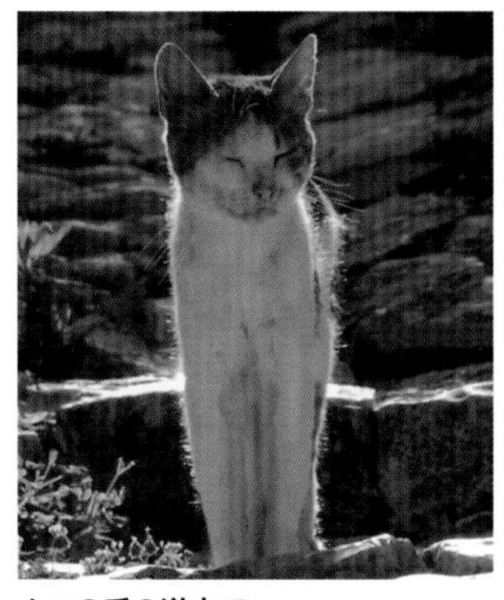

ネコの毛の逆立て

ネコなどは興奮すると、ふーっといって尻尾や全身の毛を逆立てて喧嘩の相手を威嚇する。

体の内部からの刺激

もう１つ忘れてはいけない重要な刺激があります。内部環境を一定に保つための体内からの情報です。特別な感覚器官はありませんが、内臓や筋肉からの刺激を自律神経（p.84）が受け取り、いつでも同じ状態になるようにコントロールしています。

生体内からの刺激	感覚器官	感覚細胞
1　頭痛、排便排尿の感覚	内　臓	特になし
2　疲労感、筋肉痛、物体を持ち上げたときの重さの感覚	筋　肉	

点字（情報伝達の工夫）

縦３行、横２列の組み合わせで文字をつくり、その凹凸で情報を伝えるものを点字という。その他の情報伝達の工夫は案内表示、ユニバーサルデザイン、自動翻訳機、補聴器、光センサーなど。

オジギソウ（植物）の運動

ここで珍しい植物の動きを紹介します。オジギソウは、手で触れると葉が順に閉じていきます。葉のつけねにある葉枕と呼ばれる細胞の集まりが、細胞膜の透過性を生かして水を一気に移動させ、細胞の大きさを変えるのです。

①：葉に刺激を与える。　②、③：葉沈が小さくなり、ゆったりとした動きで葉を閉じていく（数秒間）。

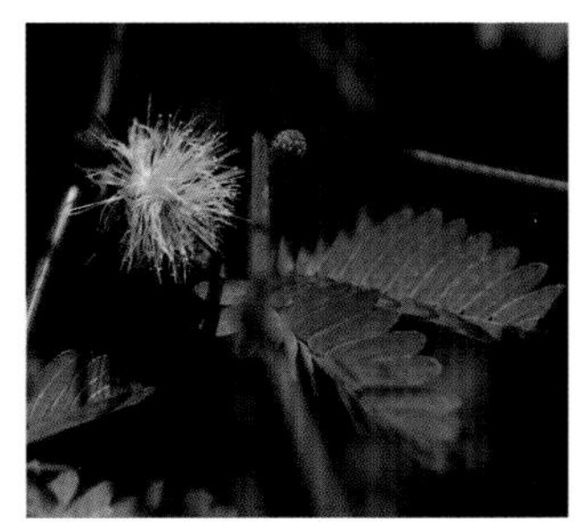

オジギソウの花

よく見られる植物の動き

- 光を求めて成長する
- 水を求めて根を張る
- アサガオの蔓の旋回運動
- タンポポの花の睡眠運動

※これらの動きの一部は、植物ホルモン（p.87）で説明できる

10 いろいろな動物の筋肉

ヒトの筋肉

(1) 全身で約 650 本
(2) 骨格筋は筋全体の 40%
(3) ふだんは弛緩して（緩んで）いる

筋肉はタンパク質からできた筋繊維という細胞の集まりです。運動すると切れて痛みますが、タンパク質を補充して強化、再生します。ふだんは弛緩していますが、中枢神経の命令で収縮します（伸びる力はない）。棘皮動物以上にあり、タコやトンボも筋肉で動きます。

筋肉を3つに分類する

初めに骨格筋と内臓筋を覚えると、理解しやすくなります。

骨格筋（骨格についている筋肉）	心　筋（心臓にある筋肉）	内臓筋（内臓にある筋肉）
横紋筋（強い力）		**平滑筋**（弱い力）
随意筋（自分でコンロールできる）	**不随意筋**（意識的にコントロールできない）	
• 筋繊維には**遅筋**（赤色で持久力がある）と**速筋**（白色で力が大きい）がある。赤身の魚と白身の魚 • 骨格との結合部分を「腱」という	• 筋繊維が連結、自律して拍動する（p.80） • 細胞を取り出しても拍動し続ける • 赤色の遅筋	• 自律神経（p.84）でホルモン（p.86）をコントロールする • 疲労しにくい • 内臓や血管をつくる

ニワトリ、ブタ、ウマの筋肉細胞の観察

準　備

• 光学顕微鏡セット
• いろいろな動物の筋肉

冷蔵庫を開けてみましょう。魚、鶏、豚、牛の肉を顕微鏡で見れば、タンパク質からできた筋肉細胞そのものであることがわかります。

左上から鶏、豚、馬、牛の筋肉
人間はいろいろな動物の、さまざまな部分の筋肉を食べる。

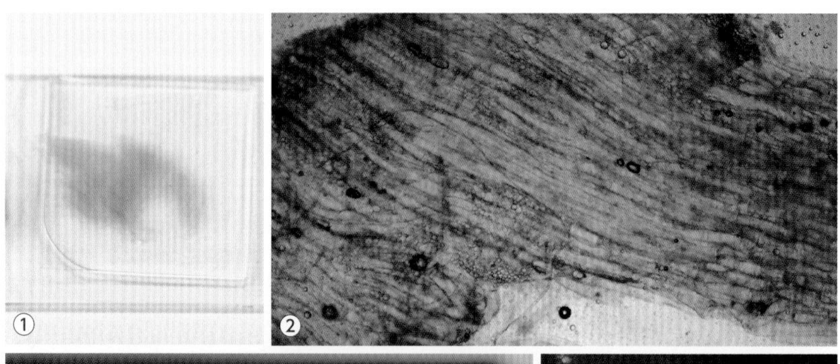

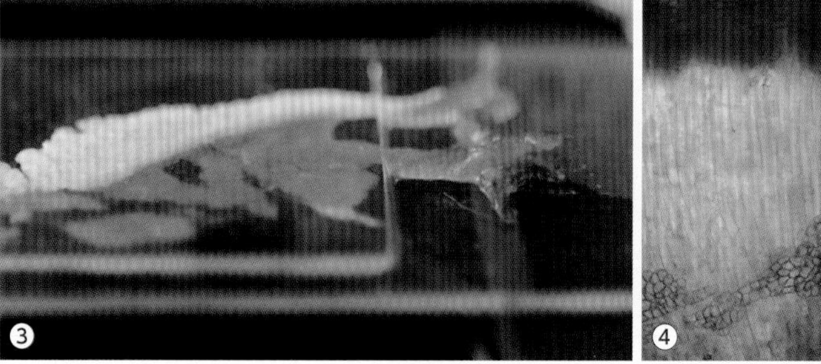

①、②：ニワトリのもも肉。カバーガラスをかけてから、細胞が１列に並ぶように押しつぶす。脂が少なく、さっぱりした感じの細胞が並ぶ（40倍）。　③、④：ブタの筋肉。40倍で検鏡すると、細長い細胞が集まった筋肉組織と脂肪組織が観察できる。

筋肉を動かすエネルギー

筋肉は、細胞内のミトコンドリアによってつくられた ATP（p.28）を分解し、発生するエネルギーで動く。分解された栄養分は乳酸になる（反応式は p.136）。

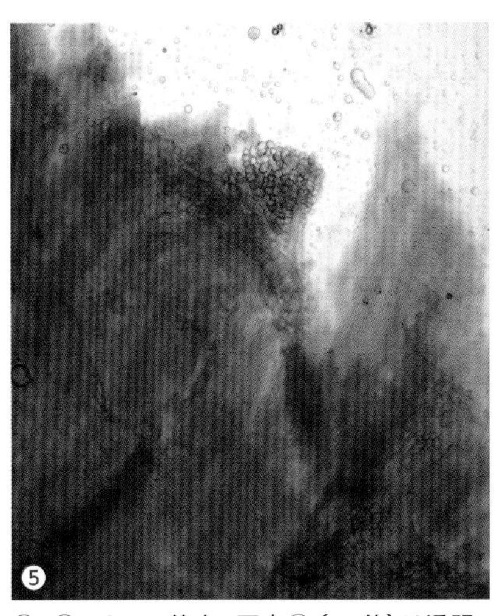

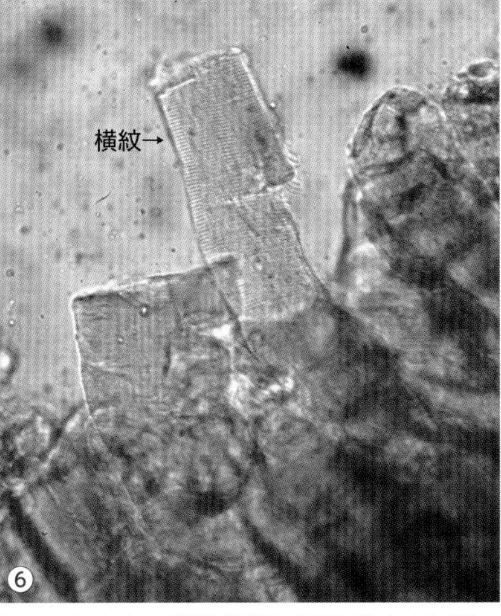

⑤、⑥：ウマの筋肉。写真⑤（40倍）は透明の丸いつぶつぶの脂肪組織、写真⑥（400倍）は骨格筋の特徴である「横紋」が観察できる。

ニワトリの前脚（手羽先）の解剖実習

ニワトリの前脚、翼の部分を解剖しましょう。筋肉（食べる部分）は収縮しかできないので、反対側には必ず対になる筋肉があります。ポイントは関節周りです。筋肉が腱になって骨に付着する部分をよく調べてください。付着する位置と関節の形状によって、運動方向が決められていることがわかります。

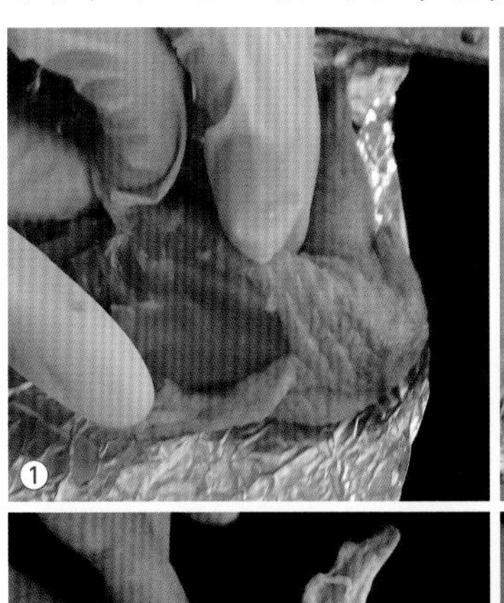

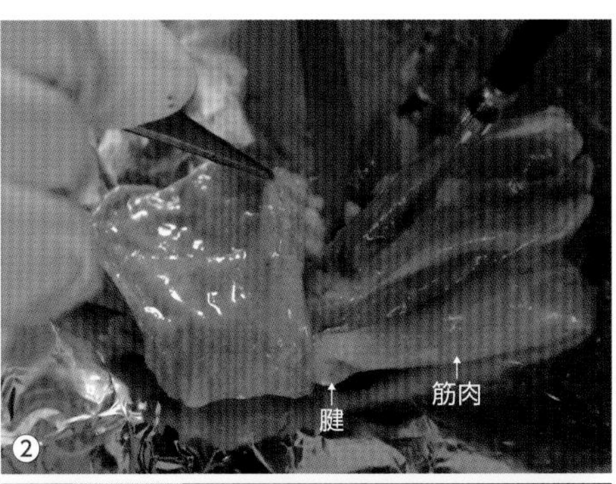

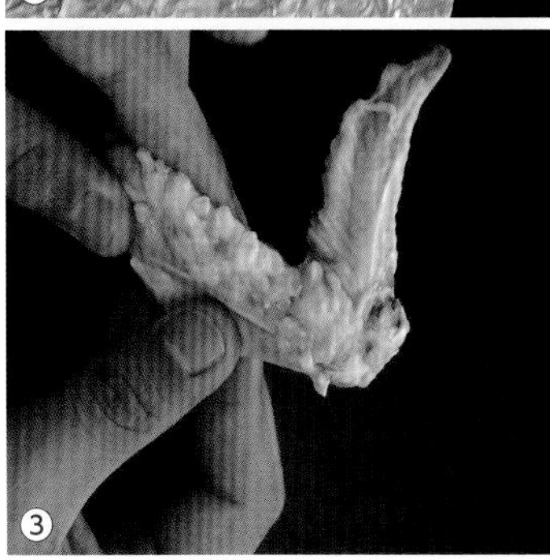

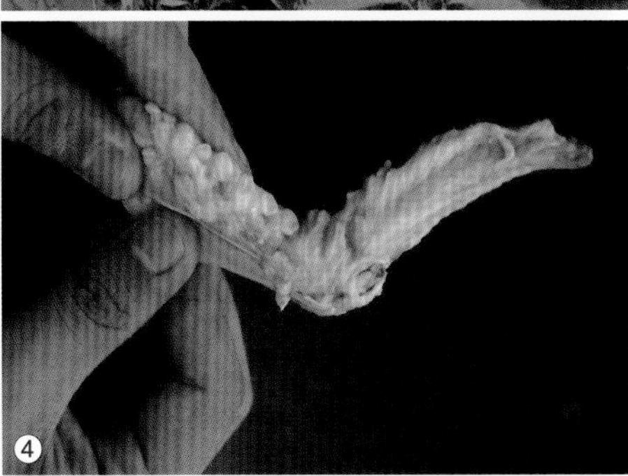

①、②：できるだけ新鮮な手羽先を用意し、手やハサミ、ピンセットを使い慎重に皮や脂肪を取る。同時に、筋肉が腱になり、骨に付着する部分をよく調べる。　③、④：むき出しにした筋肉を引っ張り、関節や脚が動く様子を観察する。引っ張る＝筋肉の収縮、と考える。

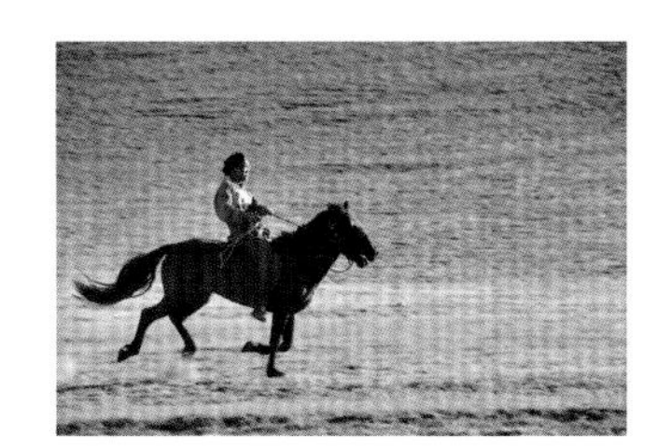

疾走するウマ

ウマの足先は、速く走るのに適した蹄になっている。

生徒の感想

- ウマの細胞を観察しているうちに、力強く走る馬の筋肉を想像できるようになった。

イカ（軟体動物）の運動

骨格がなくても運動できる。(p.66)

おいしい手羽先

食べられるものは無駄にしない。塩こしょうで十分おいしい。解剖に使うものと筋肉の味を調べるものは分けること。

生徒の感想

- ごちそうさま！鶏肉は低脂肪で高タンパク質。

11 骨格の構造とはたらき

ヒトの骨は数え方によりますが、合計206個（頭蓋骨29、脊柱26、肋骨と胸骨25、肩・腕・手64、骨盤・脚・足62）です。そのはたらきは、体を支える、筋肉と協力して体を動かす、臓器を保護する、骨の内部「骨髄」で血液をつくる（p.78）などです。

人体骨格の模型

■ イヌ（脊椎動物）の頭蓋骨の観察

イヌの頭蓋骨を観察しましょう。脳や重要な感覚器官を保護するために、さまざまな工夫があります。

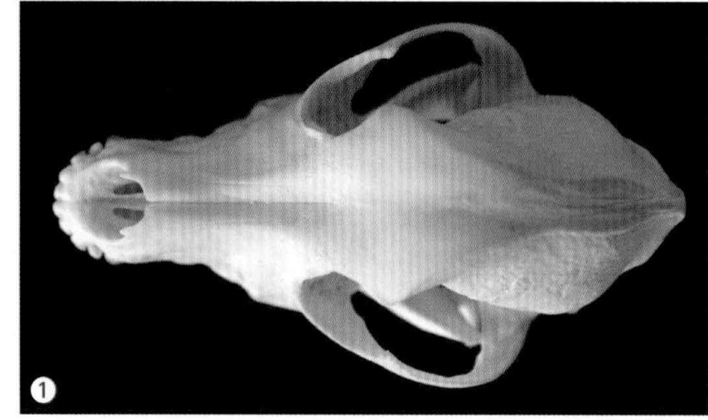

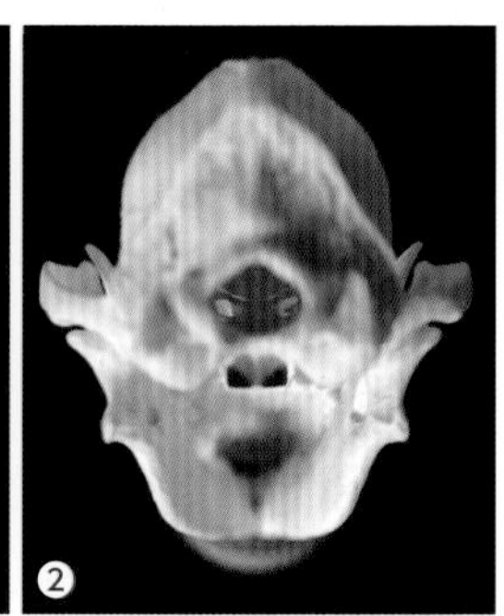

①、②：イヌの頭骨。ポイントは次の通り。鼻、眼球、脊髄の神経が通る小さな穴がある。大部分は無機物（カルシウム、リン）からできている。骨そのものの内部が空洞（軽くて折れにくい構造）。骨細胞（石灰質をつくる）は生きている。

■ 内骨格動物と外骨格動物

ヒトは体内に骨格がある内骨格動物です。逆に、外部に骨がある外骨格動物（p.64）もいますが、それぞれの生活に適するように、骨格が進化（変形）したものなので、どちらが高等であるか比較するものではありません。いずれも骨格筋の収縮によって動きます。

内骨格	外骨格
• 体の内部に骨があるもの •「関節」がある • 脊椎動物など ※脊椎動物 の骨格 p.148  サンゴ（刺胞動物）の骨格	• 体の外部に骨があるもの • 体に「節」がある • 節足動物など 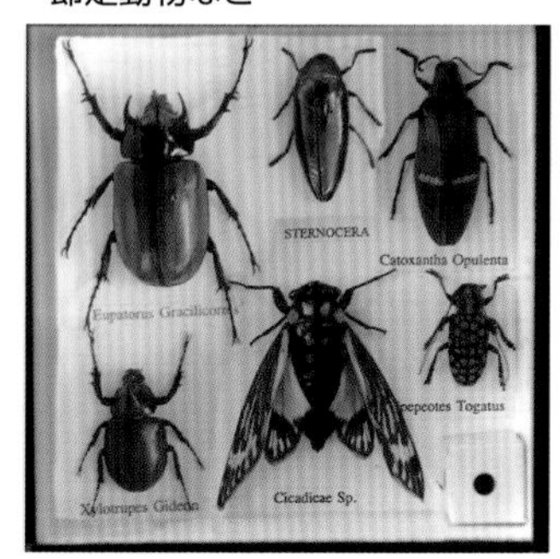 昆虫類の標本

ヒトの骨に関する雑学

(1) 骨は両端が成長する。
(2) 背骨の数は32～34個。
(3) 中央に血管が走り、酸素や栄養の供給を受ける。
(4) 折れても骨芽細胞で修復する。
(5) 体重に対する割合は15%。
(6) 最小は耳小骨の「あぶみ骨（長さ3mm）」、最大は「大腿骨（長さ40cm、直径3cm）」。
(7) カルシウムの貯蔵と放出をする。

ヒトの筋肉、腱、関節を調べよう

下のように、やかんを上げ下げしたときの筋肉の動きを観察しましょう。力こぶをつくる筋肉を上腕二頭筋、反対にある筋肉を上腕三頭筋といいます。筋肉は、関節をまたいで２つの骨についています。

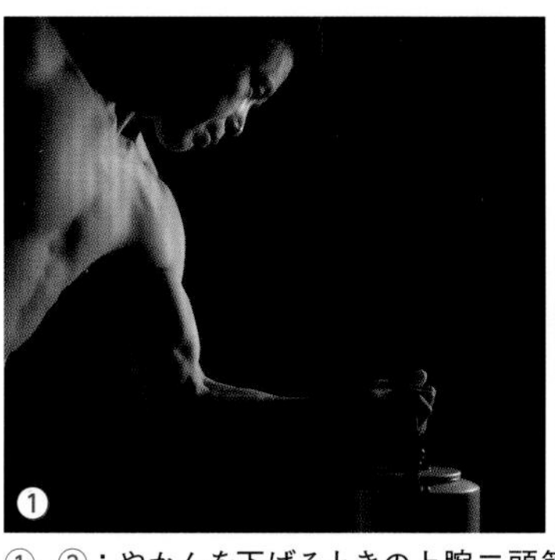

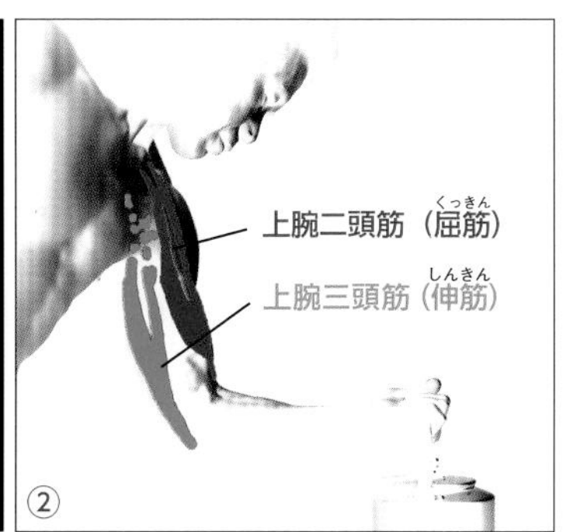

①、②：やかんを下げるときの上腕二頭筋（太い塊が２本ある）の動きを調べると、持ち上げるときと同じように緊張（収縮）している。反対にある上腕三頭筋を観察するには、腕立て伏せで体を持ち上げるようにすると良い。

③：踵を上げると、２本の腓腹筋（ふくらはぎ）と、その下にあるヒラメ筋を合わせた「下腿三頭筋」が観察できる。下腿三頭筋は「アキレス腱」になり、踵の骨につながる。このアキレス腱は、ヒトの筋肉と骨をつなぐ最も太い腱でありながら、断裂しやすい腱の１つでもある。なお、膝から下の正面には、前脛骨筋しかない。
（モデル：坪井文孝）

準　備

- 水が入ったやかん
- 筋肉トレーニング用具

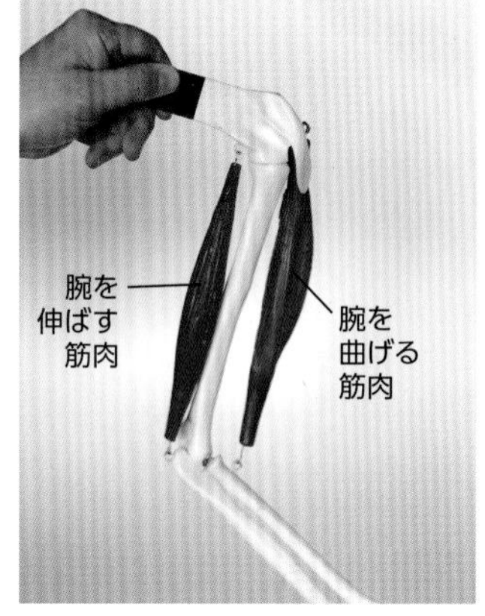

腕の模型
伸筋と屈筋という筋肉の名称は、関節との関係で決まる。また、骨の数は、肩から肘までは１本、肘から手首までは２本。この結果、肘は回転できる。意外なことに、手首はほとんど回転できない。

第３章

関節の種類と動き方

関節の種類はたくさんあり、各部の動きを決定しています。例えば、ヒトの指はとても器用に動きますが、単純な屈伸しかできません。しかし、屈伸しかできないから、精密に動くことができるのです。

蝶番関節	指先、膝、肘	•単純な屈伸
鞍関節	親指のつけ根	•馬の背にのせる鞍を２つ重ねたような関節で、やや自由に動く
車軸関節	首	•回転
球関節	肩、股	•自由に回転する（丸い凹みに、丸い骨端）

各関節は、「靭帯」というタンパク質（コラーゲン）繊維で固定させている。これが切れると、関節が逆方向に曲がり、筋肉、腱、骨に異常がなくても動けなくなる。また、これが伸びると脱臼しやすい関節になる。

生徒の感想

- 筋肉が縮むことしかできないとは知らなかった。
- 筋トレ頑張ります！
- 関節にいろいろな種類があるのがおもしろい。

12 外骨格をもつ「節足動物」

節足動物は体の外側が硬い骨（外骨格）、骨のつなぎ目が節（関節）になっている動物です。アリ、クモ、ムカデ、カニなど4つに分類され、約150万種類が知られています。それらは内骨格動物とは違う方向で進化した動物で、もっとも繁栄している仲間の1つです。非常によく発達した感覚器官や運動器官をもっています。

節足動物の特徴

（1）体が外骨格で覆われ、からだや足に節がある。
（2）昆虫類、クモ類、多足類、甲殻類の4つに分類される（p.65）。
（3）外骨格を脱ぎ捨てて（脱皮して）成長する。
（4）卵生。

①：アブラゼミの雌は、木の幹に産卵する。孵化した幼虫は土にもぐり長年、土中で木の根から汁を吸って成長し、地上で変態、成虫になる。目的は生殖で、寿命は1週間程度。樹液を吸うだけ。　②：オオクワガタの3齢幼虫（蛹になる直前）。　③：②の成虫。

節足動物の採集とスケッチ

節足動物は、いたるところで採集できます。体温調節できないので、夏は活発です。秋は多くの昆虫類が鳴き、生殖活動を行い、生命を終えます。越冬するものもいます。スケッチするときは、脚の数と体の分かれ方、目や触角を正確に調べましょう。

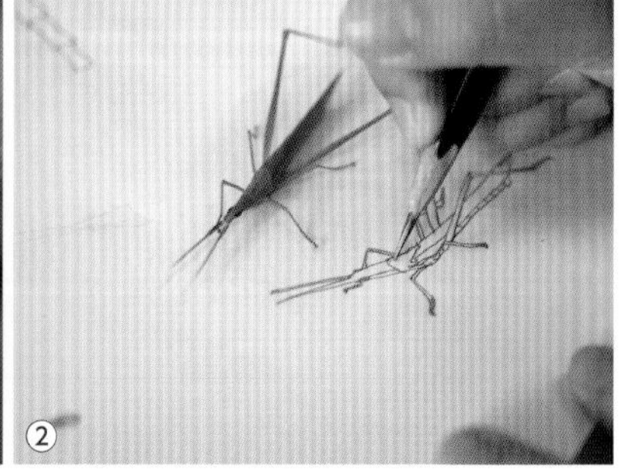

①：小さな草むらで見つけたショウリョウバッタ（昆虫類）。　②：ビニール袋に入れてもち帰り、スケッチする。

準　備

- 節足動物
- ルーペ、双眼実体顕微鏡

①：**カブトガニ（節足動物）**　生きた化石と言われるが、古生代の特徴を残す現存生物。　②：**カ（蚊）**　夢中で昆虫採集していると、知らない間に虫（節足動物）に刺されていることがあるので注意。　③：**カマキリ**　交尾後、雌は雄を食べて卵をつくる栄養にすることがある。

カメ（脊椎動物、爬虫類）
カメの甲羅を外骨格に分類することもある。

生徒の感想

- 蚊にくわれ、蚊の子孫繁栄に役だった！
- 虫、という分類はなかった。

節足動物の分類

分類名	動物例	主な特徴
昆虫類	 **タガメ**（水中生活をする肉食昆虫） ・チョウ ・クワガタ ・トンボ ・カ ・ゴキブリ ・アリ ・バッタ ・タガメ	・脚３対（６本） ・触角１対（２本） ・複眼１対と単眼３個が多い ・頭部・胸部・腹部の３つ ・翅２対 ・気門（胸部、腹部）で空気の出し入れ、気管でガス交換
クモ類	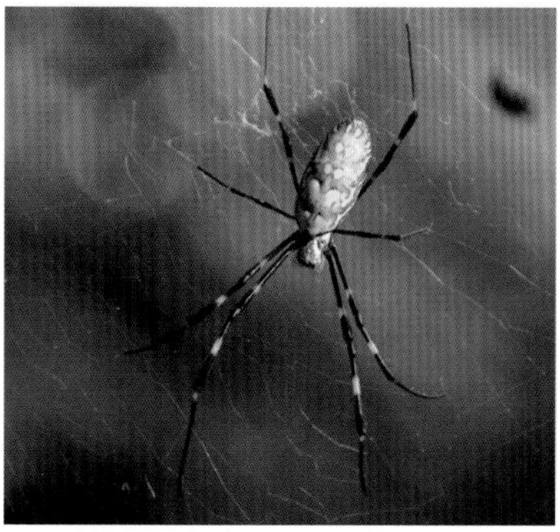 **ジョロウグモ**（よく見かけるクモ） ・クモ ・タランチュラ ・サソリ	・脚４対 ・触肢１対（脚５対ではない） ・鋏角１対（口の直前にある鋏） ・触角なし ・複眼なし、単眼８個 ・頭胸部と腹部に分かれる ・翅なし ・気管、または、書肺でガス交換
多足類	 **ヤスデの仲間**（ボルネオ島） ・ムカデ ・ゲジ ・ヤスデ ・コムカデ	・脚多数（胴部の節ごとに脚がつく） ※ムカデは１対、ヤスデは２対 ・触角１対 ・無眼～単眼数個、ゲジのみ複眼 ・頭部と胴部 ※増節変態が多い ・翅なし ・気管でガス交換 ・陸上生活 ・腐植食性（ムカデは肉食） ※腐植土 p.130
甲殻類	 **アメリカザリガニ**（外来種のザリガニ） ・ザリガニ ・エビ ・カニ ・ダンゴムシ ・ワラジムシ ・ミジンコ ・フナムシ	・脚５対（エビ類は遊泳脚と腹肢もある） ・第１触角、第２触角（各１対） ・複眼１対、単眼なし ・頭胸部と腹部、または、昆虫類と同じ３つに分かれる ・翅なし ・鰓（水中生活）でガス交換 ・脱皮して成長

13 イカ「軟体動物」の解剖

①：**ウミウシ（軟体動物＞腹足類）**
②：**シジミ（軟体動物＞斧足類）**
斧のような形の足をもつ。貝殻の骨細胞は細胞分裂よって成長する。

軟体動物は、高度に進化した動物の１つで（p.149）、内臓を守る強固な筋肉、外套膜が特徴です。骨はありませんが、貝殻をもつものがいます。多くは水中生活ですが、陸上生活するものもいます。卵生。

軟体動物の分類

数、種類とも多く、頭足類、腹足類、斧足類の３つに細分されます。分類は「足の形による」、と覚えてみましょう。

頭足類	• 頭部と胴部、腕に分けられる（イカ、タコ、アンモナイト）
腹足類	• 軟体動物の 80%（ナメクジ、マイマイ、ウミウシ、巻貝）
斧足類	• 二枚貝の仲間（アサリ、ホタテガイ、カキ）

解剖の手順（ヤリイカ）

内臓だけでも、消化器官、呼吸器官、循環器官、生殖器官などが見られます。解剖には軟体動物がオススメです。家庭科と協力して衛生的に行い、嗅覚や味覚、胃袋も使う命を大切にする学習が理想です。

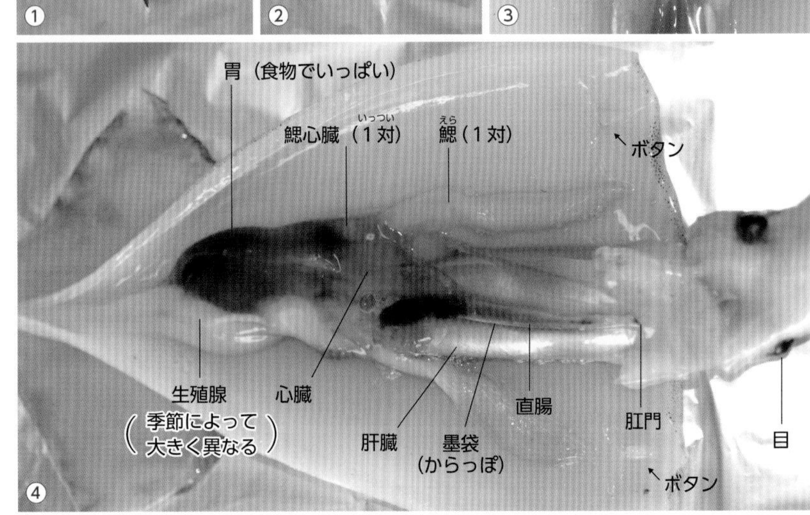

①、②：水を噴出する「ロウト」を上にして、外套膜（食べる部分）をはさみで切る。はさみはロウト近くから入れる。③：内臓を観察する。写真は左右1対の鰓、墨袋、青い血液が流れる太い血管など。　④：スルメイカの内臓。時間があれば、顕微鏡を使って観察する。

準　備

- 新鮮なイカ
- はさみ（包丁より使いやすい）

イカのからだの向き
頭部は胴部の上になるので、p.67 写真⑥の向きは正しい。

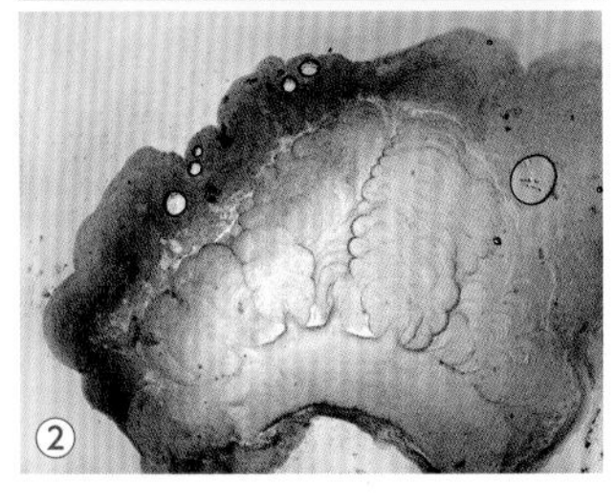

鰓を顕微鏡で調べる方法
①：鰓にカバーガラスをのせ、一部分を押しつぶす。　②：40 倍で、ヒトの肺胞と似たブドウの房状の構造を観察する。

甲と巨大神経の観察

背骨のような甲（貝殻の痕跡器官 p.148）を外すと、左右１対の直径1mm程度の巨大神経が見られます。

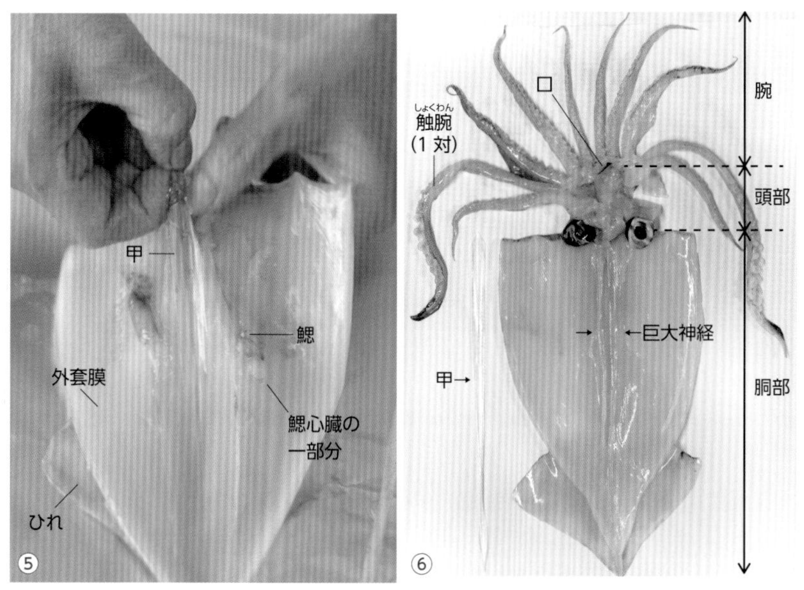

⑤：ケンサキイカの内臓をすべて外してから、さらに、「甲」を外す様子。 ⑥：スルメイカ。甲はイカの左側、目は裏返しておいた。腕10本のうち２本（１対）は触腕。いずれも吸盤をもつ。

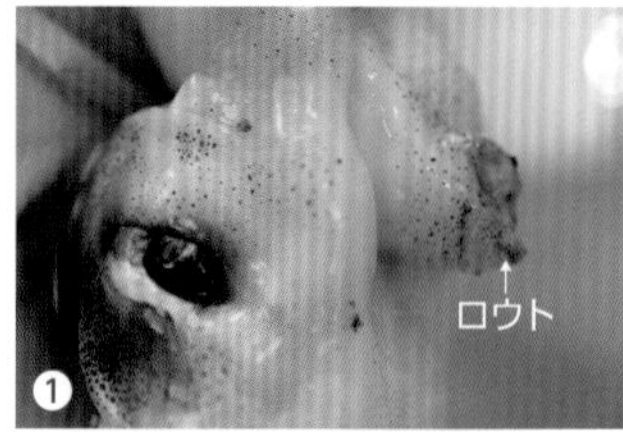

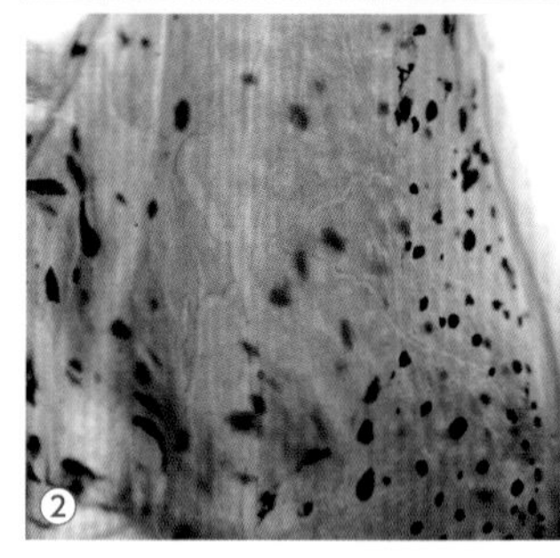

①：**スルメイカのロウト（運動器官）**
外套膜の内側に取り込んだ水をロウトから噴射することで泳ぐ（40km/時）。
②：**ケンサキイカの表皮（40倍）**
10～20分以内なら、青の色素ヘモシアニン（酸素がないと無色）を含む血流が見られる。また、黒い色素も観察できる。

イカの塩辛の作り方

もっとも栄養分をたくさん蓄えている「肝臓」を舌で確かめます。解剖用と区別し、衛生面にも十分注意してください。

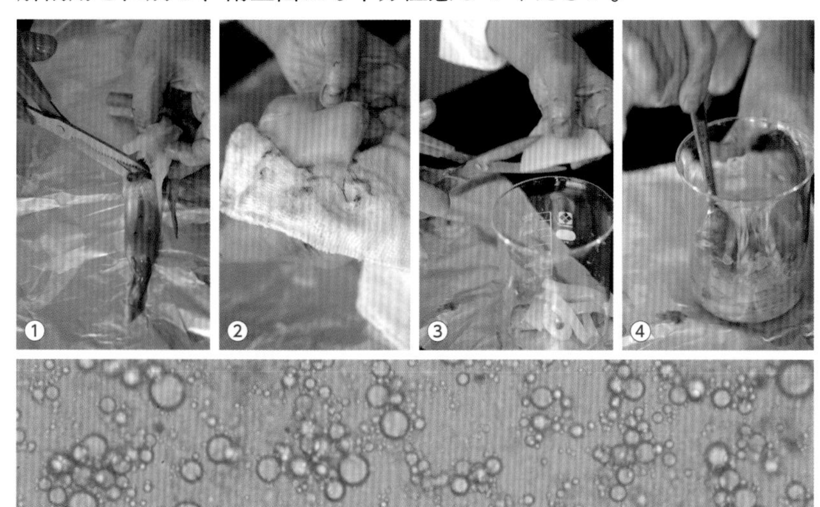

①：肝臓を切り取る。　②、③：布巾で筋肉（外套膜）についている薄皮をはがし、はさみで適当な大きさに切る。　④：筋肉と肝臓を入れ、塩で味を整えたらでき上がり。すぐに食べても美味しい。中学生でもほぼ全員おいしい、と言う。　⑤：肝臓（40倍）。栄養満点のグリコーゲン（p.77）が含まれている。

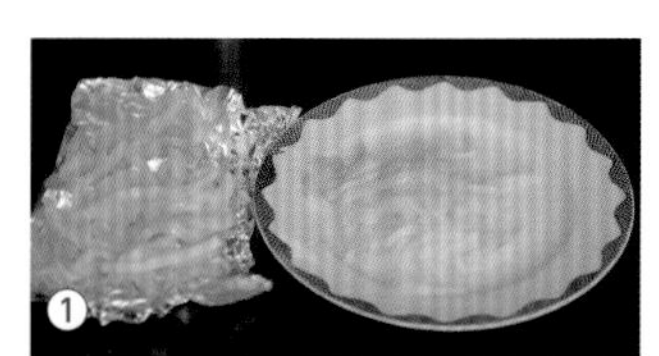

舌でたしかめる　①：イカの外套膜そうめん　醤油をつけて2種の味比べ。
②：イカの筋肉焼き　タンパク質は焦がすと香ばしくなる。

生徒の感想

- 初めてイカの解剖をしたけれど、料理しているみたいだった。
- 外見は同じようでも、内臓の大きさや形に大きな違いがあった。

第4章 食べることと恒常性

「食べる」は動物だけに使う言葉で、消化・吸収、排出と切り離すことができません。その活動は口を動かすこと以外、ほとんど自律神経によって無意識に行われ、ホルモンや酵素が作用します。食べることの第一目的は、細胞が必要な栄養を得ることですが、排出も含めて、体内の恒常性（p.8）を保つために欠かせません。この視点によれば、動物・植物・菌など、すべての生物を同じレベルで見ることができます。

生徒の考え「なぜ食べるのか」
- 生きるため
- お腹がへるから
- ストレス発散のため
- 体をつくり、成長するため
- 産んでくれたお母さんに息子が大きくなった姿を見せるため

3つの生物（植物、菌、動物）が栄養分を得る方法

植物は自分で栄養をつくりますが、動物と菌は栄養を外から取り入れる点で同じです。菌は体外に消化液を出し、どろどろにしてから吸収します。動物は体内に取り込み、消化酵素（こうそ）を使って分解してから吸収します。動物の不要物は、いわゆる糞尿（ふんにょう）です。

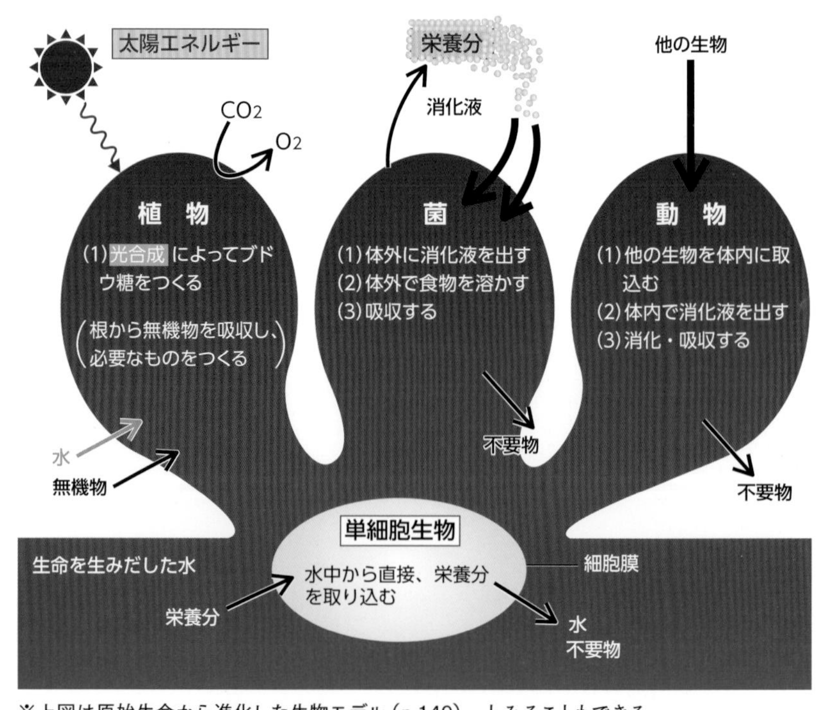

※上図は原始生命から進化した生物モデル（p.149）、とみることもできる。
※1つひとつの細胞が栄養分を吸収する方法は、単細胞生物も含めてすべて水が関係する。動物は分解して水に溶けた状態のもの、植物は水に溶けた無機物を根毛（こんもう）細胞の細胞膜から選択的に吸収する。

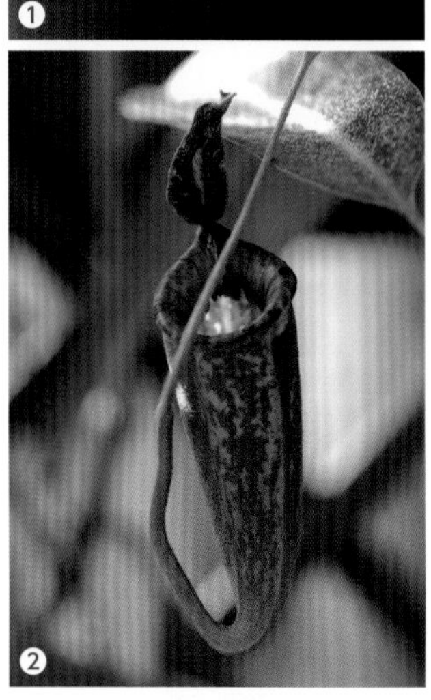

①：**クリオネ（軟体動物>腹足類）** 低温の水中で生活する肉食動物。　②：**ウツボカズラ（食虫植物）** 変形した葉の袋の中に落ちた昆虫は、消化酵素で溶けて吸収される。しかし、多くの食虫植物は、日光が十分なら虫を捕らなくてよい。

1　ヒトの消化液と消化酵素

消化液の主成分は、ある決まった栄養分を分解する化学物質「消化酵素」です。例えば、だ液腺が分泌するだ液に含まれる消化酵素アミラーゼは、炭水化物を分解します。すい臓は、何でも溶かす魔法の消化液ともいえるすい液をつくり、十二指腸から出します。

ある日の朝食
食物繊維以外はほぼ消化、吸収される。

ヒトの消化液と消化酵素

下表は、消化液とそれに含まれる酵素のまとめです。

出る場所	つくる場所	消化液（酵素）	炭水化物 イネ、ムギ、イモ	タンパク質 マメ、肉、魚	脂　肪 ゴマ、ナタネ
口	だ液腺	**だ液**（アミラーゼ）	分解	↓	↓
胃	胃の組織	**胃液**（ペプシン）	↓	分解	↓
十二指腸	すい臓	**すい液**（マルターゼ、アミラーゼ、ペプチターゼなど）	分解	分解	↓
		すい液（リパーゼ）	↓	↓	分解
	肝　臓	胆汁※	↓	↓	リパーゼを助ける
小　腸	小腸の組織	**腸液**（5種類以上）	分解	分解	↓
※胆汁（酵素ではない）　水に溶けない脂肪の表面を変化、乳化させる（界面活性剤）。1日1L 胆嚢経由で分泌される。肝臓で古い赤血球からつくられ、大便を着色する。			**ブドウ糖**	**アミノ酸 (p.27)**	**脂肪酸 ＋ モノグリセリド**

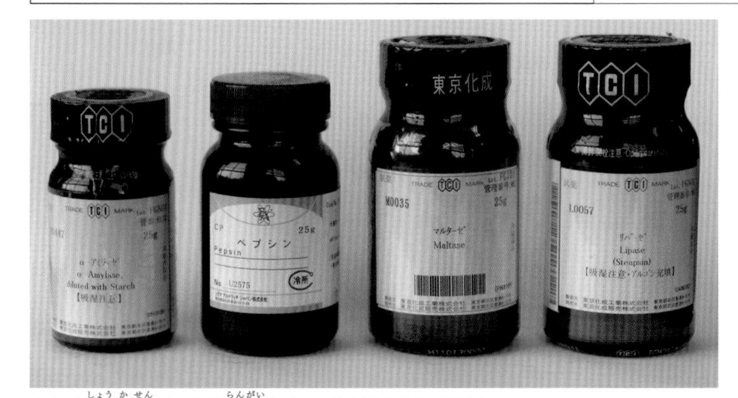

ヒトの消化腺（p.70 欄外）がつくる主な消化酵素
左から、アミラーゼ、ペプシン、マルターゼ、リパーゼ。

脂肪（中性脂肪）をつくる物質
脂肪はトリグリセリドといい、グリセリンに脂肪酸3個が結合した物質。脂肪酸はパルミチン酸、ステアリン酸、リノール酸、オレイン酸、酢酸、酪酸など多様。ジグリセリドは脂肪酸2個、モノグリセリドは脂肪酸1個が結合。グリセリン $C_3H_5(OH)_3$ はアルコールの一種。

すい臓のつくりとはたらき

すい臓は、２つのはたらきをします。１つは、たくさんの消化酵素を含む「すい液」をつくることです。その量は１日に500～80mLで、十二指腸から分泌されます。もう１つは、血糖値を調節する２つのホルモン（p.86）をつくることです。値を下げるものが「インシュリン」、上げるものが「グルカゴン」です。これらは、自律神経（p.84）によって自動的に調整されています。

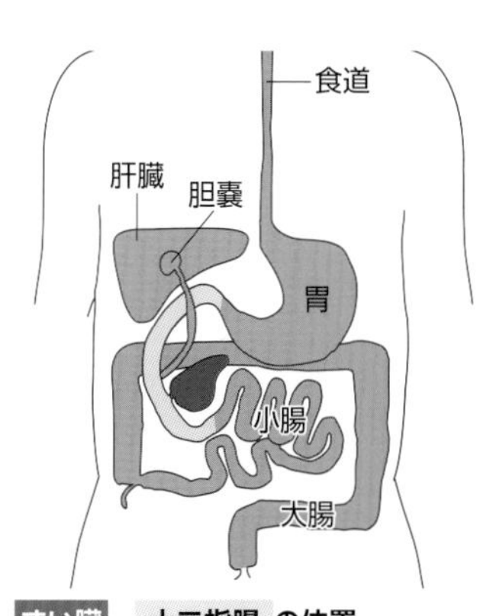

すい臓、十二指腸の位置

2 だ液に含まれる「アミラーゼ」の実験

コメを口の中で噛み続けると、だんだん甘くなり、最後は砂糖のようになります。これは、だ液の中に含まれる消化酵素アミラーゼが、でんぷんを糖に分解するからです。歯は機械的に小さくするだけですが、だ液は化学的に分解します。

準　備

- 試験管４本
- でんぷん水溶液
  (熱湯100g、でんぷん2g)
- だ液水溶液 (10mL)
- ヨウ素液、ベネジクト液
- 温度計
- 沸騰石

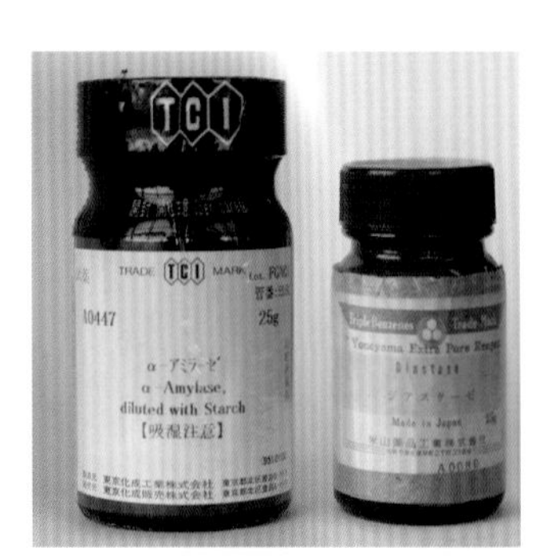

アミラーゼ (ジアスターゼ)
アミラーゼはジアスターゼともいい、すい液にも含まれる (p.69)。

だ液の採取方法
口をすすいでから、水 25mL を含む。1～3 分待ち、水をコップに出せばだ液水溶液の完成。水は「とろっ」としているが、健康な人なら無色透明、無臭。ただし、放置すると腐敗して臭う。

■ だ液が「でんぷんを糖にすること」を確かめる実験

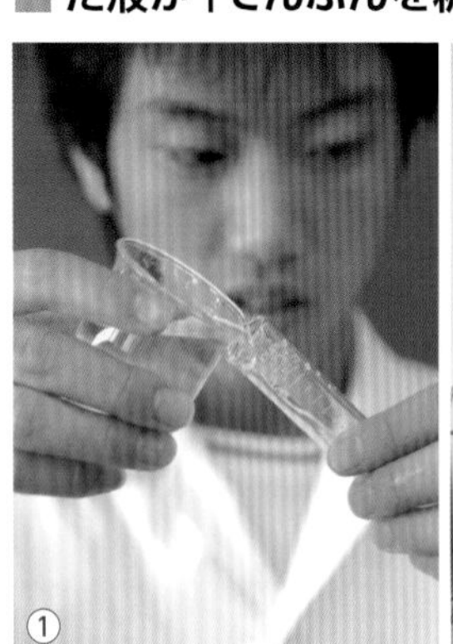

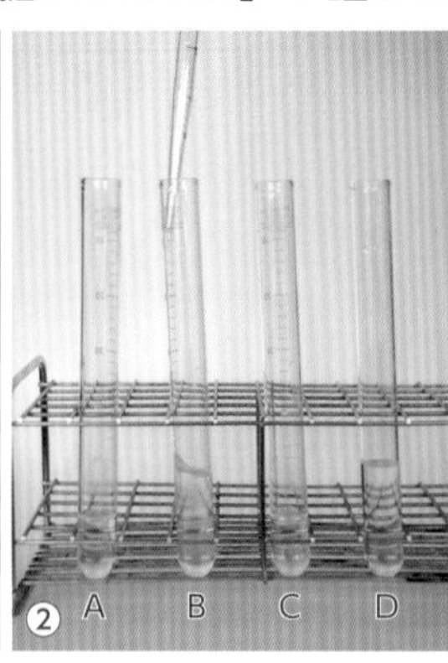

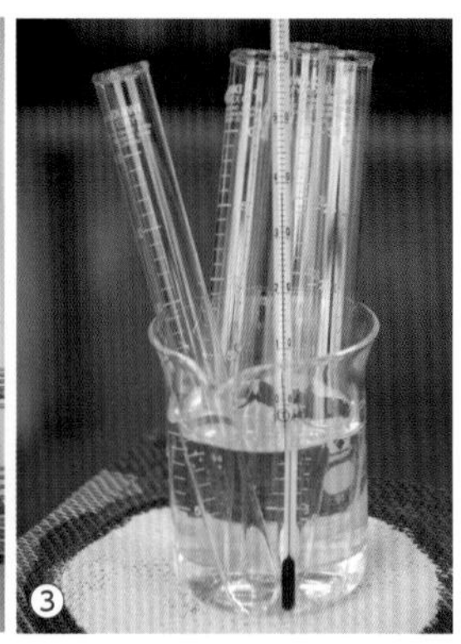

①：4本の試験管Ａ～Ｄに、でんぷん2mLを入れる。　②：ＡとＣに水2mL、ＢとＤにだ液水溶液2mLを入れる（ＡとＣは比較するための対照実験）。　③：Ａ～Ｄをよく混ぜ、体温とほぼ同じ37℃の湯に入れて３分間待つ。

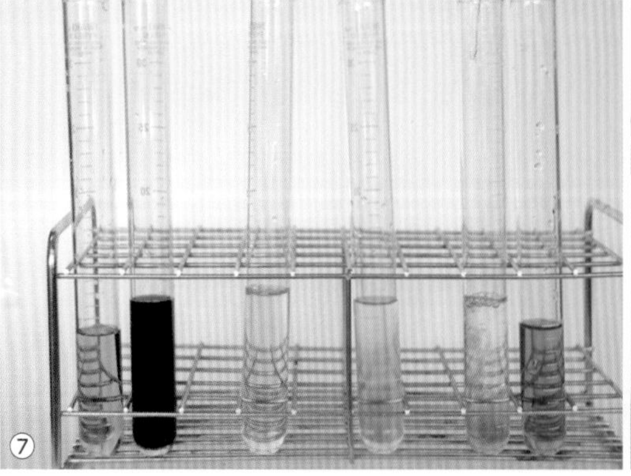

⑧

④：左から、ヨウ素液、試験管Ａ～Ｄ、ベネジクト液。　⑤、⑥：ＡとＢにヨウ素液１滴を入れ、反応を調べる（ヨウ素液はでんぷんの存在を示す）。⑦、⑧：ＣとＤに、ベネジクト液2mLと沸騰石を入れて加熱する（ベネジクト液はブドウ糖、またはブドウ糖が2～10個程度つながったものの存在を示すが、加熱しなければ反応しない）。

おいしそうな食べ物
だ液が出る理由は、p.85 参照。

消化腺
だ液腺のように、消化液をつくる器官を消化腺という。なお、「腺」は液体を出す細胞の集まりに使うことが多い。

試験管Ｄを加熱したときの変化

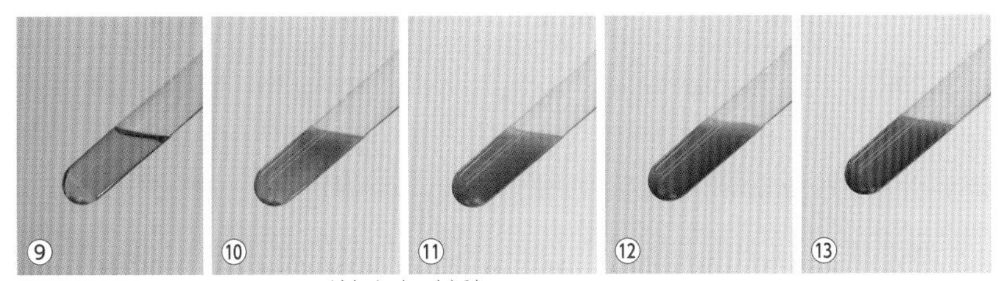

⑨～⑬：透明なうす青色が、赤褐色（沈殿）へ変わる。

でんぷん（片栗粉）水溶液の作り方
熱湯に入れると、かたまりをつくる。低温から加熱するか、初めに少量の水で溶く。

実験結果と考察

下の結果から、だ液がでんぷんを糖に分解したことが推測できます。また、だ液水溶液を沸騰させると反応しなくなり、p.70 手順③で氷水を使うと反応時間が長くなります。これは、だ液が温度にデリケートな消化酵素を含んでいることを示します。

⑭：左から順に、実験終了後の試験管Ａ、Ｂ、Ｃ、Ｄ。

試験管	指示薬	変化	結　果
Ａ：でんぷん ＋ 水	ヨウ素	○	でんぷんがある　（当然です！）
Ｂ：でんぷん ＋ だ液	ヨウ素	×	でんぷんがなくなった
Ｃ：でんぷん ＋ 水	ベネジクト	×	糖がない　（当然です！）
Ｄ：でんぷん ＋ だ液	ベネジクト	○	糖ができた

※試験管ＡとＣ（対照実験）は、当然の結果を確認するために行う。

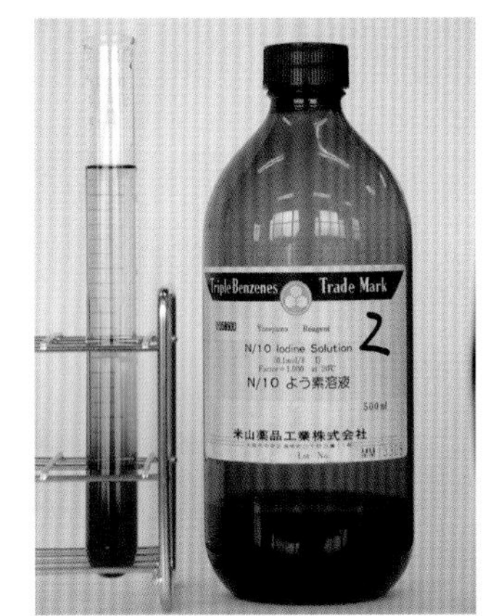

ヨウ素液
原液は焦茶色に見えるので、適量の水で薄めて黄色にする。

指示薬の反応

ヨウ素液はでんぷん、ベネジクト液は糖の存在を示します。

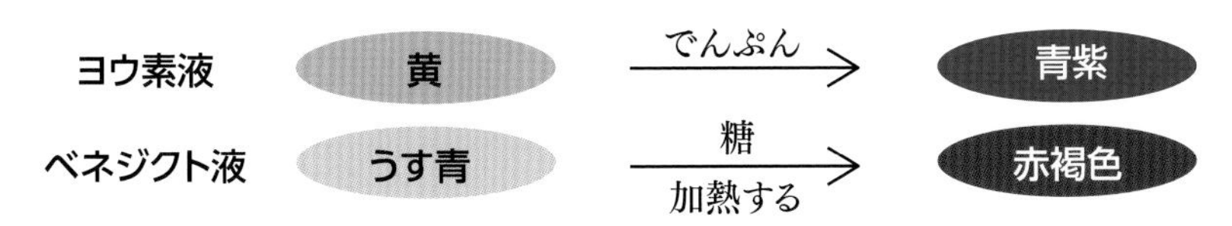

生徒の感想

- 自分のだ液には、ものスゴい化学物質が含まれていることに感動した。
- 早食いは止めようと思った。

3 ヒトの消化管

管と官（器官）の違い
竹のような筒状のものを管、あるいはたらきをもったものを器官という。1本の消化管には、肝臓、すい臓などの消化器官がつながっている。

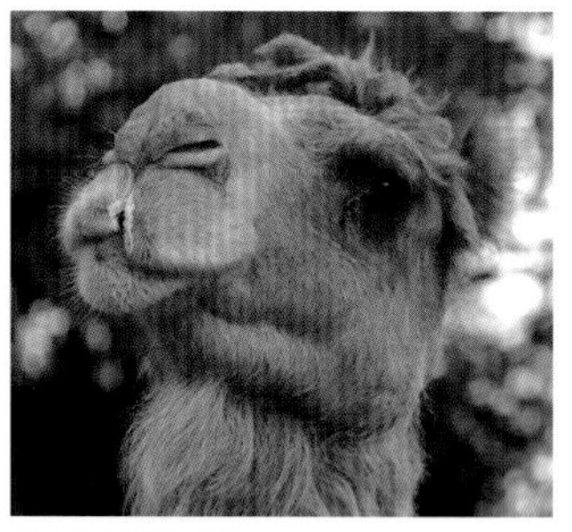
ラクダ（哺乳類）
たくさんの胃をもち、何回も胃から口に戻して噛みながら消化する（反芻）。

消化管の長さ
草食動物の消化管は長く、肉食動物は短い。雑食動物のヒトは、その中間。

ヒトは、口から始まり肛門で終わる1本の消化管をもっています。それは私たちの体を貫く1本の管で、「体外」と考える人もいます。途中に胆嚢とすい臓がつき、前半は消化、後半は吸収を行います。

ヒト消化管による消化、吸収

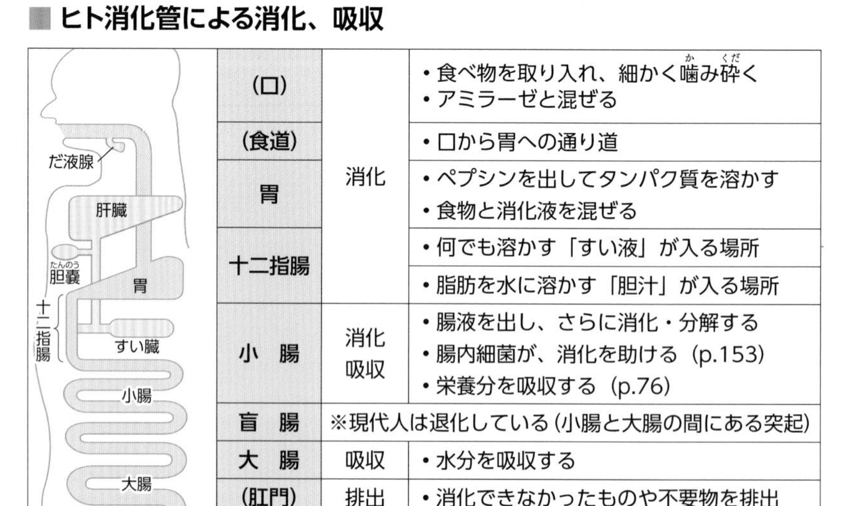

（口）	消化	・食べ物を取り入れ、細かく噛み砕く ・アミラーゼと混ぜる
（食道）	消化	・口から胃への通り道
胃	消化	・ペプシンを出してタンパク質を溶かす ・食物と消化液を混ぜる
十二指腸	消化	・何でも溶かす「すい液」が入る場所 ・脂肪を水に溶かす「胆汁」が入る場所
小　腸	消化 吸収	・腸液を出し、さらに消化・分解する ・腸内細菌が、消化を助ける（p.153） ・栄養分を吸収する（p.76）
盲　腸	※現代人は退化している（小腸と大腸の間にある突起）	
大　腸	吸収	・水分を吸収する
（肛門）	排出	・消化できなかったものや不要物を排出

動物の消化管の発達

動物が食物を消化（分解）・吸収する方法は、次の3段階に分けて考えることができます。水生ミミズ（p.73）は第2段階にあたります。

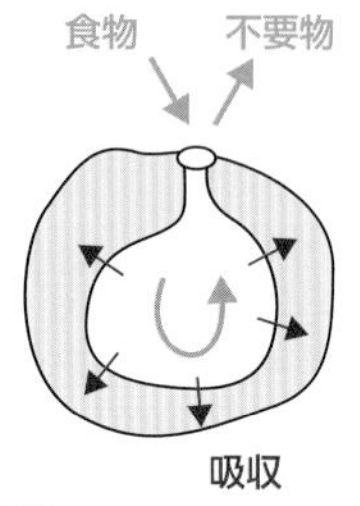

第1段階
口と肛門が同じ。体の中央の穴に食物を取り入れ、吸収する。例：棘皮動物、刺胞動物（p.151）

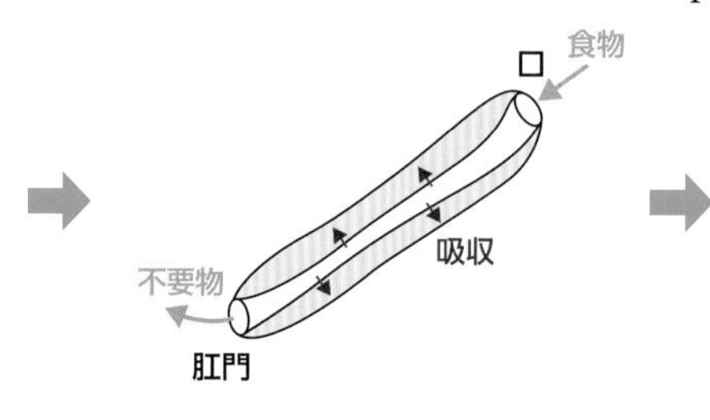

第2段階
1本の消化管が体を貫通し、口と肛門ができる。例：環形動物、輪形動物、扁形動物（p.151）

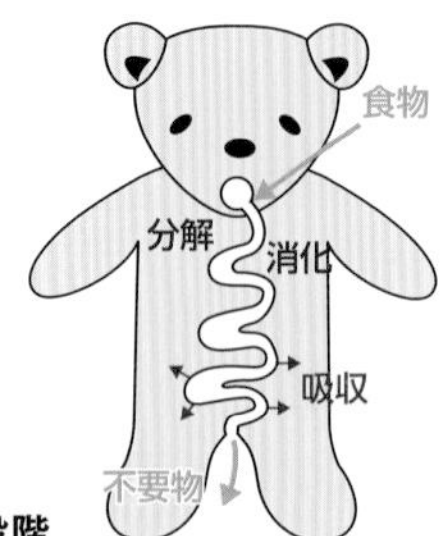

第3段階
消化管が発達する。消化管の途中に、食物を溶かす消化液を出す消化腺が付属する。

イソギンチャク（刺胞動物）
胃のような消化器官をもつが、口と肛門の区別がない。

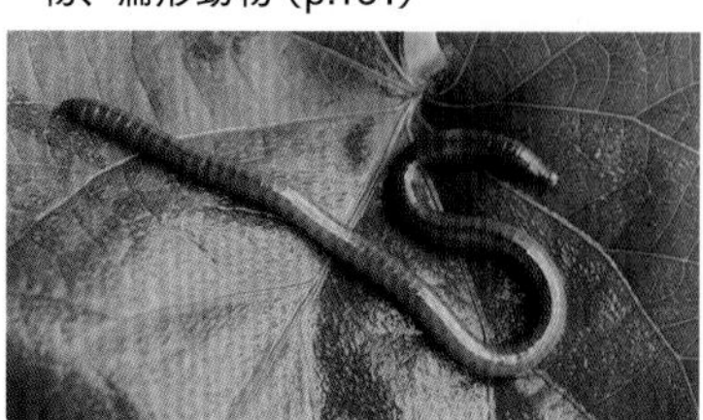
ミミズ（環形動物）
口と肛門が別々になり、1本の消化管ができる。

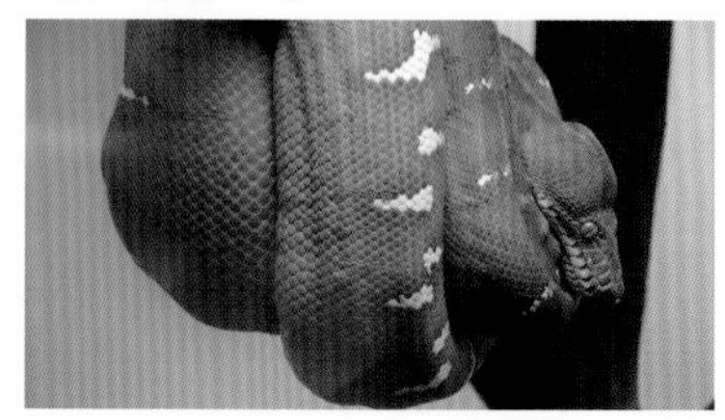
エメラルドツリーボア（爬虫類）
獲物を丸呑みにしても、消化液でどろどろに溶かして吸収する。

水生ミミズの消化管の観察

水生ミミズを低倍率の顕微鏡で見ましょう。体が透明なので、良く発達した消化管だけでなく、食べる様子、消化管の中を動く食べ物、排出されるものがよくわかります。

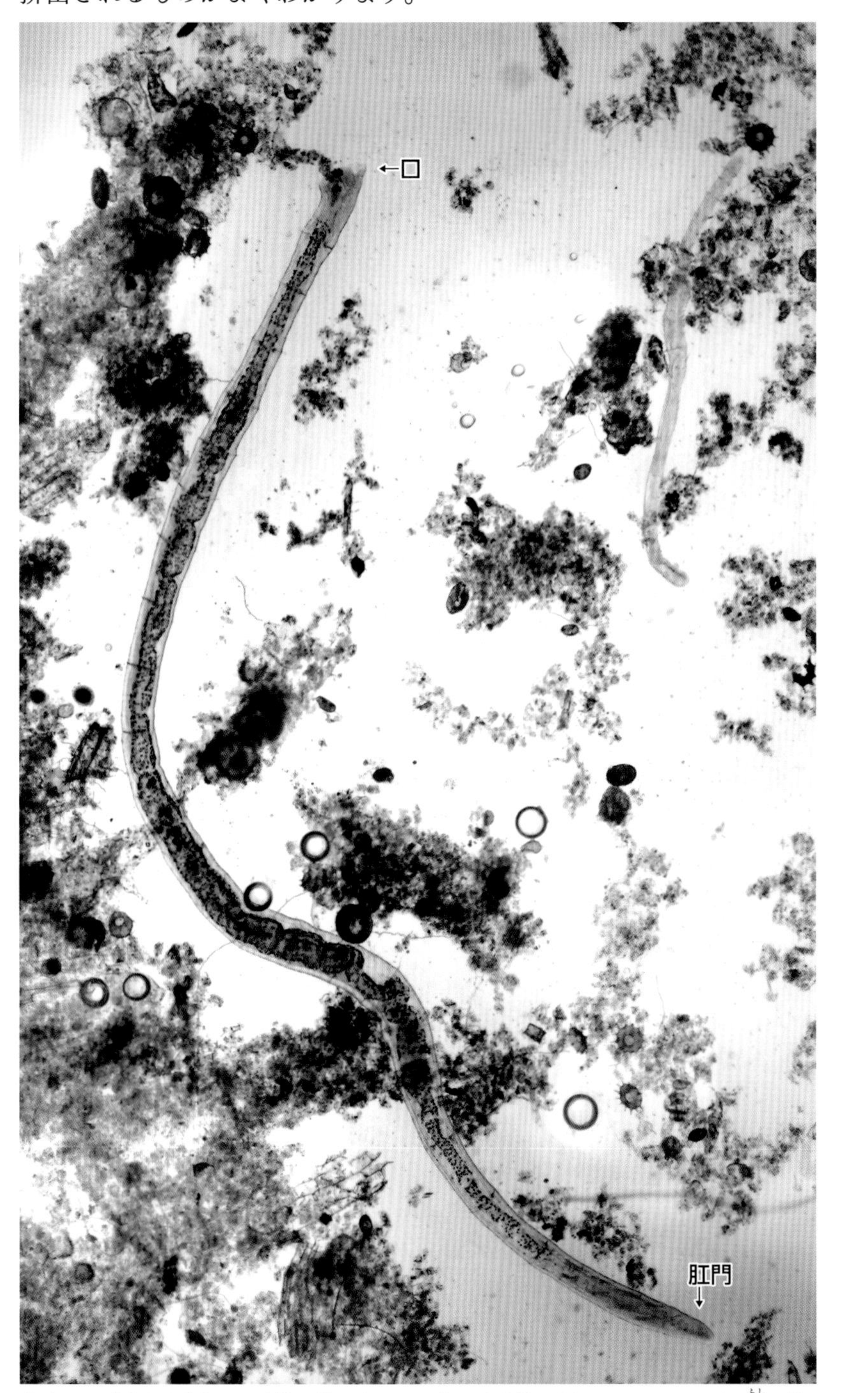

水生ミミズ（環形動物、40倍）　体の中心に１本の消化管が通っている。からだに節（ふし）、筋肉があり、消化管の中の食物を機械的に細かくする。さらに、ヒトと同じように化学的に分解する消化酵素を出す。

準　備

- 水生ミミズ
（汚れた水の中でよく見かける）
- 光学顕微鏡セット

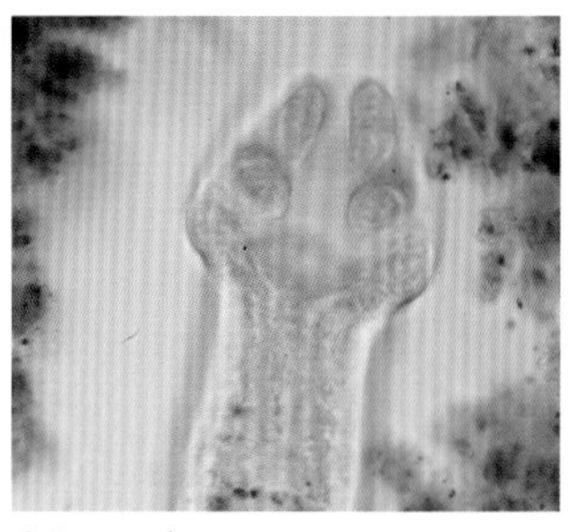

水生ミミズの口
筋肉を収縮させ、口を開閉する。取り入れた食物は蠕動（ぜんどう）運動（順序よく一方向に伝わる動き）で消化管へ送る。なお、写真左は食事中。

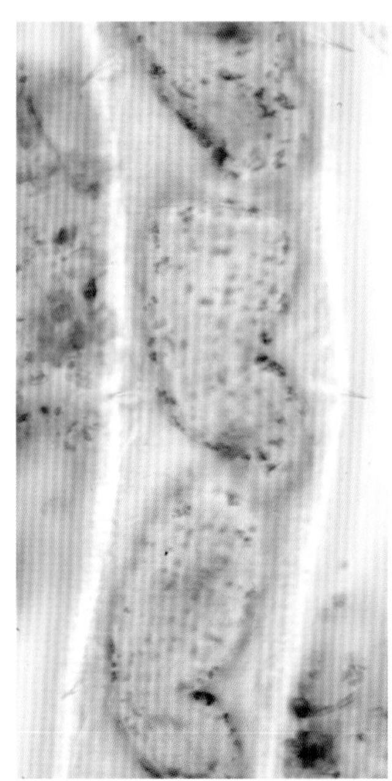

消化管の分節（ぶんせつ）運動（400倍）
いくつかの区間で区切るようにして消化活動をする。

生徒の感想

- 体がすべて消化管のようだった。
- こんなに小さな体で24時間食べ続けるのは大変だ。

4 何でも食べるヒトの歯

歯は、食物を機械的に小さくする道具です。ヒトは何でも食べますが、柔らかい物ばかり食べていると退化し、顎の骨とともにはたらきが鈍くなっていきます。みなさんは大丈夫ですか。

永久歯になった中学生の歯

成人は下顎16本、上顎16本、合計32本の歯があります。

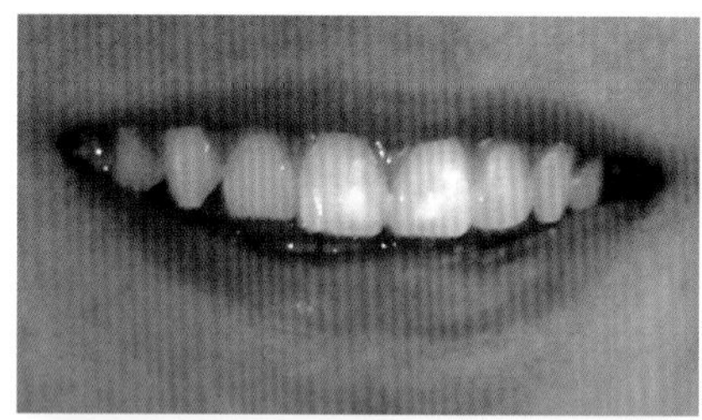

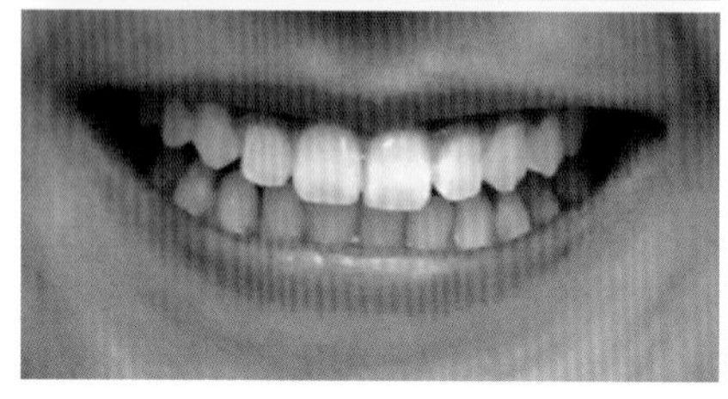

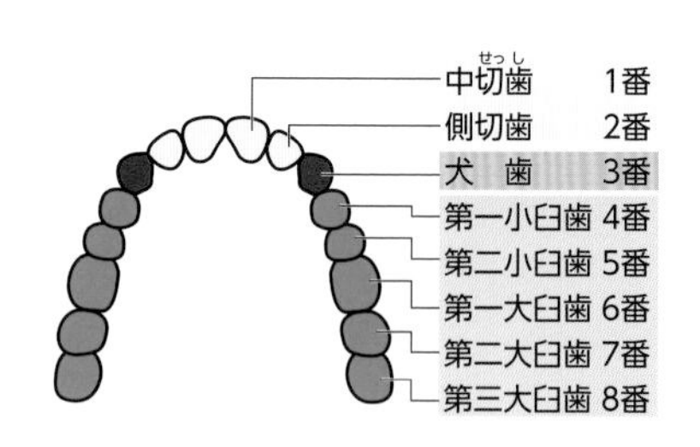

歯の中心（歯髄）には神経と血管が走り、歯の骨細胞に栄養を与えている。虫歯で神経や血管を抜いた歯は、栄養不良になる。

いろいろな動物の歯、口

動物の歯や口は、食物に応じて進化してきました。現在生きている生物の形態は、現在の生活環境に対して最適である、といえます。

コブダイ（魚類） 鋭い歯をもつ肉食動物。

シャチ（哺乳類） 海に住む大型肉食動物。

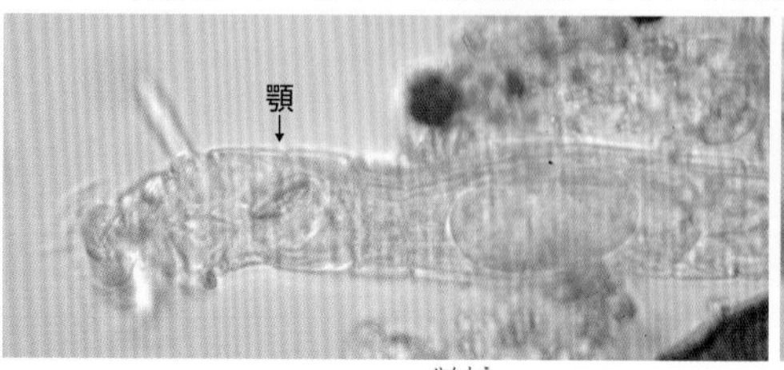

ワムシ（輪形動物。400倍） 繊毛を動かして水流を起こし、水中の浮遊生物を取り込む。体内には顎があり、取り込んだものを噛み砕く。

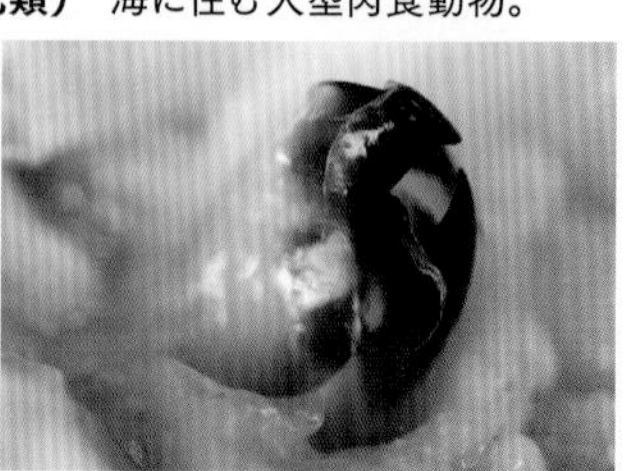

ヤリイカの口 嘴のようなカラストンビで小さくしてから、奥にある歯舌ですりつぶす。

ヒトの口の2つのはたらき

(1) 1つは食べ物を小さく噛み砕く。

(2) もう1つは、だ液と混ぜる。

ヒトの乳歯

乳歯は合計20本。1番奥の臼歯（親知らず）は、死ぬまで生えない人もいる。

歯と食べ物の関係

歯は、食べ物の種類によって適した形をしている。

草食動物	肉食動物
臼 歯	犬 歯

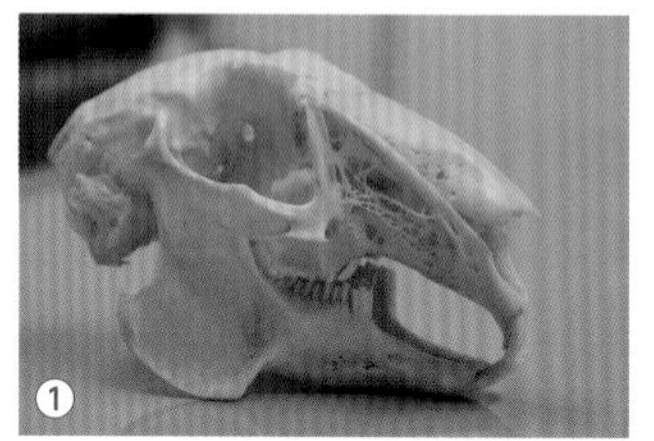

①：ウサギ（草食動物）の歯、目

奥歯は臼のような形、目は広く危険を察知するため左右につく。捕食者から逃げるため、脚にも工夫がある。

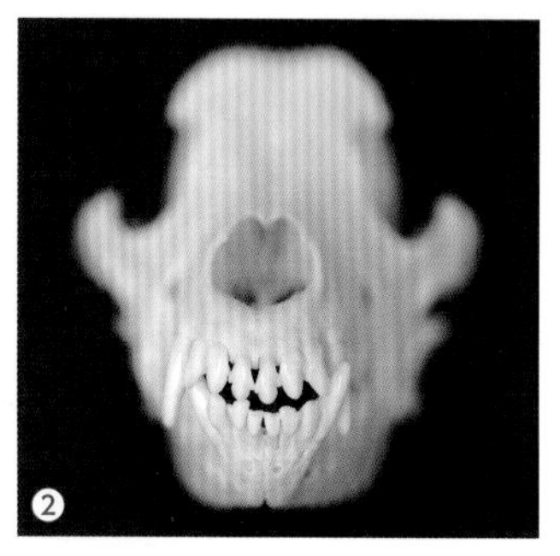

②：イヌ（肉食動物）の歯、目

鋭く尖ったものが多い。目は獲物までの距離を測定するため、正面につく。

生徒の感想

- 芸能人は、歯が命！
- 私はまだ乳歯です（13歳）。

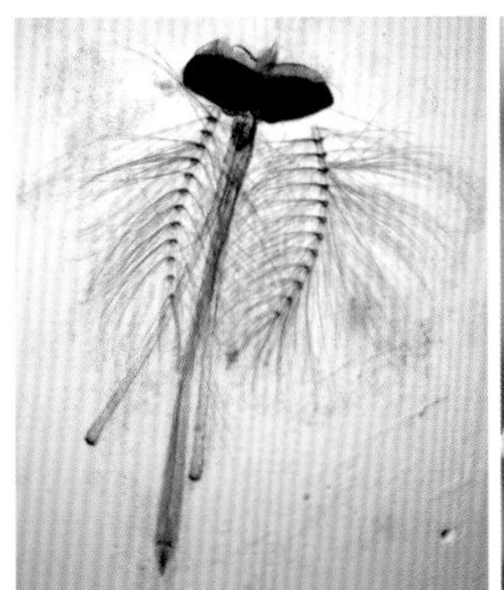

カの口（市販プレパラート40倍） ヒトの血を吸うための針をもつ。

アオスジアゲハ 花の蜜を吸うための吻をもつ。

大きな木を食べるゾウ 歯で小さく噛み砕き、だ液や胃液で消化する。

5 2つの方法で小さくする「胃」

口から食道を通り、胃へ入った食物は、2つの方法によって小さく分解されます。1つは、タンパク質を分解する消化酵素「ペプシン」による化学的分解、もう1つは、平滑筋による攪拌です。胃に続く小腸でも、同じ2つの方法で消化され、小腸の細胞膜を通過できる小さな分子にまで分解（消化）されます。

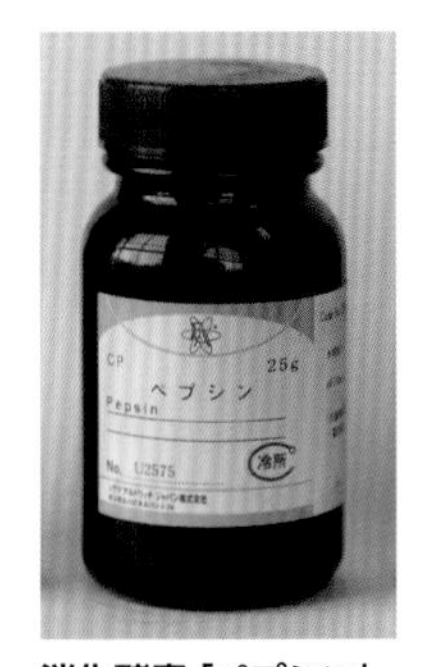

消化酵素「ペプシン」
ペプシンは酸性水溶液の中でよく反応するので、胃液には塩酸が含まれる。

食物を小さくする2つの方法

(1) 機械的方法 ・歯で噛み切ったりすり潰したりする（随意運動 p.47） ・胃や腸の運動で食物を攪拌する（自律神経による反射 p.84）
(2) 化学的方法 ・アミラーゼやペプシンなどの消化酵素で分解する（p.70）

ヒツジの胃
草の葉緑体の緑が見られる。

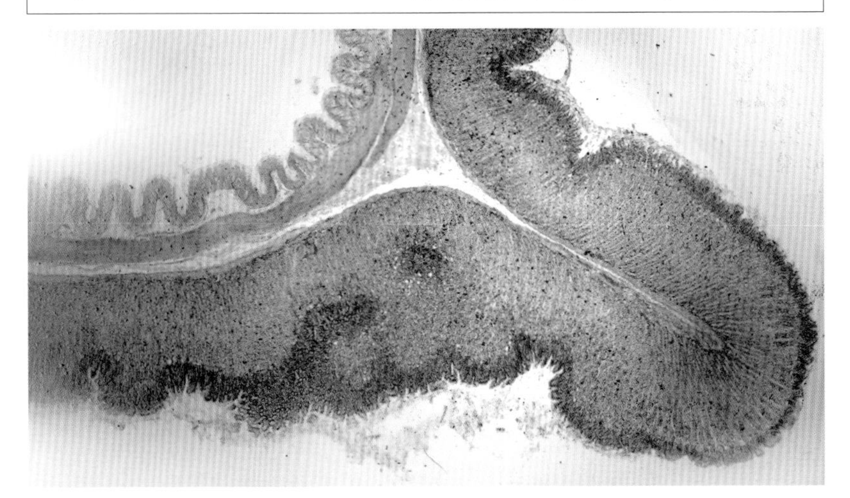

イヌの胃壁（40倍） 表面積を広げるための工夫が見られる。消化酵素「ペプシン」と塩酸を分泌する。消化器官の基本的なつくりやはたらきはヒトと似ている。

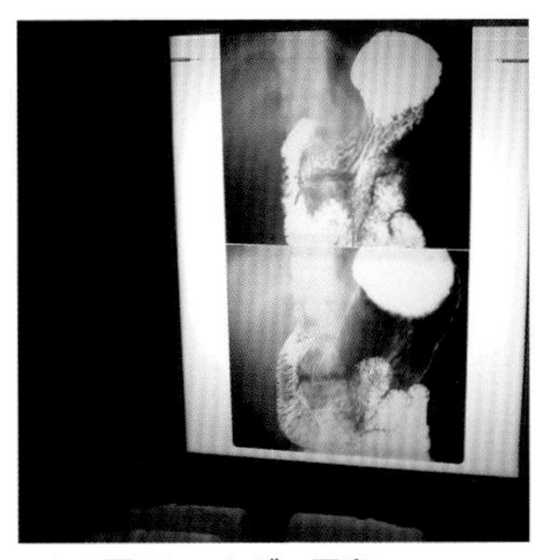

ヒトの胃のレントゲン写真

6 栄養分を吸収する「小腸」

ドロドロに溶けた食べ物は、小腸をつくる細胞の膜を通して自然に吸収されます。小腸の表面は、螺旋状の「ひだ」になっていますが、よく観察すると、その表面に無数の柔毛があります。植物の根毛と似ています。全体の表面積は教室の3倍の広さで、ゴムホース6mを折り畳んで腹に入れると小腸全体がイメージできます。

イヌの小腸（40倍）
ヒトの小腸と同じような無数の柔毛が見られる。

■ 小腸の柔毛の構造とはたらき

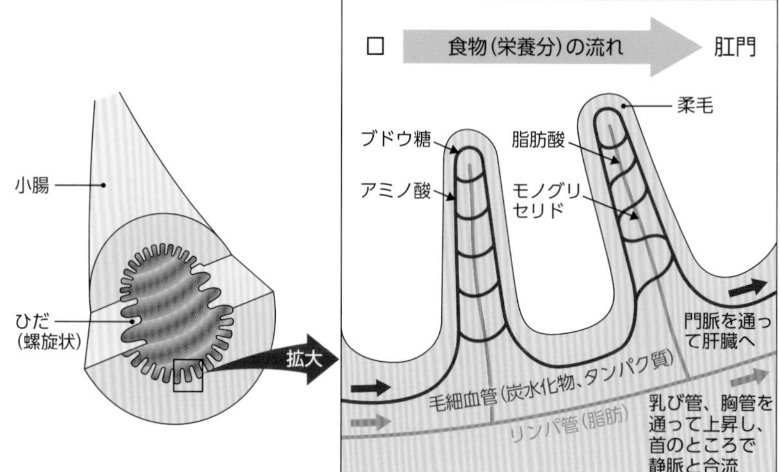

※ブドウ糖とアミノ酸は「毛細血管」へ、脂肪酸とグリセリンは柔毛内で再結合してから「リンパ管（p.79 欄外）」へしみ込む。カルシウムは吸収されにくい。

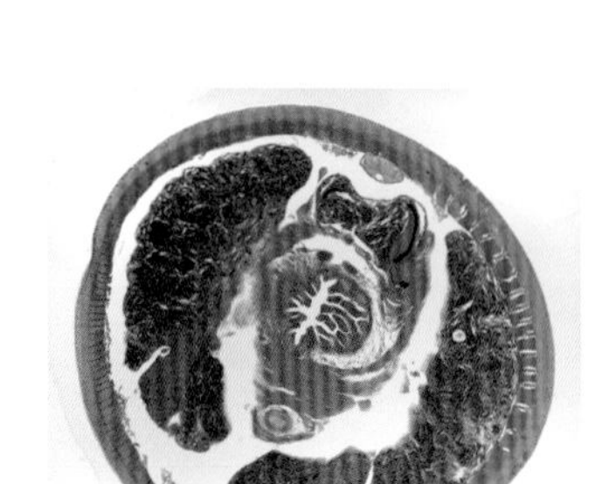

ミミズの横断面（40倍）
ミミズもヒトと同じような１本の消化管（口、砂をふくんだ胃のようなもの、腸、肛門）がある。

7 水分を吸収する「大腸」

大腸では消化液は出ませんが、大腸菌のはたらきで食物はさらに分解され、水分が吸収されます。最後まで吸収されなかった食物繊維や不要物は大便として肛門から排出されます。

ウマ（草食動物）の糞
食べた草の繊維が観察できる。

僅かな水に集まる動物たち　水分は、口や胃などの粘膜細胞からも吸収される。

8 体をつくる材料を管理する「肝臓」

肝臓は、小腸で吸収した養分を受け取り、細胞が使いやすい材料につくり変える工場です。ビタミンの種類変換、糖をグリコーゲン（動物性でんぷん、ともいえる）に変えて貯蔵します。また、アンモニアやアルコールなど血液中の有害物質を分解（解毒）したり、胆汁をつくったり、血液を一次的に蓄えたりもします。

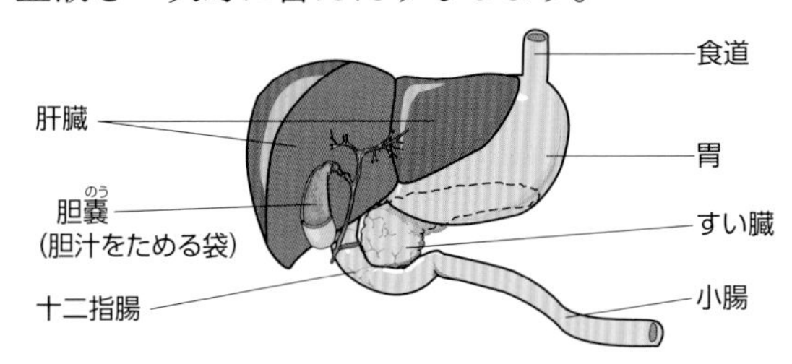

※ヒトの肝臓は１〜1.5kg、内臓の中で一番大きい。
※自律神経で動く（自分の意志でコントロールできない）。

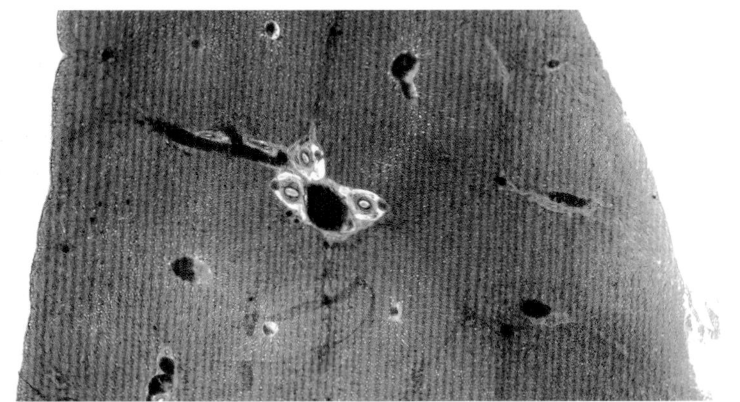

イヌの肝臓（40倍）　小腸で吸収された栄養分は、太い血管「門脈（静脈の１つ）」を通って肝臓へ流れ込む。これとは別に、酸素をいっぱい含んだ「肝動脈」も流れ込み、約50万個の肝細胞によって多様な物質が処理される。

アンモニアを解毒して尿素にする「オルニチン回路」

体じゅうの細胞は、タンパク質を分解して有毒なアンモニアを発生させます。アンモニアは血液に溶け、肝臓で解毒されます。その化学変化が起こる経路を「オルニチン回路」といい、肝細胞内のミトコンドリア（p.28）のたくさんの酵素のはたらきで速やかに行われます。

$$2NH_3 + CO_2 \xrightarrow{\text{原子の組みかえ}} (NH_2)_2CO + H_2O$$

アンモニア　二酸化炭素　尿素　水

※無害な尿素は、腎臓でろ過され、尿として体外へ排出される（p.82）。
※アルコールは、水と二酸化炭素に分解される（アルコール中毒の人は肝臓病になりやすい）。その他の有害物質も、肝臓で分解、無毒化される。

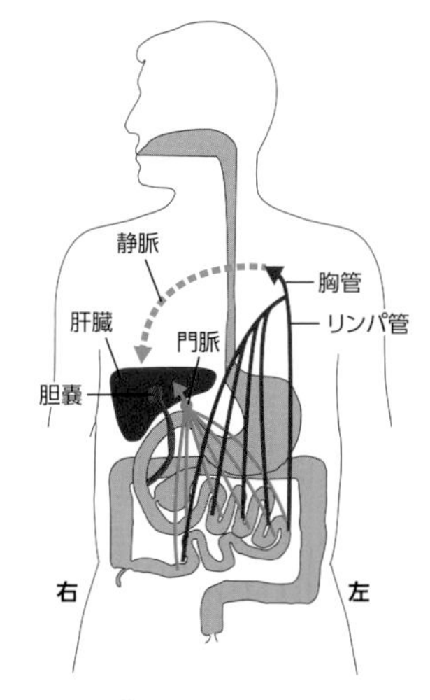

小腸、肝臓、胆嚢の位置
肝臓でつくられた胆汁をためる袋「胆嚢」は肝臓内にある、と考えてよい。

小腸で吸収された栄養分の流れ

炭水化物 タンパク質	•毛細血管が集まって門脈（太い血管）になり肝臓へ入る
脂肪	•リンパ管が集まって胸管になり、静脈と合流してから肝臓へ入る（リンパ管のつながり p.79 欄外）

肝臓が準備した材料のゆくえ
肝臓が準備した物質は、血液を通して全身の細胞へ運ばれる。そして、体をつくったり（p.27）、エネルギーを取り出したり（p.28）する材料になる。

生徒の感想
- 勉強でかんじんなことは、肝心、または肝腎と書きます。
- うちのおじいちゃんはお酒の飲み過ぎで肝臓がダメになった。
- 肝臓は切っても再生する唯一の臓器。

9 血液、組織液、リンパ液

ヒトの体内には血液、組織液、リンパ液などの液体が循環し、すべての細胞が水に包まれるようにして活動しています（p.10）。

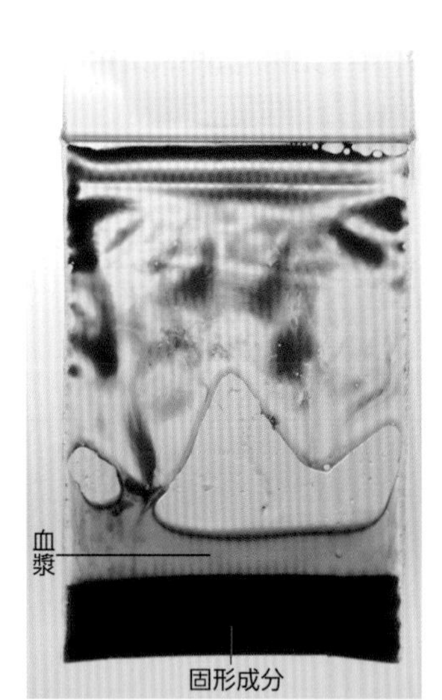

ブタの血液
ブタの血液を密封して24時間放置すると、液体成分「血漿」と固形成分に分離する。

■ ヒトの血液

血液の60％は、血漿（けっしょう）と呼ばれる液体です。そこには、細胞に必要な物質（水、アミノ酸、ブドウ糖、酸素など）だけでなく、細胞から出た不要物も溶けています。残り40％は固形成分、血球細胞です。

成分	種類	内容
液体成分 60%	血　漿	• 90%以上が水。 • 細胞が必要とする物質と不要な物質を溶かす。
固形成分 40%	赤血球	• 血液中にある細胞。鉄を主成分とする赤い色素「ヘモグロビン」によって、酸素を運ぶ。 • 脊椎動物（魚類～哺乳類）にある。 • 核をもたないので、役目を終えると分解消滅する。
	白血球（リンパ球）	• 免疫（めんえき）の中心となる血球（細胞）で、5種類ある • 主なはたらきは、(1) 有害な細菌を食べる、(2) 抗体をつくる、(3) 有害物質をバラバラにする。
	血小板	• 血液を固める。

※血液の総重量は、体重の約1/13。
※1日に、2000億個の血球細胞がつくられる。
※血清（けっせい）は、血漿からフィブリノゲン（血液凝固（ぎょうこ）の中心になるタンパク質）を除いたもの。

■ 血球をつくる骨髄（こつずい）

血球は、一部の骨にある「骨髄（こつずい）」でつくられ、脾臓（ひぞう）（または肝臓（かんぞう））で分解されます。寿命は赤血球が120日、白血球が3日～5日、血小板が10日です。

骨髄とは
骨髄は、頭蓋骨（ずがいこつ）・胸骨（きょうこつ）・脊椎骨（せきついこつ）の中にある造血（ぞうけつ）組織。初めに、「造血幹（かん）細胞」がつくられ、それがいろいろな血球に分化する。なお、幼児は全身の骨で血球をつくることができる。

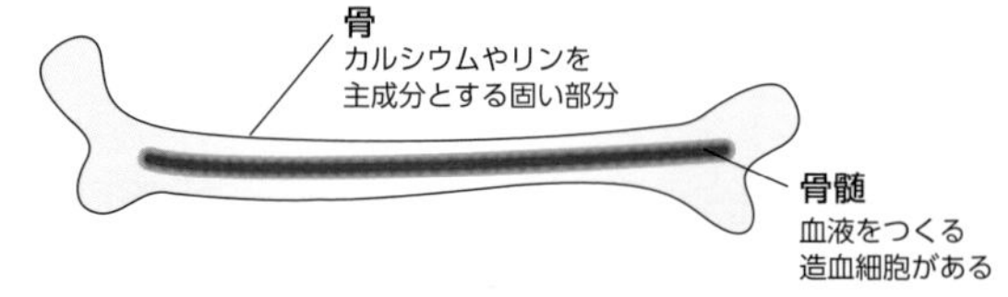

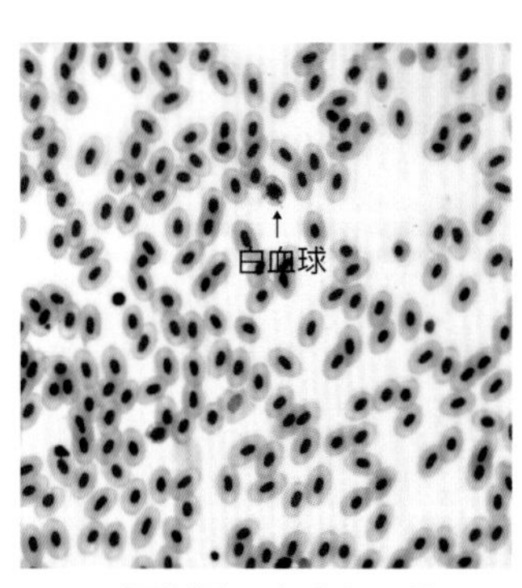

カエル（両生類）の血球（400倍）
無数にある赤血球は「核」をもつ（ヒトの赤血球は無核）。青紫は白血球の核。（市販プレパラート）

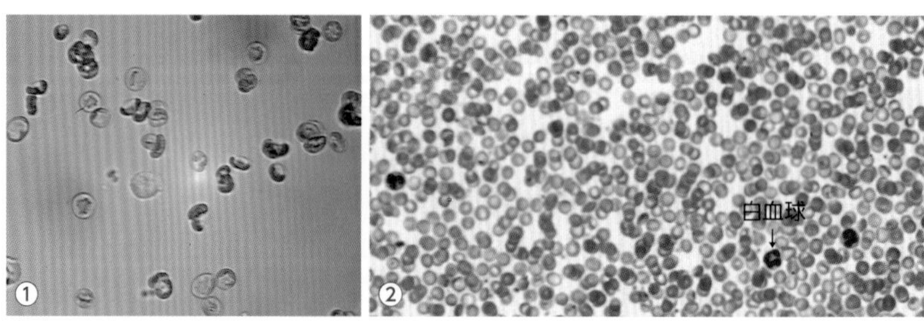

①：**ヒトの赤血球（1000倍）** 酸素運搬に特化した細胞。核なし。表面積を大きくするために中央が凹（へこ）むドーナツ型。数が多く、観察時は生理食塩水（p.79 欄外（らんがい））で薄める。
②：**ヒトの白血球（400倍）** 写真にある無数の血球のうち、白血球は核が赤紫に染まった3つ。白いものは無核の赤血球（市販プレパラート）。

組織液とリンパ液と血漿

細胞からしみ出た液を「組織液」といいます。それがリンパ管に入ると「リンパ液」、血管に入ると「血漿」という名前に変わります。したがって、組織液とリンパ液はほぼ同じ成分です。下表は、ヒトの体内の水分をまとめたものです。

名　称	成分、はたらきなど
血　液	• 血管の中を流れる液体成分と固形成分
組織液	• すべての細胞のまわりにある液体。 • 毛細血管からしみ出た血液の液体成分「血漿」。 • 細胞に栄養分や酸素を与え、不要物を受け取る。
リンパ液	• リンパ管に入った組織液（不要物、余分な組織液の回収）。 • リンパ球（白血球と同じような免疫細胞）の運搬。
細胞質	• 細胞内の液体成分で、生命活動に必要な物質を溶かす（p.24）

ウミガメの“涙”
血液から作られ、体の中の余分な塩分を塩類腺から排出する。（写真：名古屋港水族館）

生理食塩水
水100mLに食塩0.9gを溶かす。血液や組織液と同じ浸透圧で、血球や細胞にやさしい。スポーツドリンクも同じ。

10　ヒトの体を循環する血液、リンパ液

ヒトは血液を送るためのポンプ、心臓をもっています。心臓から出た血管は順に細くなり、全身の細胞へ血液を届けます。最小の毛細血管までつなぎ合わせると、地球2周半をする長さです。

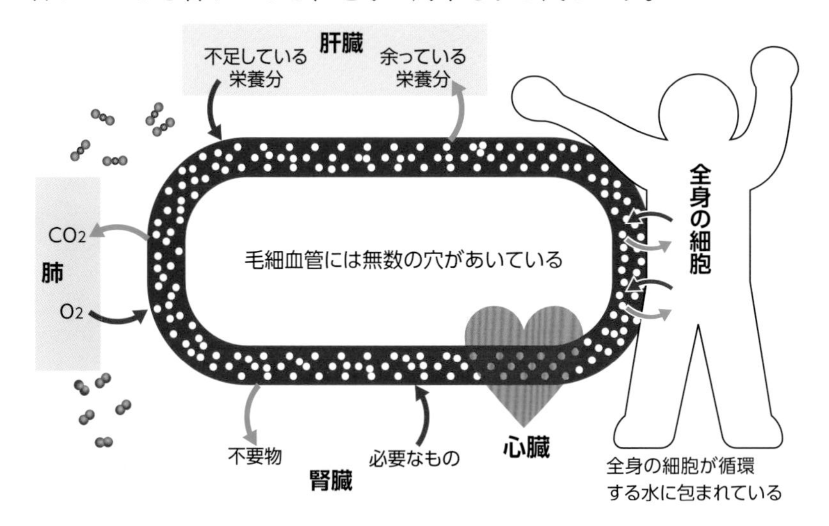

※肺では酸素を受け取って二酸化炭素を出し、肝臓では養分を出し入れし、腎臓では不要物を出す。全身の細胞は養分や酸素をもらい不要物や二酸化炭素を出す。

リンパ管の始まりは、各細胞です。毛細レベルの管が合流して太くなり、最後は胸管（きょうかん）という名前になります。小腸で脂肪を集めたリンパ管（乳び管）も合流します。そして、左の鎖骨の下で静脈（血管）と合流することで、リンパ管は終わります。心臓のようなポンプはなく、筋肉の動きなどによって自然に流れていきます。

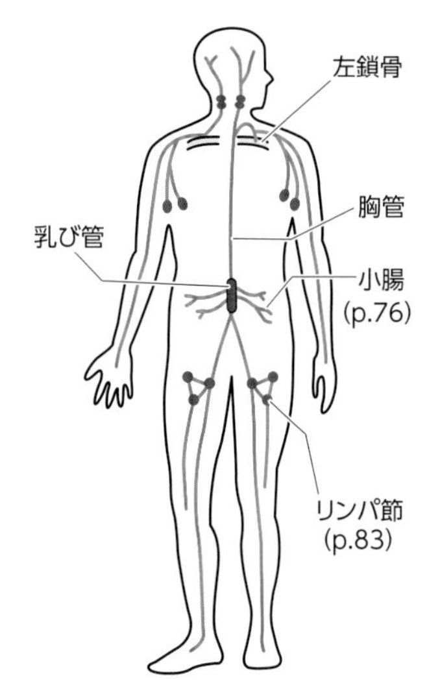

リンパ管のつながり
乳び管（小腸のリンパ管）には、乳白色の脂肪とリンパ液の混合液が流れる。

11 心臓と2つの循環経路

心臓は「血液を送りだすポンプ」です。心筋（p.60）という特別な筋肉からできており、1日に10万回、24時間拍動し続けます。

ヒトの心臓の構造と動き方

内部は4つの部屋に分かれています。ポイントは、全身へ血液を送る大動脈がある左心室で、自律神経から独立して動くペースメーカーです。また、内部には血液の逆流を防ぐ弁があります。

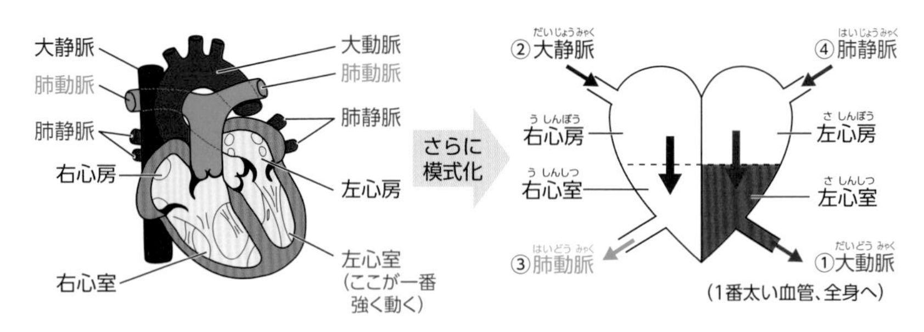

心臓（ホルマリン標本）
太い血管が見られる。p.146には心臓の構造による脊椎動物の分類を掲載。

心臓の大きさと位置
「こぶし」をつくり、肋骨の一番下の部分に置くと、大きさも位置も同じになる。よく「左にある」と言われるが、ほぼ中央。また、生物の図（解剖図）は、ほとんど左右逆なので注意すること。

2つの血液循環「体循環と肺循環」

心臓を中心とする血液の循環経路には、体循環と肺循環があります。前者は、大動脈と大静脈による全身との循環です（肝臓や腎臓との直接循環も含む）。後者は、ガス交換のために肺へ送る循環です。

（1）**体循環**：全身の細胞へ血液を送る。

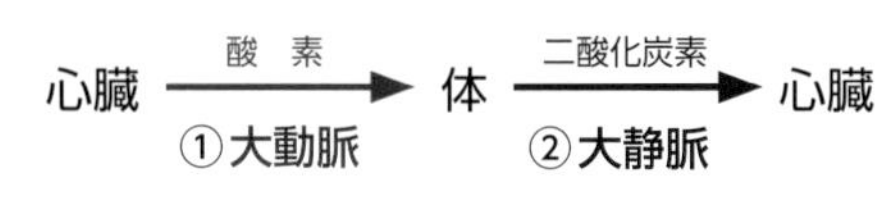

（2）**肺循環**：肺へ血液を送る。

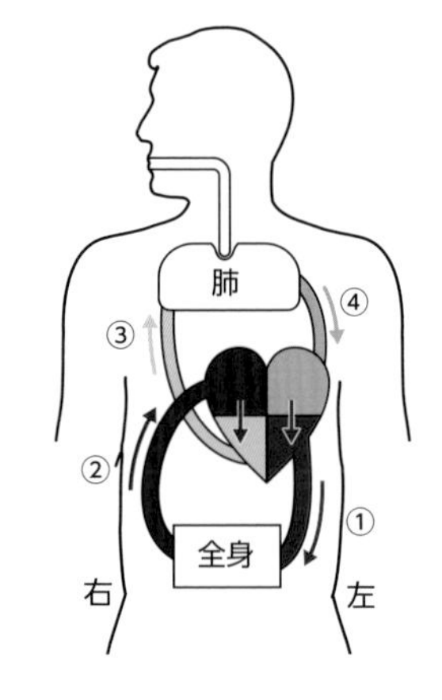

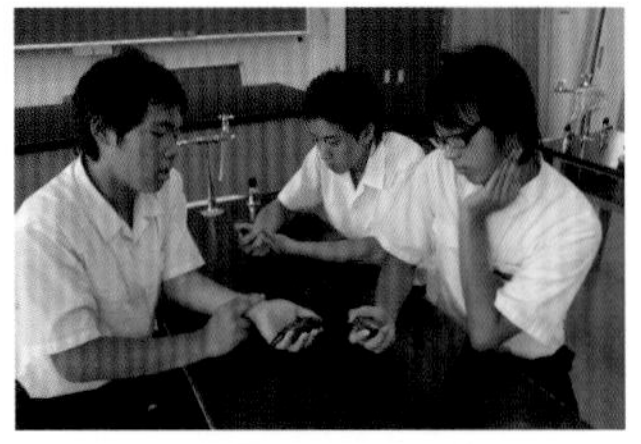

脈拍数（心拍数）測定する方法
手首や首などで測定する。スポーツ選手は50回/分、中学生は60～70回/分、赤ちゃんは120回/分。なお、血液は約30秒で全身を1周するといわれる。

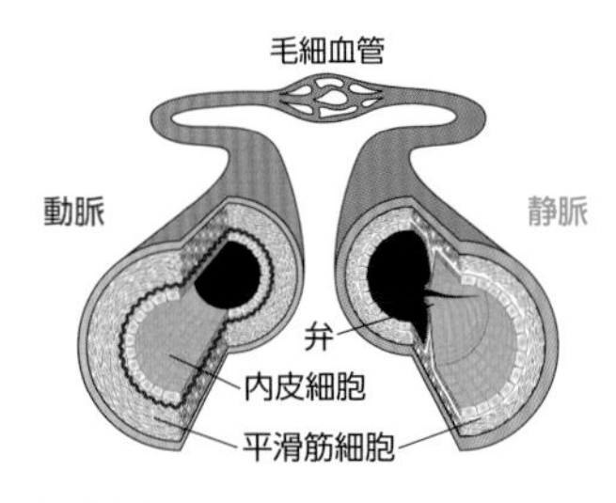

血管の種類

動　脈	・心臓から出る血管
毛細血管	・各部分で枝分かれした血管
静　脈	・心臓へ戻る血管

血液の分類

酸素をたくさん含む血液を動脈血、二酸化炭素をたくさん含む血液を静脈血といいます。間違えやすいのは、肺循環の部分で、肺動脈は静脈血、肺静脈は動脈血が流れています。

動脈血	①大動脈（心臓→全身）、④肺静脈（肺→心臓）
静脈血	②大静脈（全身→心臓）、③肺動脈（心臓→肺）

血管の太さと構造

太い血管には平滑筋が取り巻いており、自律神経の命令で太さを変えて血液量を調節します。血管に栄養を送る毛細血管もあります。

動脈
(4mm)

静脈
(5mm)

毛細血管
(0.01mm)

※実寸はこのサイズの50分の1

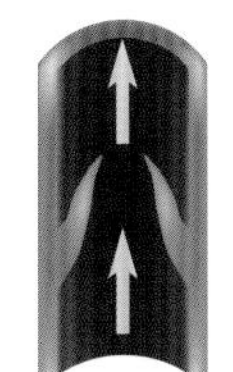
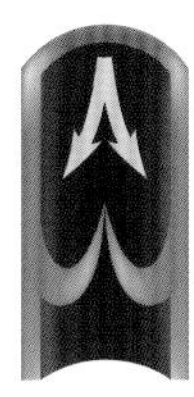

静脈の弁のしくみ
流れの弱い静脈、拍動する心臓内部には逆流防止の弁がある。

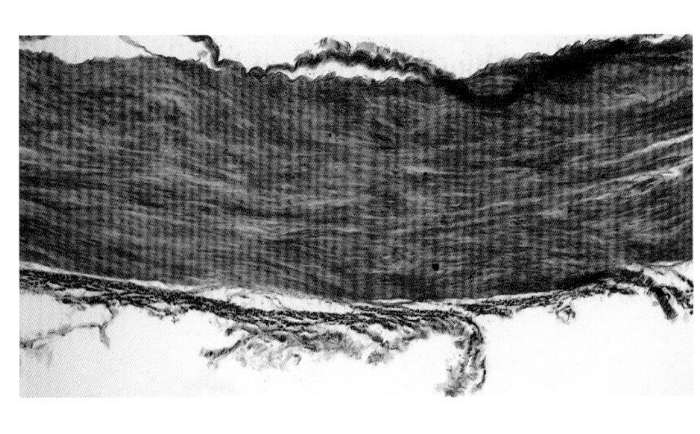

ヒトの動脈（100倍）
たくさんの細胞からできている。

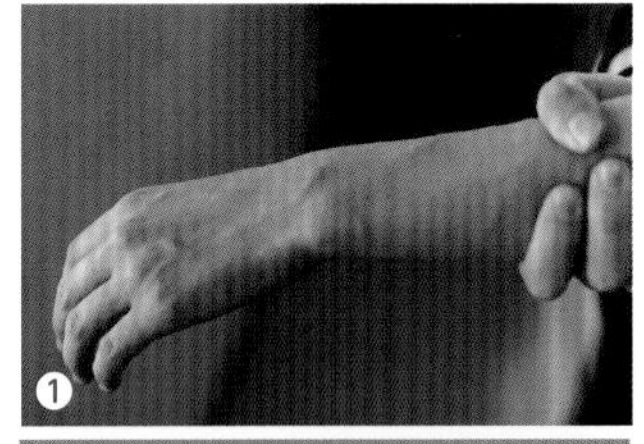

静脈の弁を確かめる実験（①、②）
腕や手首を強く押さえると、血管（静脈）が浮き出る。弁で、ぼこっと膨らむ。

メダカの尾びれの血流の観察

魚類の尾びれは、薄く光を通すので、血流を見ることができます。丁寧に操作すれば、メダカの生命を奪うことなく観察できます。

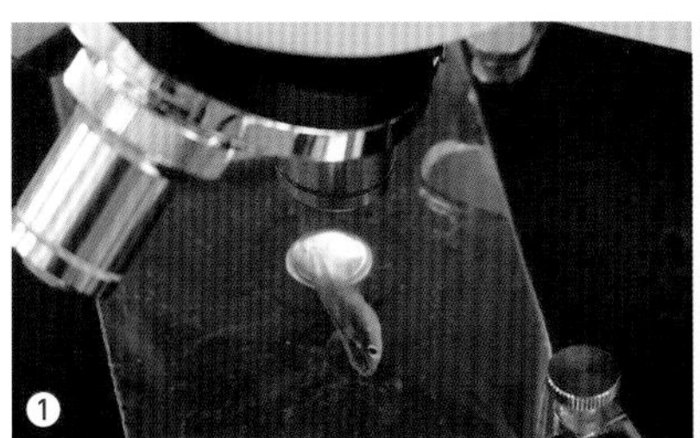

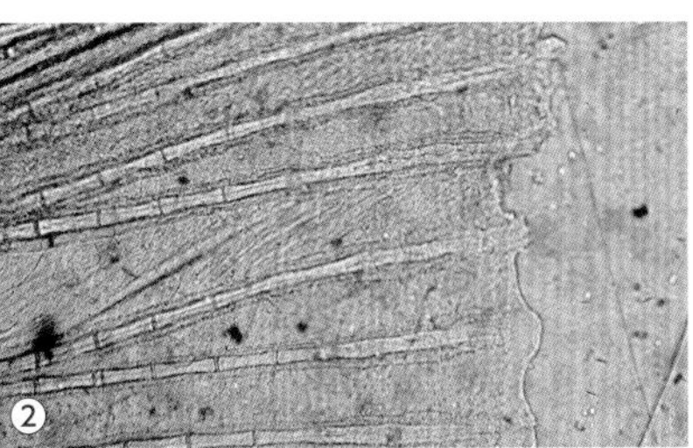

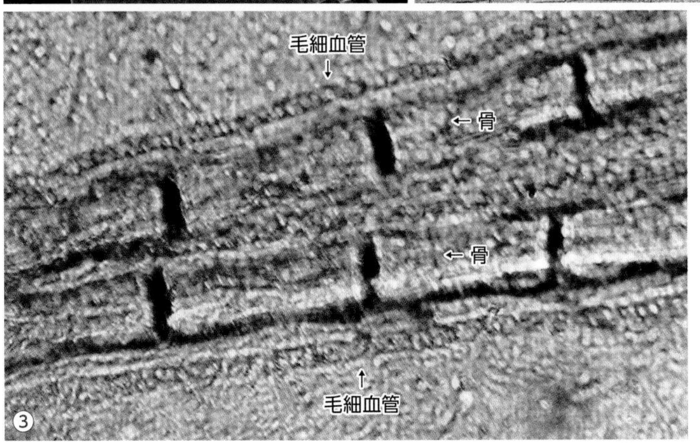

①：チャック付きビニール袋に、水数 mL とメダカを入れる。　②：40倍で骨（無色透明、途中で枝分かれ）を確認する。③：400倍にしても血管は無色透明で細く見分けがつかないが、メダカが元気なら、無数の小さな赤血球の流れで確認できる。

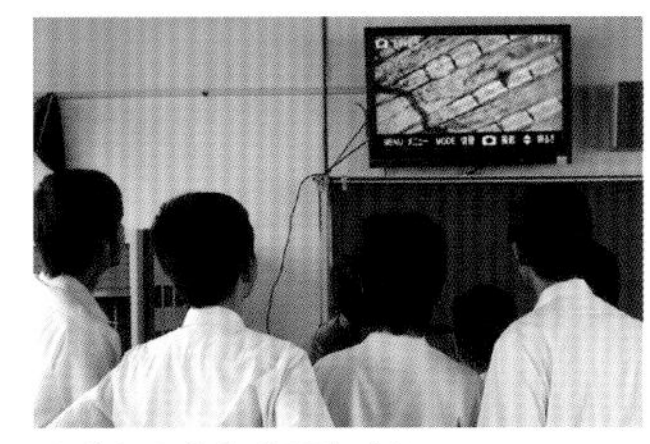

メダカの命を守るために

- 手でメダカに触れると、死ぬ。
- 操作は５分以内で完了（１回限り）。
- メダカは、死の直前で暴れる。
- 血流が遅くなったら、水槽へ返す。
- このレベルでは、赤血球＝無色透明。

メダカの尾びれの血流を観よう
YouTube チャンネル
『中学理科の Mr.Taka』

12 血液をきれいにする腎臓

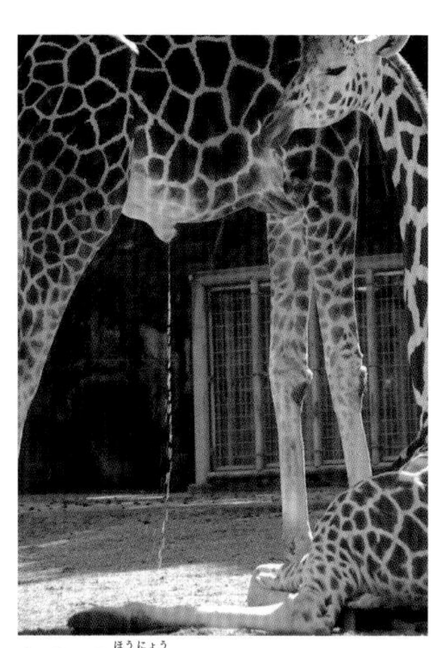

キリンの放尿

放尿が始まると数分間続く。

尿の正体

- 尿素を含む血液の不要物
- 過剰なビタミンやカルシウムなどの有効成分を含む。

腎臓のはたらきは２つあります。１つは、全身の細胞が出した不要物や肝臓で無毒化された不要物を濾しとり、全身の水（血液、リンパ液、組織液）をきれいにすること。もう１つは、血液を調節する２つのホルモン（欄外）をつくることです。これらは自律神経によって無意識のうちにコントロールされています。

血液を濾過する腎臓の構造とはたらき

腎臓は皮質と髄質に分けられます。顕微鏡観察のポイントは、皮質にあるマルピーギ小体（腎臓の基本単位「ネフロン」の一部）です。

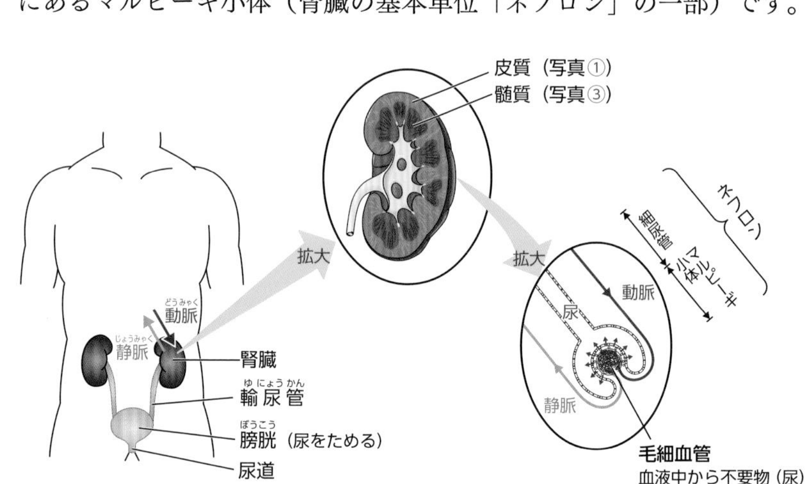

※心臓と直結する「腎動脈」と「腎静脈」は、全血液の 1/4 が出入りする。
※輸尿管は、腎臓と膀胱を結ぶ管。
※膀胱は最大500mL の尿をためられるが、250mL で自律神経が排尿命令を出し、内側の筋肉を動かす。ただし、外側の筋肉はコントロールできる（我慢できる）。

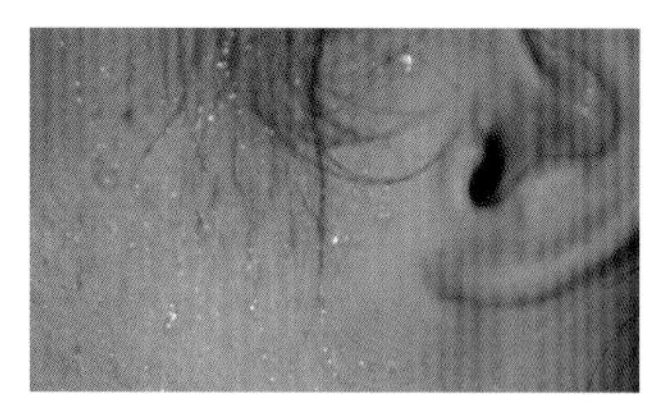

汗のはたらき

汗からも不要物を出すが、体温調節の役割の方が大きい。砂漠では、知らない間に大量の水分が奪われている。

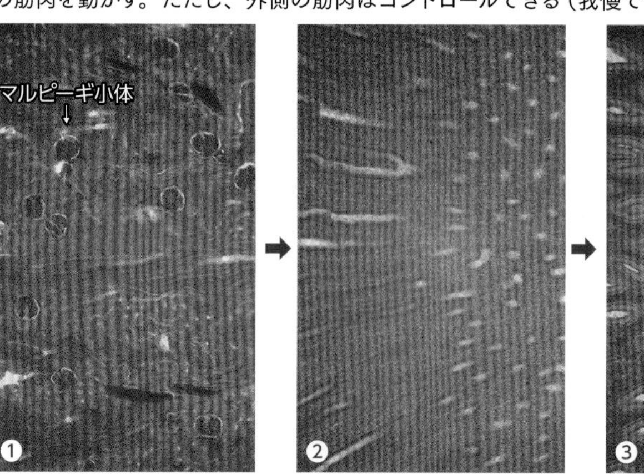

①：皮質。丸いものがマルピーギ小体。内部の毛細血管で不要物を濾しとり「原尿（150 L／日）」をつくる。　②：皮質と髄質の中間。ネフロンの一部「細尿管」で必要なものを再吸収する（原尿の 99％の量）。　③：髄質。毎日 1.5L の尿を輸尿管へ送る。
※①～③：イヌの腎臓の市販プレパラート（100倍）。

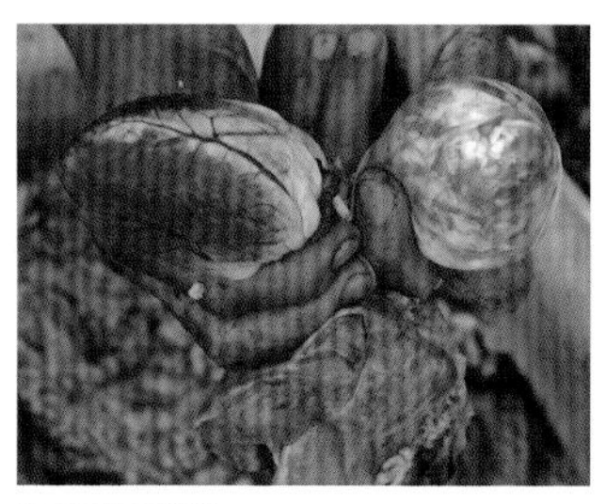

ヒツジの腎臓

２つの腎臓と太い血管、すぐ下には肝臓がある。

腎臓がつくるホルモン

血圧を上げる	レニン
血圧を下げる	カリクレイン

人工透析のモデル

腎臓が十分にはたらかない人は、１週間に数回、数時間程度、全身の血液をきれいにする必要があります。それを人工透析といいます。

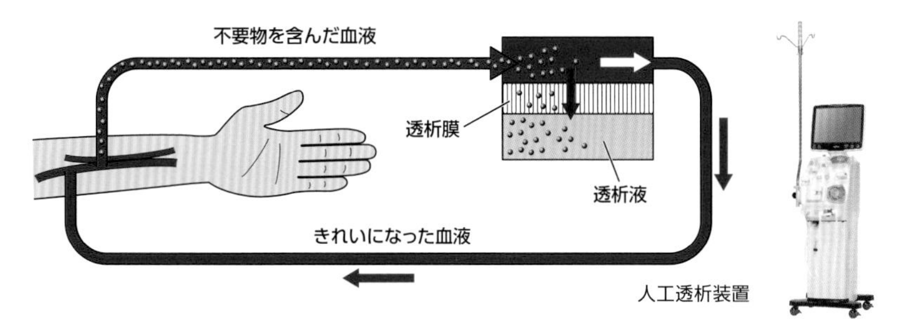

13 体を守るシステム「免疫」

体内に有害なもの、細菌やウイルスが侵入したとき、それを無害にすることを免疫といいます。その中心は、白血球とリンパ球(p.78)です。同じような病気に罹りにくくなるのは、病気の原因になる抗原を記憶し、即座に抗体(免疫グロブリン)をつくれるようになるからです。

脾臓と胸腺と骨髄

脾臓と胸腺は、「リンパ系」の器官に分類されます。脾臓は150gで、横隔膜のすぐ下、体の左側にあります。脾動脈と脾静脈があり、次のようなはたらきをします。ピンクは免疫に関することです。

脾　臓	免　疫	・病原体を破壊する白血球（p.78）をつくる。
	古い赤血球の破壊	・ヘモグロビンを構成する鉄分を回収する。
	血液の貯蔵	・肝臓と協力して、血液を貯蔵する。急激な運動で一気に放出すると、胸がしめつけられた（心臓が痛い）ような感覚がする。
	その他	・骨髄にかわって血球をつくることもある。
胸　腺	・30g程度で、心臓に乗っかるような位置にある。 ・中学生の頃は活発に「リンパ球をつくる」が、大人になると脂肪になる。 ヒトのリンパ腺（400倍、市販プレパラート）	
骨　髄	・血球（赤血球、白血球、血小板など）をつくる中心（p.78）。	

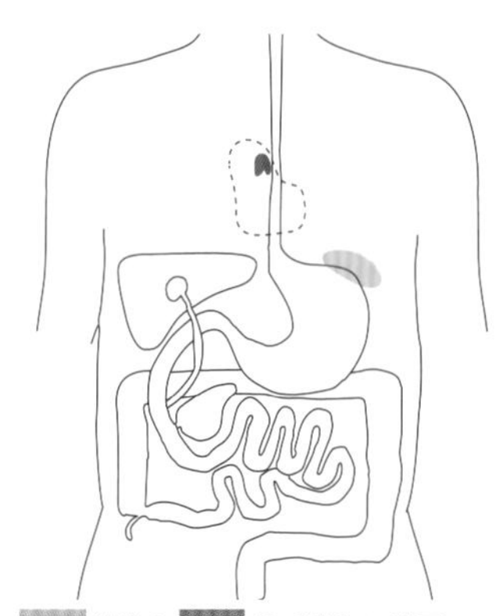

脾臓（黄）と胸腺（うす紫）の位置

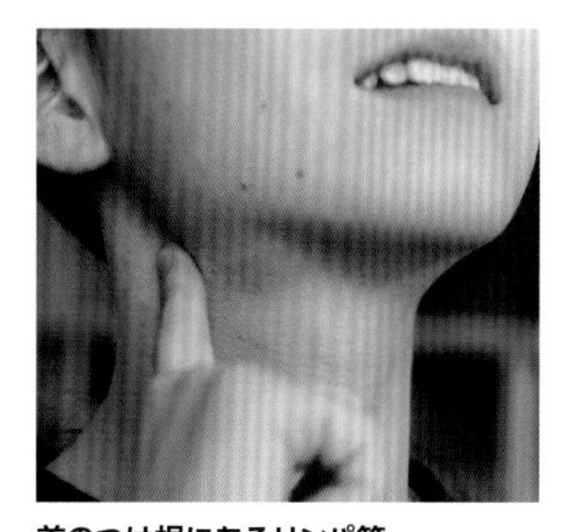

首のつけ根にあるリンパ節

リンパ節は、リンパ管の途中にある「ぐりぐり」で、血液の濾過器（免疫システムの分署）。全身に800個以上。病気になると、活発に活動するので腫れる。リンパ管のつながりはp.79欄外。

14 自律神経が行う「恒常性の維持」

ヒトの体は無意識のうちに恒常性が保たれています。意識は停止しても死にませんが、体温や血液の調整機能が停止すると死に至ります。これを行う神経を自律神経といい、中枢は脳幹（のうかん）と脊髄（せきずい）、末梢神経には内臓につながる感覚神経と運動神経があります。感覚神経と運動神経という語句は随意運動でも使います（p.46）。

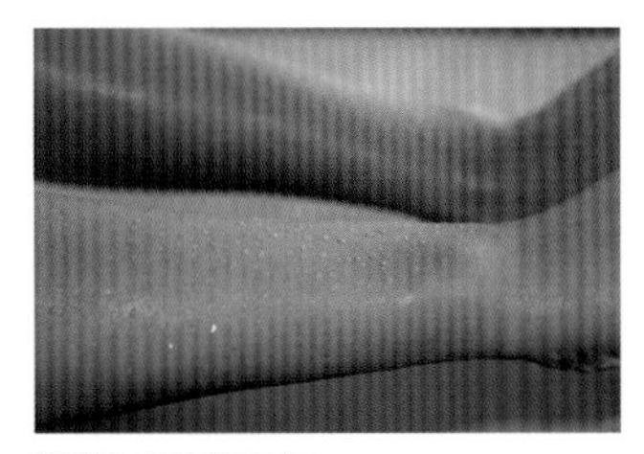

運動した直後の汗
運動すると体温が上昇し、汗が出る。いずれも意識による調節不能。

アドレナリン（エピネフリン）
副腎髄質でつくられるホルモンの1つ（p.86）。単純な物質で人工合成できる。

交感神経と副交感神経（表の緑色の部分）

内臓のはたらきは、ほぼ100％自律神経が調整しています。その方法は、相反する命令を出す交感神経（攻撃的で活動的）と副交感神経（リラックスしてからだをつくる）を使うことです。この中枢は間脳（p.85）で負のフィードバックという仕組みを使います（p.86）。

交感神経	副交感神経
(1) 瞳の拡大 (2) 心拍数・呼吸数の増加（脊髄が命令する） (3) 発汗、毛細血管の拡大（食欲減退（げんたい））	(1) 瞳の縮小 (2) 心拍数、呼吸数の減少（延髄が命令する） (3) 消化器官の活動を促進（食欲増進）

ライオン（左）とシマウマ（右） ゆっくり歩いたり、たたずんだりしているときは副交感神経が支配しているが、獲物を狙ったり危険を察知したりすると、交感神経から一気にアドレナリンが吹き出し、からだの状態が変わる。

※副交感神経の代表ともいえる迷走神経は、延髄から直接出る長い末梢神経（感覚神経、運動神経）で、首から腹までの内臓へ迷走するように軸索（p.48）を伸ばし、支配する。

内分泌（ぶんぴつ）と外分泌

自律神経（脳や脊髄）は、いろいろな器官へ恒常性を維持するための命令をします。各器官は事前につくっておいた物質やホルモンを出します。これを分泌といい、以下のように分類できます。

外分泌	内分泌
• 消化管を含む体外へ出す • だ液（だ液腺）、胃液（胃腺） • 汗（汗腺）、母乳（乳腺）	• 血液中へ出し、遠くの器官に作用する • アドレナリン（副腎髄質）、インシュリン（すい臓） • いろいろなホルモン（生殖腺、甲状腺 p.86）

大脳の使いすぎに注意
考え過ぎると、自律神経が乱れることもある。自然を感じ、心身をバランスよく使おう。

15 ヒトの中枢神経、末梢神経

これまでに、ヒトが動くための神経系は中枢神経と末梢神経（感覚神経、運動神経）に分けられること、運動には随意運動と反射（不随意）があることを学びました。また、前ページでは恒常性を維持するために無意識（不随意）にはたらく自立神経があることを学びました。このように、神経は複数の視点から分類できるので、何を基準にしているのか注意してまとめてみましょう。

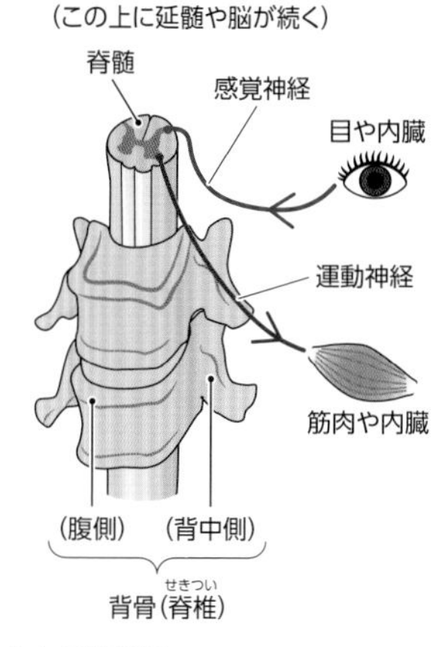

ヒトの神経系

ヒトの神経系の一覧表

ヒトの特徴は大脳皮質です。言語を使って思考し、本能のまま行動しようとする髄質をコントロールします。下表では、大脳皮質による随意運動は黄色、無意識な反射は緑色です。また、反射（無意識なもの）のうち、体内の恒常性（自律神経系）の最高中枢は間脳です。

大　脳　(脳全体の80%) •右脳と左脳に分けられる •大脳が死ぬと植物人間	皮質		•自分で意識・記憶・思考・推理・決定する •外側にある灰色の細胞140億個の集まり	脳	中枢神経
	髄質		•本能行動、内臓器官の調整 •内側にある白色の細胞1200億個の集まり		
小　脳　(脳全体の10%)			•運動（筋肉）と平衡感覚（耳）の中枢		
脳　幹　(脳全体の10%) •副交感神経の中枢 •脳幹が死ぬと個体が死ぬ	中脳		•目、瞳孔、姿勢の中枢		
	間脳	視床	•感覚器と大脳の連絡通路		
		視床下部	•自律神経の最高中枢で、すぐ下にある脳下垂体（ホルモン分泌器官）を支配する。		
	延髄		•脳が延びたような部分で、脊椎につながる •呼吸と血液循環の中枢（迷走神経 p.84） •心拍数を減らす命令を出す（p.84） •だ液の分泌命令を出す（p.84）		
•交感神経の中枢で、反射（無意識の反応）の中枢 •脳と全身を結ぶ、太い神経繊維31対の束			•心拍数を上げる命令を出す（p.84） •排便、排尿の命令を出す	脊　髄	
•感覚器官や内臓からの刺激を、中枢神経（脳や脊髄）へ伝える				感覚神経	末梢神経
•中枢神経（脳や脊髄）からの命令を、筋肉や内臓へ伝える				運動神経	

梅干しを使った条件反射の実験と考察

右の梅干しの写真を見てください。とても酸っぱいものです。もし、あなたが写真を見ただけでだ液が出たなら、「梅干の学習」ができています。それは本当に食べたときの反射（舌→延髄→だ液腺）ではなく、条件反射（目→大脳→延髄→だ液腺）という経路です。

生徒の感想

- 本当にだ液が出ちゃった！
- あのヒトの声を聞くだけで幸せになる。これも条件反射。
- 食べ物の好き嫌いは、脳と体に負担をかけている。
- 私の脳は、神秘です。
- 大脳皮質がないと、本能で動く人間になるらしい。

16 恒常性を保つヒトのホルモン

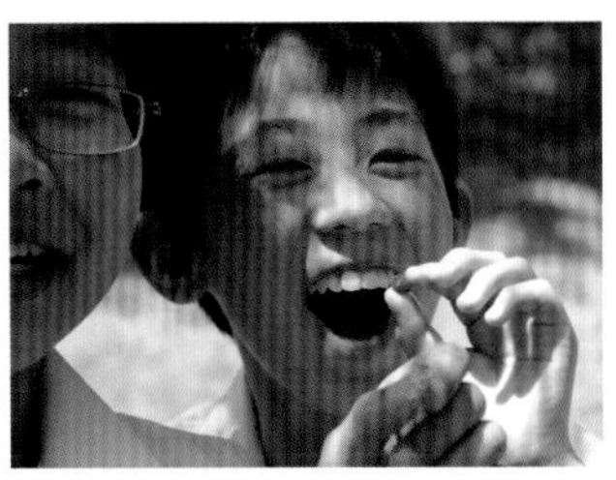

ヘビイチゴの実を採取して幸せな生徒
充実感は自律神経をうまく機能させ、幸せホルモンともいわれるドーパミン（中枢神経系に存在する）などを無意識に分泌させる。

ホルモンは、ある決まった場所「内分泌器官」でつくられる物質で、ごく微量で大きなはたらきをします。血管を通して全身にゆきわたり、目的の場所で作用します。ゆっくりと持続的にはたらくので、体の状態を一定に保つこと（恒常性の維持）に適しています。ホルモンの種類は多く、副腎皮質だけで100種類以上あります。

内分泌系の最高中枢「間脳」

ホルモン生産や分泌の命令を出しているのは間脳（p.85）です。間脳は、すぐに下にあるにホルモン製造工場「脳下垂体」に命令し、各器官を動かす「刺激ホルモン」を生産させます。刺激を受けた器官ははたらきはじめますが、同時に「抑制ホルモン」を間脳へ送ります。間脳は、相反する2種類のホルモンを感知して恒常性を保ちます。このようなしくみを「負（ふ）のフィードバック」といいます。初めの刺激ホルモンを抑制する（負にはたらく）ように作用するからです。

ヒトの主なホルモン

内分泌器官		ホルモン	ホルモンのはたらき
脳下垂体（間脳が支配）		多種類の刺激ホルモン	• 内分泌器官（甲状腺、副腎、生殖腺など多数）を刺激する（全身にある内分泌器官から「負のフィードバック」を受ける）
		成長ホルモン	• 体各部のタンパク質合成（骨を含む）を促す
甲状腺（こうじょうせん）		甲状腺ホルモン（チロキシン）	• 全身の細胞を元気にする（代謝 p.40 の促進）（ヨウ素131（放射性物質）が体内に蓄積すると、甲状腺の細胞が癌（がん）化する。その理由は甲状腺がホルモンをつくるために「ヨウ素」を使うから。甲状腺は大人になると脂肪化するが、子どものときは活発にはたらく）
副腎※1	皮質	多種類のホルモン	• 細胞内の水分やイオン量の調整など、約100種類をつくる
	髄質	アドレナリンなど	• 血糖値を上げ、交感神経を興奮させ、攻撃準備をする
生殖器官	精巣	雄性ホルモン	• 性的特徴の発現、持続 • ろ胞ホルモンは、発情ホルモンともいう
	卵巣	ろ胞ホルモン	
	卵巣・胎盤	黄体（おうたい）ホルモン	• 排卵の抑制、乳腺の発育 • 妊娠の持続
すい臓※2		グルカゴン	• 血糖値を上げる（グリコーゲン → ブドウ糖） p.69
		インシュリン	• 血糖値を下げる（ブドウ糖 → グリコーゲン） p.69
腎臓		レニン	• 血圧を上げる p.82
		カリクレイン	• 血圧を下げる p.82

※1　副腎（皮質と髄質）は腎臓のすぐ上にあるが、腎臓とは直接関係がない。たくさんの種類のホルモン生産工場。
※2　すい臓は、間脳から独立して2種類のホルモンを生産・分泌し、血糖値を調整することもできる。
［注］　環境ホルモンは、内分泌を阻害したり促進したりして恒常性を困難にする化学物質。

■ ホルモンのはたらきで羽化するクマゼミ

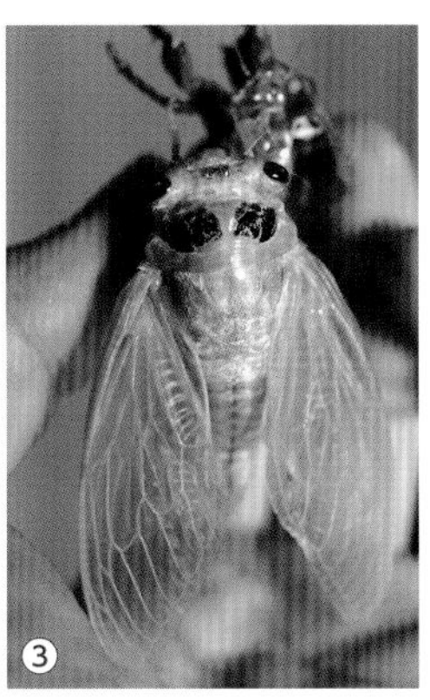

①〜③：羽化するクマゼミ。幼虫から成虫へ変態（不完全変態）する。

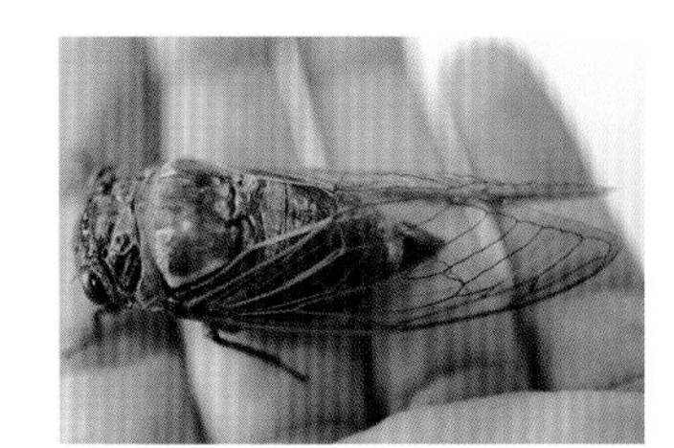

クマゼミの成虫
セミの幼虫は土の中で４〜５年ほど生活するが、成虫の寿命は短い。

17 成長の方向を決める植物ホルモン

植物は、ホルモンによってゆっくり動きます。葉は光と二酸化炭素、根は水と養分を求めてゆっくりと伸びていきます。

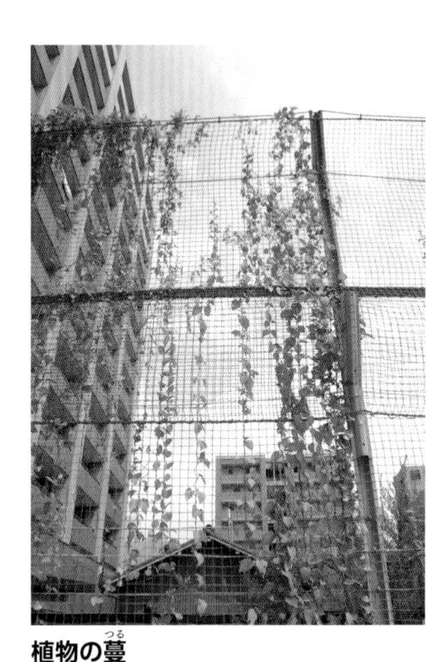

植物の蔓
蔓は何かに接触すると、その方向へ曲がるように成長する。オーキシンが関与している、と考えられている。

■ 太陽を求めて動く植物

筋肉をもたない植物は、細胞の成長速度を調節することで目的の方向へ動きます。その調整にはホルモンという化学物質を使います。その種類は動物より多く、さまざまな環境の変化に対応できます。

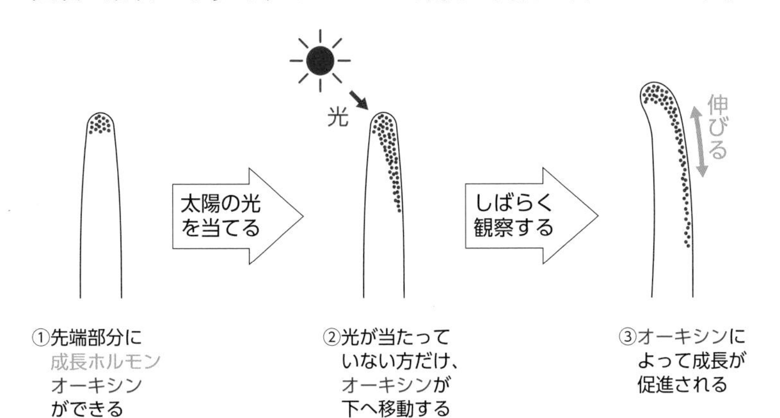

オーキシン	•光の屈性に関係する植物ホルモンとして有名 •植物の種類や部分によって適量があり、多過ぎると逆効果になる
ジベレリン	•100種類以上あり、各部を成長させたり、種子を発芽させたりする •種なしブドウをつくるための「ジベレリン処理」が有名
サイトカイニン	•たくさんの種類があり、細胞分裂を早めたり、新芽を形成させたりする
エチレン	•成長をさまたげ、花芽をつくる •単純な気体（C_2H_4）と同じであるが、植物の成長に大きな影響を与える

第5章 花と植物

種子植物と昆虫
花を咲かせ、種子をつくる植物を種子植物という。花は人の心を和ませるが、昆虫の視点で見ると、興味は大きく膨らむ。花の蜜や花粉、雌しべが成長した果実は動物の重要な食料。写真の植物はセイタカアワダチソウ。

チューリップの花弁は3枚
中央の柱頭は120°に開き、雄しべは6本。花弁とがく片は同形同色で3枚ずつ。葉は120°毎につく。

植物とは何か
生物の定義も植物の定義も研究者の立場によって違う。本書は中学生の理解を優先し、植物＝光合成を行う多細胞生物、と定義する。巨視的グローバルな生態学の立場に近い（p.150）。

花は、種子をつくるための植物の生殖器官です。限られた時期だけに見られるもので、根・茎・葉のような基本的なはたらきをする器官ではありません。たくさんのエネルギーを消費した花は枯れ、受精卵は胚（赤ちゃん）になります。しかし、花はすべての植物に咲くものではありません。本章の中央で「植物の分類」を紹介し、後半から胞子でふえるツクシ、コケ、ワカメなど「花が咲かない植物」を調べます。

1 花の構造とはたらき

花に必要なものは、雌しべと雄しべです。しかし、積極的に動く必要がない植物は、虫や鳥をおびき寄せるために色鮮やかな花弁、花弁を固定するがく片を進化させました。良い匂いや甘い蜜を出して、受粉（受精）を助けてもらうものもいます。

■ 花のつくりと調べ方

花のつくりは、中心から調べます。どんなに小さな花でも、「雌しべ」「雄しべ」「花弁」「がく片」の順※です。中心の雌しべのもとにある膨らみは種子をつくる「子房」で、動物の子宮（p.112） z に相当します。

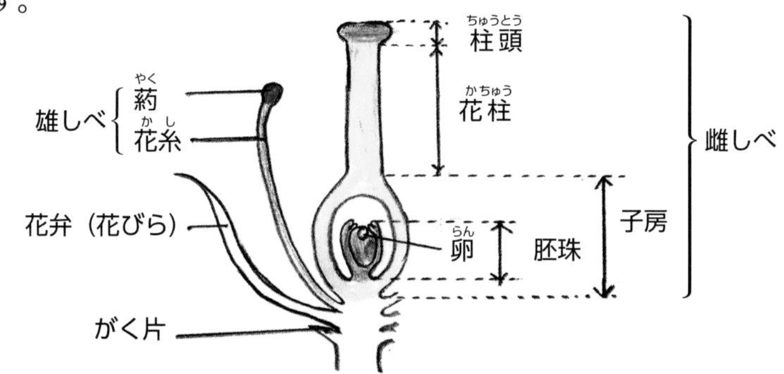

（1）雌しべ　（柱頭、花柱、子房に分ける。動物の雌にあたる）
（2）雄しべ　（花糸、葯に分ける。動物の雄にあたる）
（3）花弁　（雌しべと雄しべを守る）
（4）がく片　（花弁を支える）

※進化によって形が大きく変化した植物もあるが、すべての花は同じ順序。

2 ツツジの花の観察

４月から５月に咲くツツジの花は大きく、観察に適しています。花弁は５枚のように見えますが、根元はつながっています（合弁花）。合弁花は、チューリップのような離弁花より発達した植物です。

準　備

- ツツジの花
- セロハンテープ
- 画用紙

ツツジの観察、標本づくりの方法

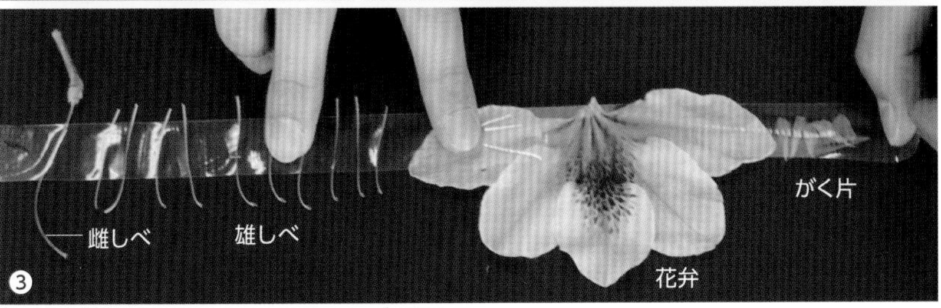

①、②：よく咲いた花を１つ採取し、素手やカッターナイフで丁寧に分解する。　③：分解した花を中心から順序よく並べる（雌しべ・雄しべ・花弁・がく片）。それを、セロテープで張れば、標本の出来上がり！

生徒が持参したいろいろなツツジ
赤、白、ピンクなどの色、品種改良されたものがある。

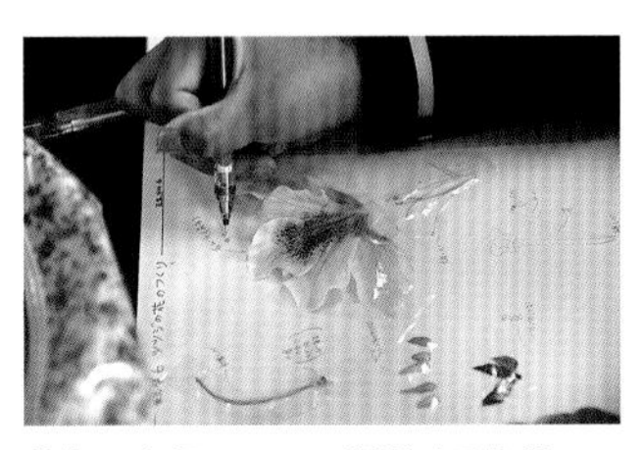

花弁の蜜標について記述する生徒
蜜標がある花弁に向かって、雌しべが反り返る（本文の写真①）。

雌しべと雄しべのクローズアップ

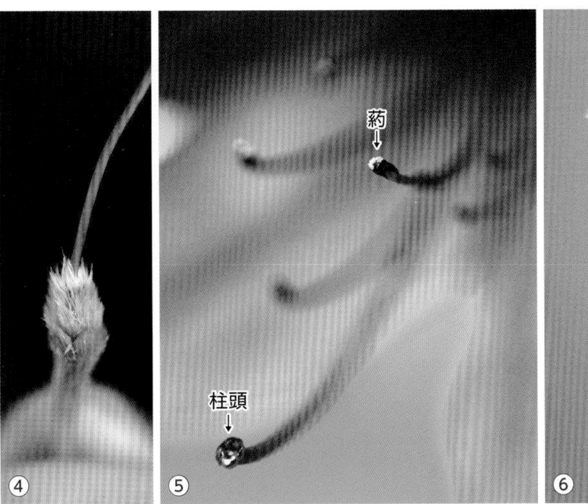

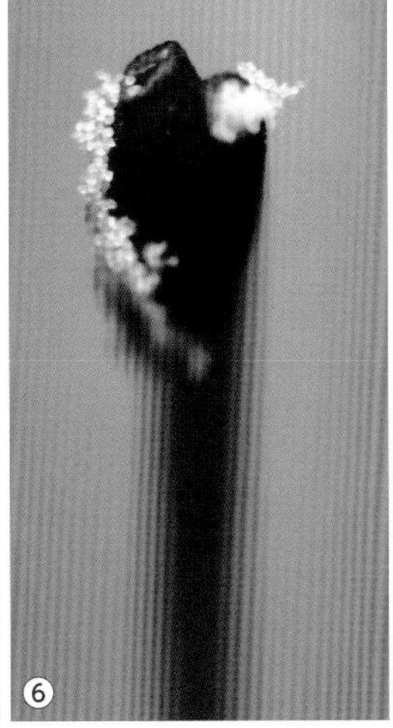

④：雌しべの根元「子房」は毛で守られている（この中に胚珠や卵がある）。　⑤：雌しべの先端部「柱頭」は五角形で、受粉しやすいように濡れている。　⑥：雄しべの先端部「葯」にある２つの穴から、花粉が吹き出している。

花弁の癒着による花の分類

合弁花類	• 花弁がくっついている（ツツジ、キク、ナス）
離弁花類	• 花弁がばらばら（バラ、サクラ、チューリップ）

両性花と単性花（性による分類）

両性花	• 雌しべと雄しべがある（花を咲かせる植物の大多数）
単性花	• １つの花に雌しべか雄しべしかない（カキ、ヘチマ）

生徒の感想

- イネ科の花のつくりが難しい。
- 子房の周りに「毛」が生えていた！
- 根元をなめたら甘かったよ。
- ツツジの花は、５の倍数だった。柱頭は五角形、雄しべは10本、花弁とがく片５枚。

3 タンポポの花（頭花）

準　備

- いろいろなタンポポ
- ルーペ
- セロハンテープ

2種類のタンポポ
左は外来種（セイヨウタンポポ）、右は在来種。総苞が反り返っているかどうかで区別する。種の自然交雑で、あいまいな個体も多い（p.121）。

シロバナタンポポ（在来種）
葉の形は、生活環境の影響が大きい。

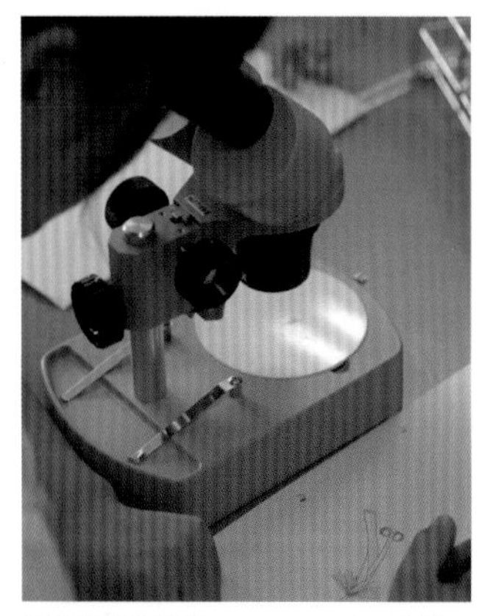

双眼実体顕微鏡でスケッチする生徒

生徒の感想

- タンポポの花のつぼみから咲き終わりまでを並べるのが楽しかった。
- タンポポの花粉かわからないけれど、花粉症の私は目がかゆくて大変でした。

タンポポはとても進化した植物です。日本には約10種類ありますが、都会は外来種の西洋タンポポに占領されています。郊外に出かけたら総苞（欄外）に着目し、日本在来種を探してみましょう。

タンポポから、1つの花を取り出す方法

一般に、1つの花だと思っているものは、100以上の小さな花の集合（集合花）です。次の手順で1つの花を取り出し、雌しべ・雄しべ・花弁・がく片をもった小さな1つの花の基本構造を確認しましょう。

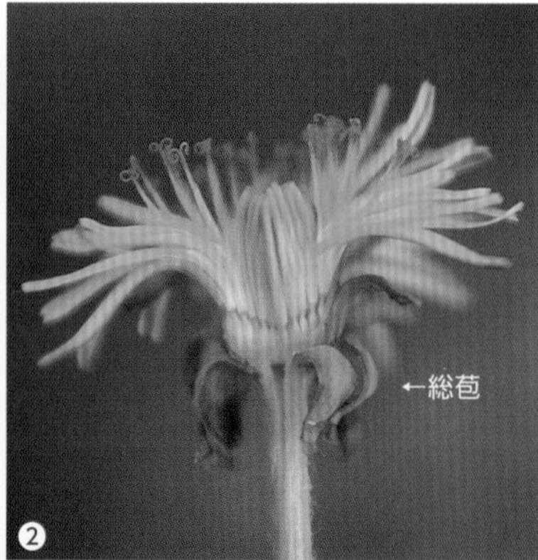

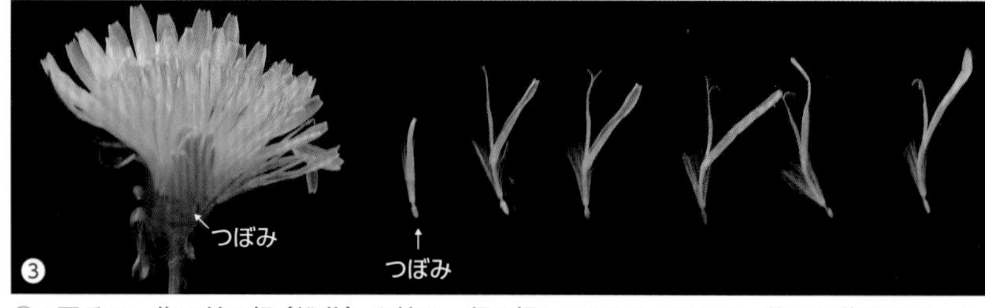

①：両手で、花の付け根（総苞）を持ち、軽く押しつぶすようにして、花から茎までゆっくり引き裂く。　②：花の集まりの断面。　③：中心から順に見ると、外側から咲くこと（つぼみの成長過程）がわかる。

1つの花のスケッチ

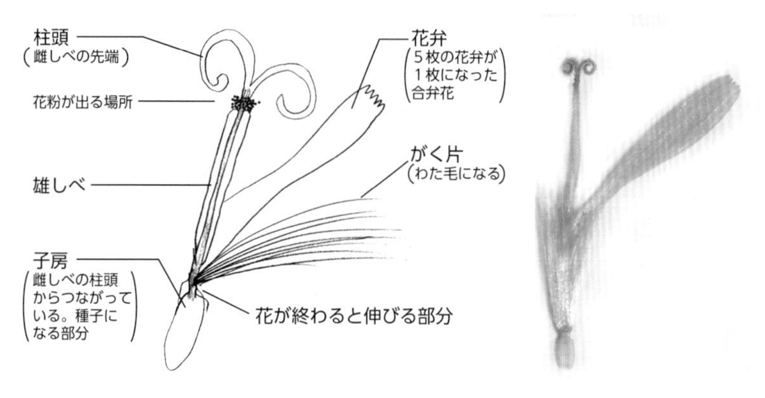

キク科の仲間

タンポポは、世界で約2万種あるキク科の植物です。キク科の特徴は、総苞がある、たくさんの花が集まっている（頭花、集合花）、花弁5枚が癒着した（合弁花）、などです。花弁は、「舌状のもの」と「筒状のもの」がありますが、タンポポはすべて舌状です。

①：**ヒメジョオン**（p.20 のハルジオンは茎が空洞）。　②：**アザミ**（棘をもつ）。　③：**オニタビラコ**。　④：**ハハコグサ**。　⑤：**セイタカアワダチソウ**。

マーガレットの花の配置

②は①の部分拡大。頭花の周辺部に白い舌状花、中央部に黄色の筒状花（②）が咲く。

種とは

生物を分類する基本単位。形や色などの形質よりも、子孫をつくることができるかで区別する。つくることができるなら、遺伝子 DNA レベルで同じ、と判断できる。ただし、実際のフィールドでは、近い種で交雑し、識別できなくなることが多い（p.121）。

花が種子になるまでの変化

タンポポの1つの花は、1つの種子になります。綿毛は、がく片が変化したもので、花弁、雄しべ、雌しべの花柱や柱頭はなくなります。

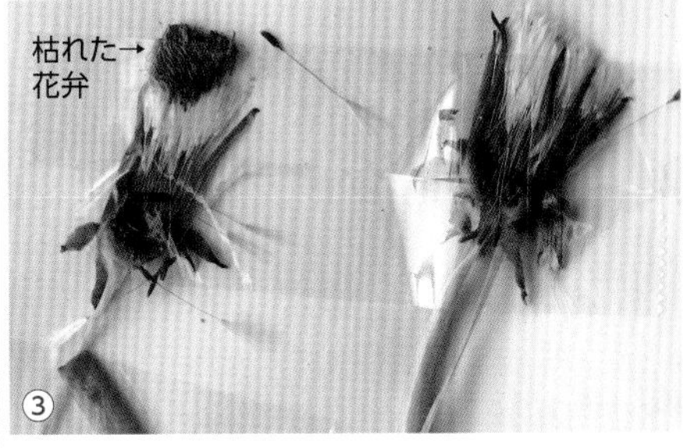

①：花が終わると茎が伸びる。　②：子房はふくらんで子房はふくらんで茶色の果実、がく片は綿毛になる。　③：咲き終えた花を分解したもの（①と②の中間に当たる）。花弁は茶色に変色して脱落する。

4 My野草図鑑を作ろう！

準　備

- ビニール袋
- セロハンテープ
- 画用紙
- 植物図鑑
- ルーペ（なくても良い）

自分だけの野草図鑑を作りましょう。アスファルトとコンクリートの都会でも、豊かに生活している植物達を見つけられます。草むらを見つけたらしゃがんでみましょう。小さな公園なら、10分間で小さな花を10種類以上見つけられるはずです。植物と同じ高さになり、狭い範囲を詳しく見ることが大切です。高い目線で歩き回ると、目立つものしか見つけられません。

理科室に戻ってから整理する
採取した野草を、メモと一緒にビニール袋に入れておくと便利。理科室ではメモを参考にして、気づいたことを書く。日時、天気、採取した環境も忘れないこと。

野草の観察、採取方法

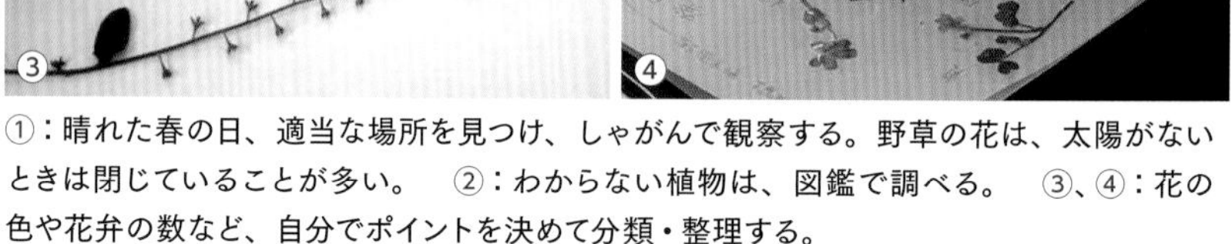

①：晴れた春の日、適当な場所を見つけ、しゃがんで観察する。野草の花は、太陽がないときは閉じていることが多い。　②：わからない植物は、図鑑で調べる。　③、④：花の色や花弁の数など、自分でポイントを決めて分類・整理する。

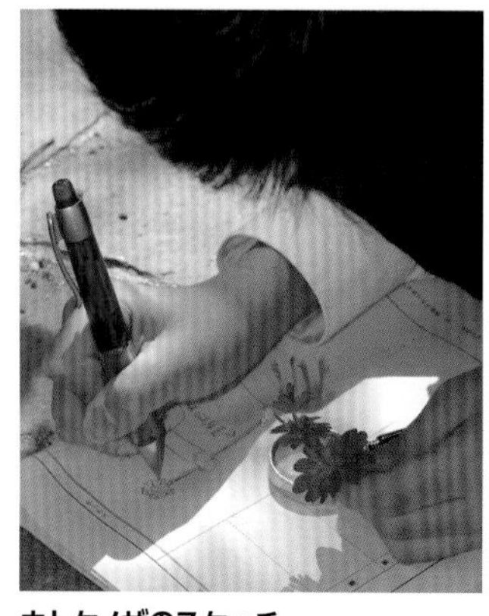

ホトケノザのスケッチ
特徴ある葉の形を記録する。

標本づくりのポイント

（1）小さくて形が良いものを選ぶ（標本にしやすい）。
（2）これだ！と思うものを1つ選んだら、他のものはそっとしておく。
（3）根、茎、葉、花、つるなど、各部をていねいに広げる。
　※数、つき方、形などの特徴がわかるようにする。
　※葉のつき方　（互生、対生、輪生）
（4）セロハンテープでしっかり貼るが、何度も重ねると見難くなる。
（5）ちぎれた部分は、元あったように貼る。
（6）同じものがたくさんある場合は、不要な部分をとる。

生徒の感想

- 花にいっぱい虫がついていた。
- 白い花は意外に少なく、黄色や紫のものが多かった。

身近に観察できる春の野草

採取したものは、ポイントを決めて並べましょう。下の写真①～④は紫色の花弁、写真③と④は花弁３枚です。p.91 のキク科も参考に！　なお、同じ場所でも２週間ほどで違う野草が見られます。

①：**オオイヌノフグリ**　イヌのふぐり（陰嚢 p.112）のような種子をつくる。　②：**タチイヌノフグリ**　①より小さく目立たない。茎を真直ぐ伸ばす。　③：**ツユクサ**　ムラサキツユクサと区別する p.94。　④：**スミレ**　都会でも、古い地域によく見られる。　⑤、⑥：**シロツメクサ**　タンポポが終わる頃、同じ場所に咲く。４枚葉のものは「四葉のクローバー」として幸運を呼ぶといわれる。⑦、⑧：**ナズナ**　頭頂部に白い花が咲き、やがて♡型の種子になる。ペンペン草、として遊ぶ。　⑨：**オランダミミナグサ**　先端が2つに割れたように見える5枚の白い花。ルーペで観察すると感動的。　⑩：**キュウリグサ**　茎をちぎって揉むと、キュウリの匂いがする。

5 いろいろな花の花粉

準備

- いろいろな花の花粉
- 顕微鏡

花粉の運ばれ方

虫媒花	・タンポポ（チョウ）、ユリ
鳥媒花	・ウメ（ハチドリ）
風媒花	・マツ、スギ

※種子の運ばれ方、拡散方法には特別な名称がない（p.102 欄外）。

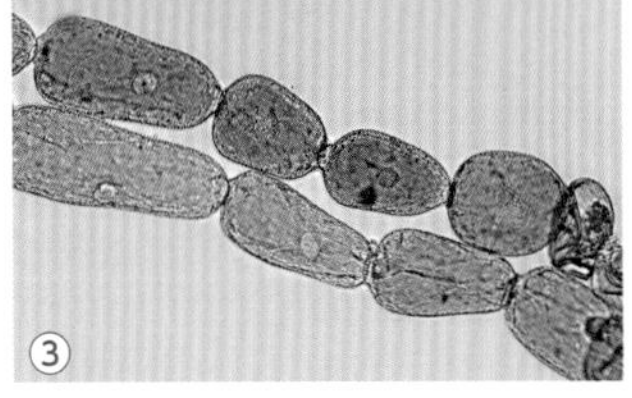

2種類のツユクサ

①：ツユクサ（一年生草本）。 ②、③：ムラサキツユクサ（多年生草本）とその花粉の核。この2種は同じ属 p.154。

生徒の感想

- いつもは失敗する私でも、簡単に観察できたのでうれしかった。
- 花にはそれぞれの形をした花粉があるのでおもしろかった。

花粉は、動物の精子に相当します。雄しべの葯で大量につくられ、種の繁栄のために拡散します。虫や鳥に手伝ってもらう植物もいます（欄外）。最近は花粉症の人が増えていますが、顕微鏡を使って多様で美しい花粉を観察しましょう。

ユリの花粉の顕微鏡観察

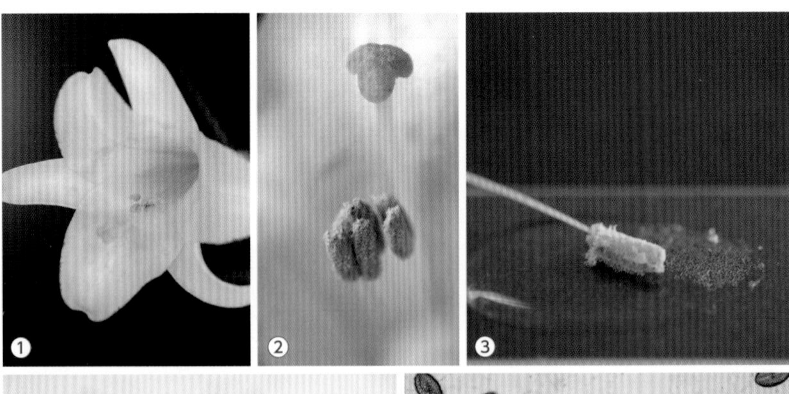

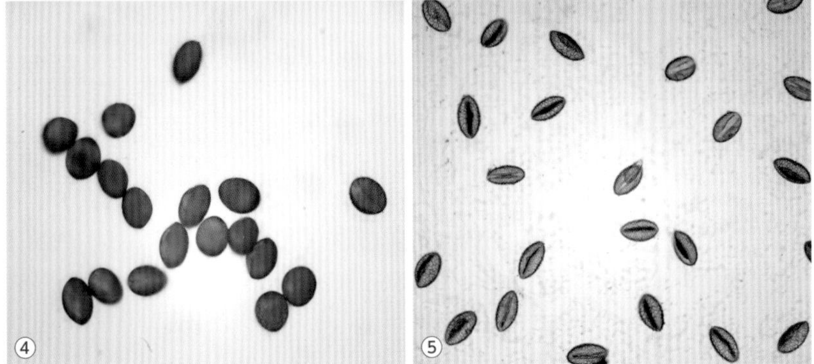

①～③：成熟した雄しべを採取し、プレパラートをつくる。写真③は、p.95 のようにして花粉管が伸びる様子を見るため、寒天の上に花粉をのせたもの。 ④：未成熟の花粉（40倍）。 ⑤：成熟した花粉。p.95 は成熟したものを使う。

アサガオの花粉

①：ユリと同じようにして調べたアサガオの雄しべ。 ②：葯、花粉（40倍）。

6 花粉の精核を運ぶ「花粉管」

花粉が雌しべの先端（柱頭 p.96）につくことを「受粉」、花粉の精核（雄の遺伝子）と雌しべの卵の核（雌の遺伝子）が合体することを「受精」といいます。花粉は受粉後、受精のために花粉管を伸ばしますが、条件が良ければ、その様子を10～20分で観察できます。

準　備

- いろいろな花の花粉（ハルジオン、ツユクサなど）
- 10% 砂糖水　2g

花粉管の観察方法

柱頭と同じ条件をつくれば成功します。10%砂糖水や寒天溶液で試してみましょう。下は、空き地で見つけたキク科の花粉です。

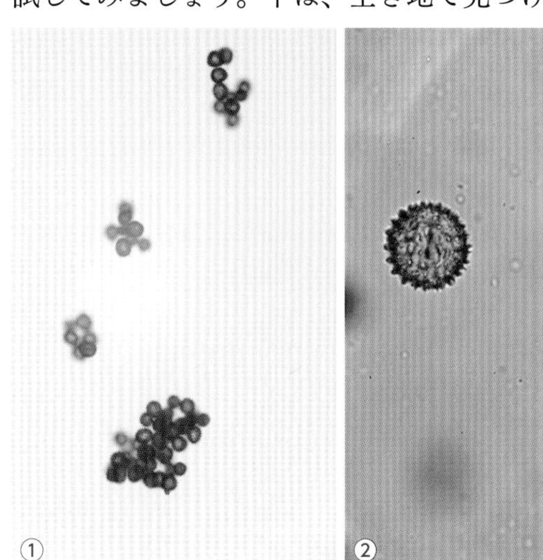

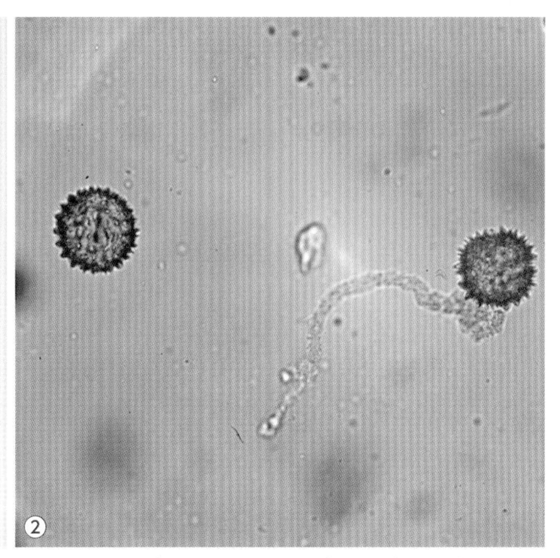

①：花粉を砂糖水の中に入れたばかりのもの。　②：伸びた花粉管（400倍）。花粉が小さく、倍率を上げたいときは、カバーガラスをかける。※なお、花粉管を伸ばすことを発芽といい、精核（精細胞）を２個つくって胚珠内部まで伸ばす（重複受精 p.123）。

空き地で見つけたキク科の花
夏休みに咲く野草をいろいろ試した中で、写真上の黄色い花が花粉管を伸ばした。

今回の実験に使った植物の１つの花

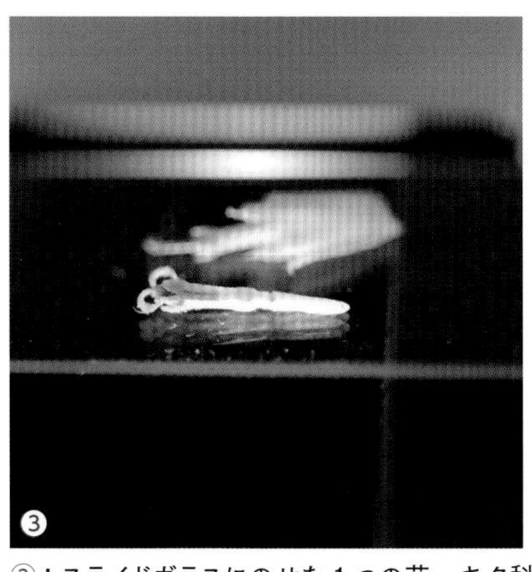

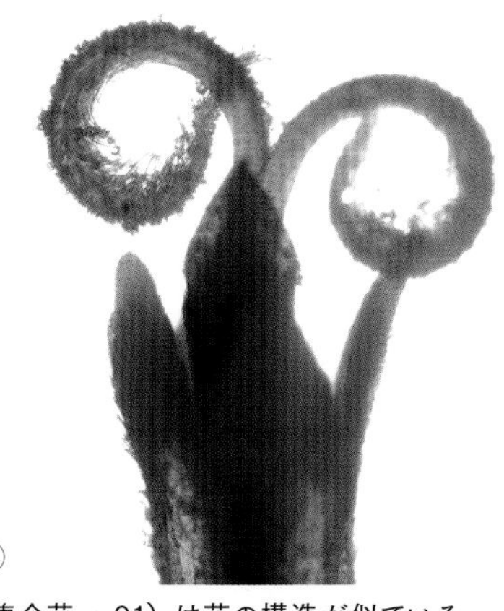

③：スライドガラスにのせた１つの花。キク科（集合花 p.91）は花の構造が似ている。
④：柱頭にたくさんの花粉がついている（40倍）。くるっと曲がった柱頭は２つに分かれ、その分岐点に葯がある。この柱頭に花粉がつくと（受粉）、花粉管が伸び始める。

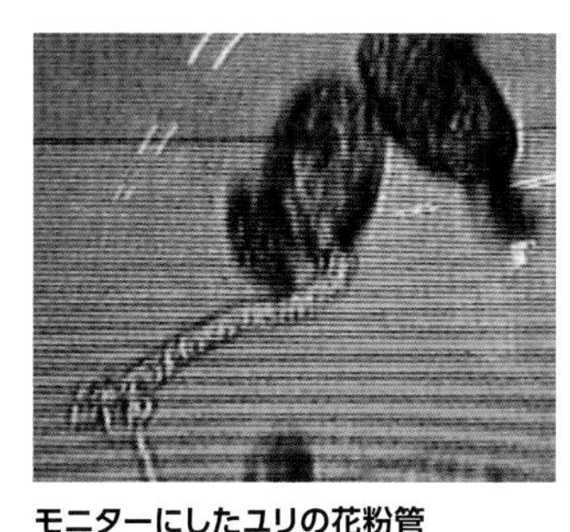

モニターにしたユリの花粉管
花粉管は、無色透明で細長く伸びたもの。

生徒の感想

- たくさんある花粉から無色透明の花粉管を探すのは大変だった。
- 早い花粉は、２分で出てきた。

7 花が種子になるまで

受精と受粉

受　粉	•花粉が柱頭につくこと
受　精	•卵の核と精子の核が合体すること（新しい生命の始まり）

美しい花弁は枯れてなくなりますが、雌しべの根元の膨らみは細胞分裂をくり返し、やがて「種子」や「果実」になります。

(1) 雌しべに卵、雄しべに花粉ができる。
(2) 花粉が雌しべの柱頭につき（受粉）、花粉管が伸びる（p.95）。
(3) 卵の核と花粉の核が合体し（受精）、受精卵ができる。
(4) 胚珠の中の受精卵が細胞分裂して、胚（赤ちゃん）になる。
(5) 胚とそれを取り巻く部分が「種子」になる。

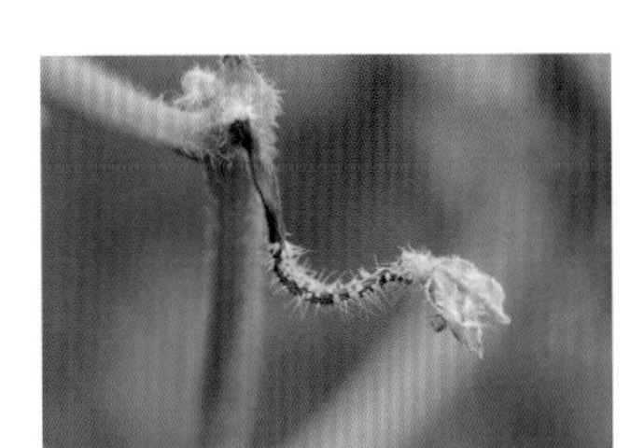

果実ができなかったキュウリの雌花
子房が萎れている。p.97 の写真と比較すること。

受精後の花の各部の変化（被子植物 p.100）

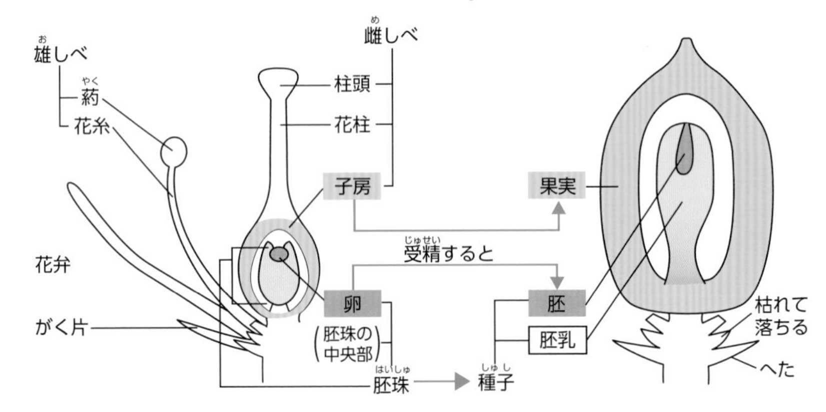

雌しべ	花柱、柱頭	→（脱落する）		
	子　房	（細胞分裂）→		果　実
	胚　珠			種子（胚、胚乳、種皮）
	胚珠の中央部	（受精）→	→	胚　乳
	卵		受精卵 →	胚（子葉、幼根）
雄しべ		→（脱落する）		
花　弁				
がく片		（変形）→		へ　た

スイカの花と果実

オシロイバナの観察

6月頃から赤、白、赤白、黄の花を咲かせ、道端でよく見かけます。黒い果実の中には、白粉のように白い胚乳ができます（写真①、②）。

咲く時期を変えるオシロイバナ
咲き終えた花、膨らみはじめた子房（緑色）、果実（黒）などが見られる。

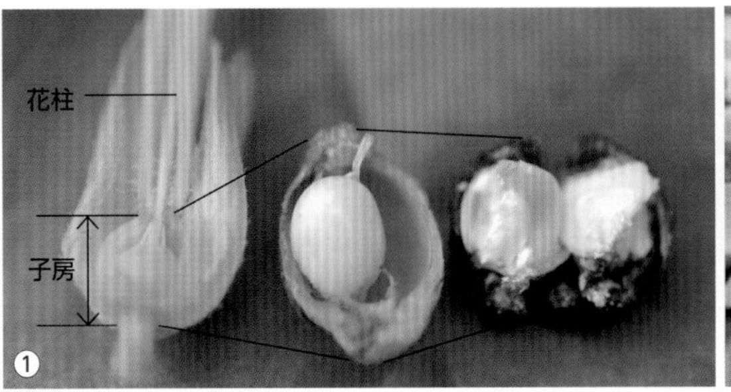

キュウリの子房が成長する様子

ほとんどの植物の花は、1つの花に雌しべと雄しべがある両性花です。しかし、単性花のキュウリは、雌しべだけの「雌花」と雄しべだけの「雄花」を咲かせます。

雌花（子房がある）

＋

雄花（花粉をつくる）

受粉・受精
ただし、食用キュウリは、雌花が未受精のまま成長した単為結果がほとんど。

果実（雌花の子房が成長したもの）

ナス、ミニトマトの花が果実になるまで

ナスやミニトマトは、自然界によくある両性花です。受精が必要ですが、自分の花粉による自家受粉も可能です。自然界では、しばしばある現象です。

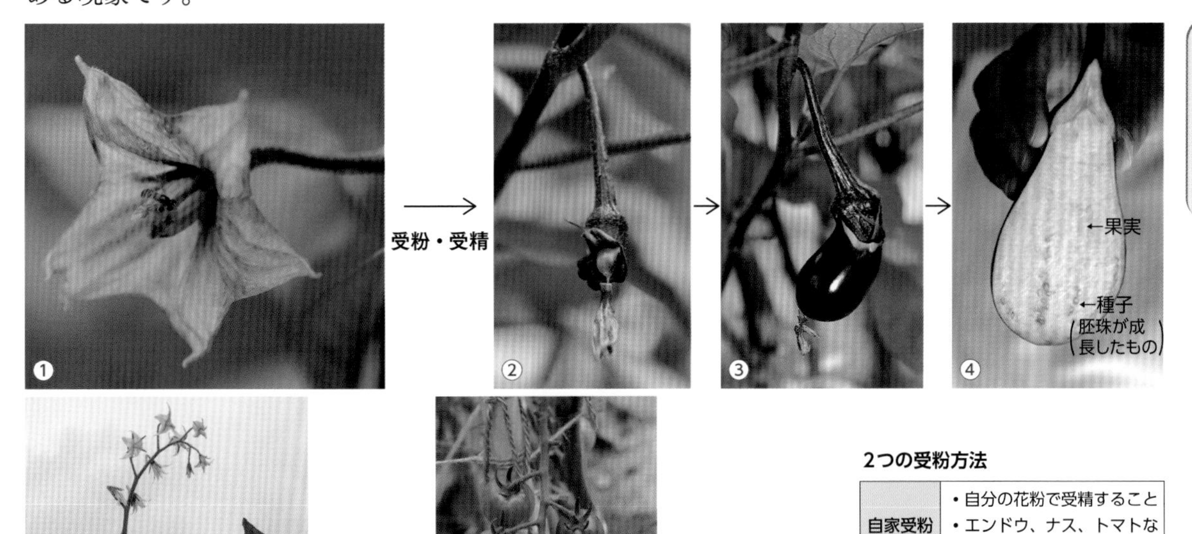

①～④：ナス。紫色の花におびき寄せられた虫。受精後、子房とがく片以外は萎れる。果実を切断すると、たくさんの種子がある。へたはがく片が成長したもの。
⑤、⑥：ミニトマト。黄色い花を咲かせ、一房に複数の果実をつくる。

2つの受粉方法

自家受粉	•自分の花粉で受精すること •エンドウ、ナス、トマトなど多くの両性花
他家受粉	•他の花の花粉で受精すること •キュウリなどの単性花

8 胚（種子、果実）を探そう

準　備

- いろいろな種子
- 包丁やカッターナイフ
- ルーペ
- 光学顕微鏡

生徒が持参した主な種子植物

トマト、ピーマン、オシロイバナ、アサガオ、キュウリ、ナス、ピーナッツ、グレープフルーツ、サクランボ、小鳥のえさ（アワなど）、ヒマワリ、玄米

ヒトが食用にするいろいろな種子

種子（豆）は丸ごと、あるいは、種皮をとって食べる。イネの白米は、種皮と胚をとった胚乳だけのもの。胚芽米（玄米）は胚がついたもの。

種皮のはたらき

種子が硬い種皮に包まれているのは、鳥などに食べられたとき、消化されないようにするため。美味しい果実は、種子を丸ごと食べてもらうためにある。

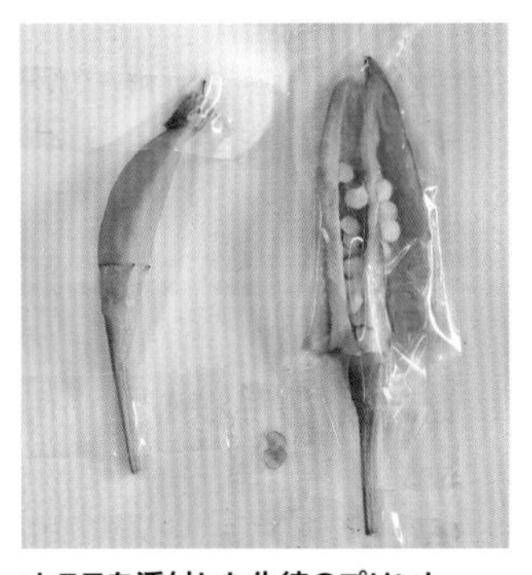

オクラを添付した生徒のプリント

未成熟の子房や萎れた柱頭や雄しべ（左）、果実内の種子（右）がよくわかる。生育不良の茶色い種子もある。

植物の赤ちゃん「胚」を探しましょう。胚は、種子の中にあり、種子は果実の中にあります。ただし、一般にいう果実と植物学の果実は違うことが多いので、注意しましょう。

果実・種子・胚の探し方

いろいろな果物を用意し、包丁でまっ二つに切ります。硬い種子まで気に切れば、その中の胚を観察しやすくなります。果実、種子、胚（受精卵が成長した「赤ちゃん」）の順にあります。

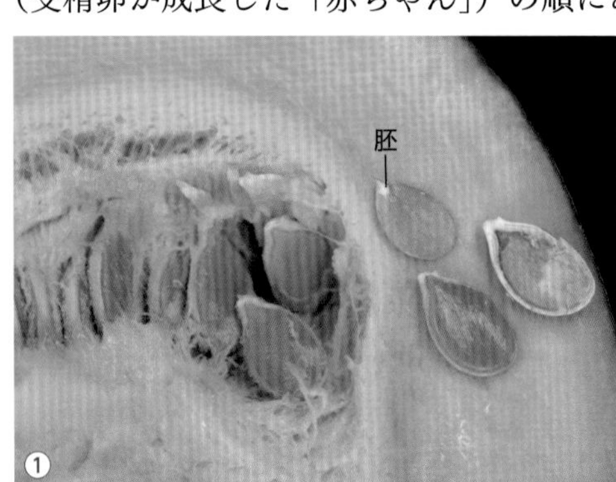

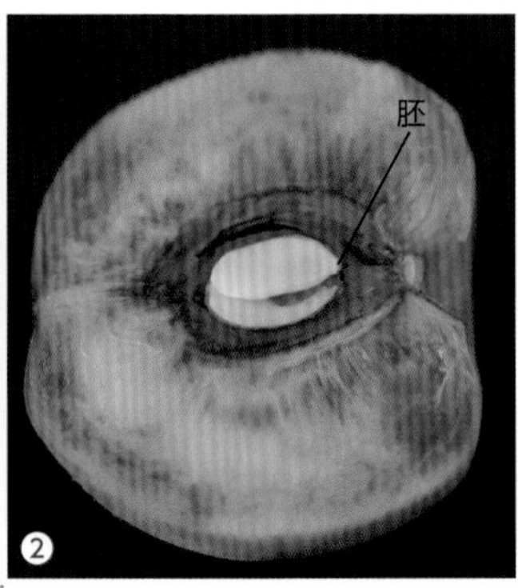

①：カボチャ。果実の中心にたくさんの種子があり、尖った方に小さな「胚」がある。
②：桃の果皮は薄く、果実は甘い。種子は1個だけ。

リンゴの果実と種子

リンゴの果実は、偽果といわれます。なぜなら、私たちが食べている部分は「子房」ではなく、花弁の付け根にあたる「花托」が成長したものだからです。

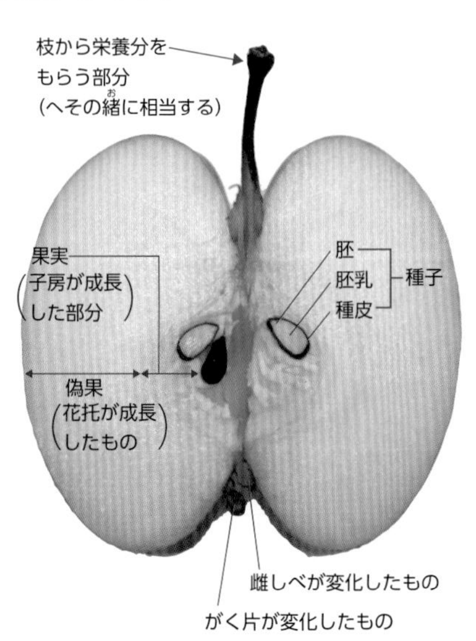

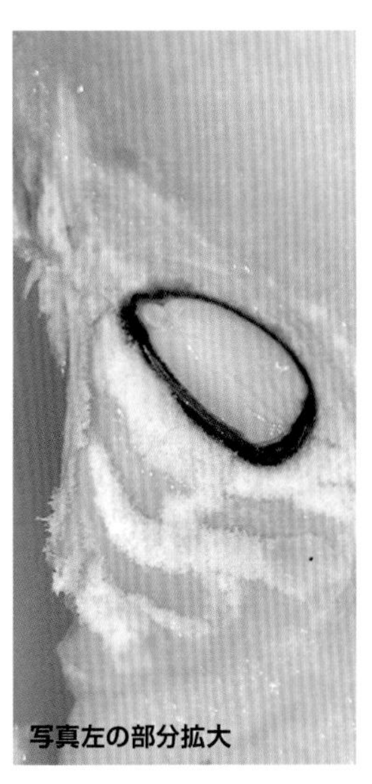

写真左の部分拡大

ウリの果実と種子

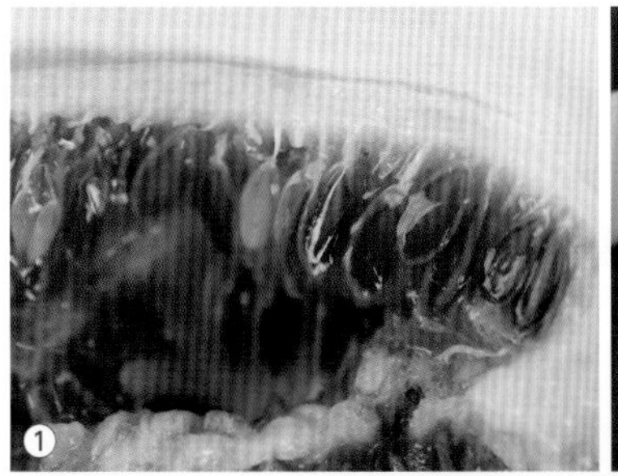

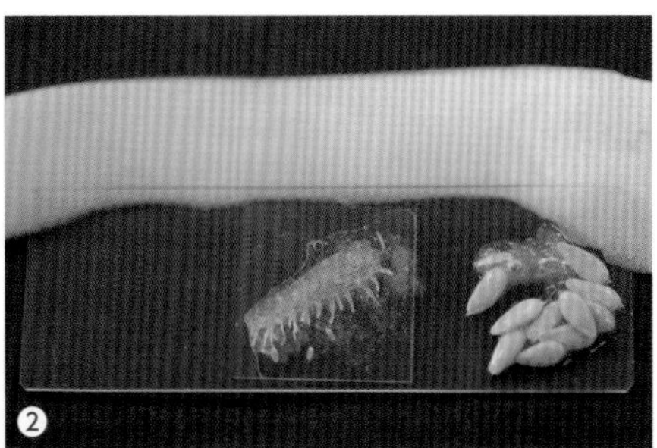

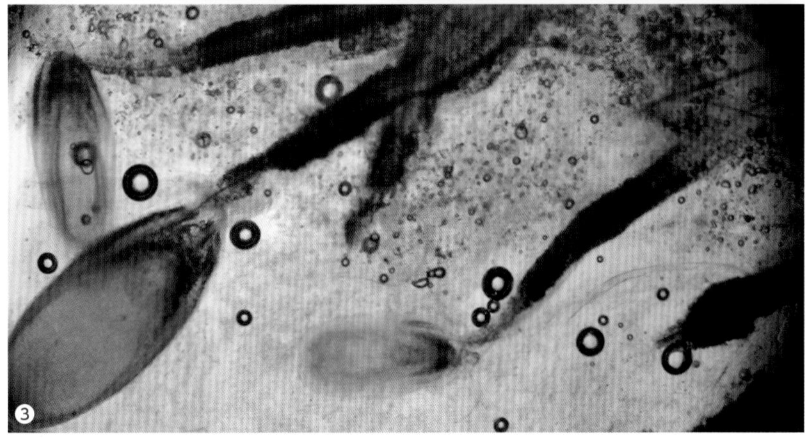

①：包丁で切ると、果実の中央にたくさんの種子が並んでいる。　②：種子の一部をスライドガラスにのせて観察する。なお、顕微鏡を使う場合は、十分に成熟していないものの方が、小さく透明で観察しやすい。　③：40 倍で観察すると、まるで哺乳類の子宮の中で育つ胎児のような種子がわかる。

イチジクの果実と種子と胚

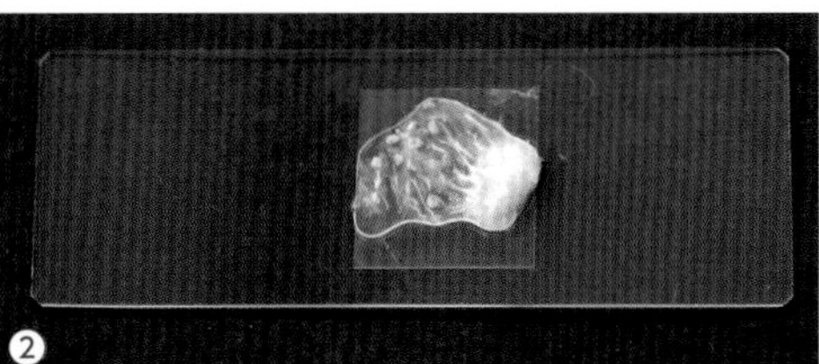

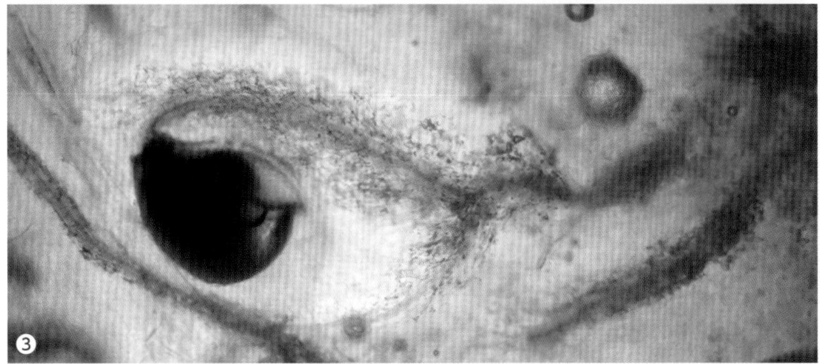

①～③：ウリの果実と同じように、顕微鏡で見ると、ヒトの胎児が「へその緒」を通して栄養分をもらいながら成長していく姿と似ている。

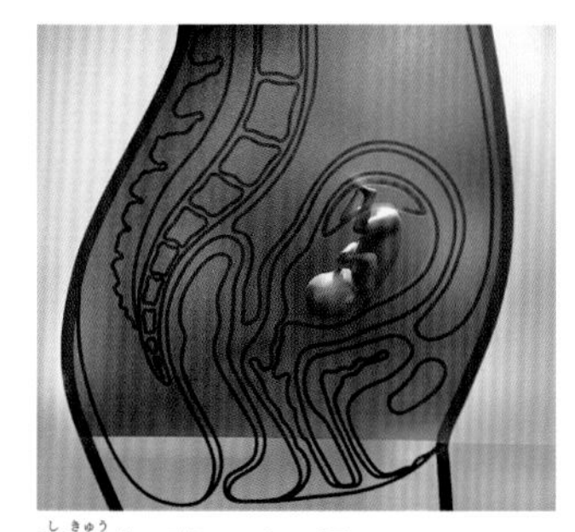

子宮内で育つヒトの胚

哺乳類は、羊水で満たされた子宮内で胚を発生させる（p.114）。

ワンポイント

- 胚は子葉、幼芽、幼根に分けられるが、はっきりわからない場合も多い。
- 枝豆は、未成熟な大豆の種子。食用部分は、緑色の子葉。双子葉植物なので、２つにパカッと分かれる。

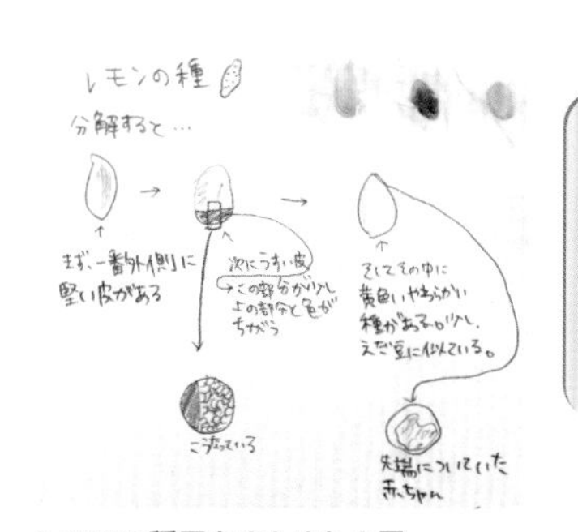

レモンの種子をまとめたA君

生徒の感想

- 果実はおいしかった！　ごちそうさま。
- リンゴの尻についている「毛」は、雄しべや雌しべが枯れたものだった。
- 顕微鏡で見ると、本当に赤ちゃんがいるみたいで神秘的だった。

9 植物の分類

分類の観点と基準
分類するときには、観点とその基準を設定する。例えば、観点「花」には複数の基準「ある・ない」「色、花弁の枚数」「合弁・離弁」などがある。

植物は、光合成によって自分で栄養分をつくる多細胞生物です(p.18)。下表で、水中から進化した歴史、植物と間違えやすい生物を確認しましょう。動物でなければ植物、という考え方からは卒業です。

植物の分類

花・種子	分類名			主な特徴	受精場所	生活場所	つくり
種子植物 花が咲く 種子でふえる	被子植物	双子葉植物	合弁花	• 子房があり、果実ができる • 葉と根による分類 p.144 • 単子葉類の分類 p.145	雌しべの中	いろいろ	複雑 ↑ 単純
			離弁花				
		単子葉植物					
	裸子植物			• 胚珠があり、種子ができる	体内（花の中）	陸上 ↑ 水中	
花が咲かない **胞子**でふえる	シダ植物			• 地下茎、前葉体がある • 維管束がある（陸上生活）	体外 （精子が水中を泳ぐ）		
	コケ植物			• 仮根がある（定住生活） • 雌株と雄株がある			
	藻類			• 水中生活（定住、浮遊） • 胞子、分裂などでふえる			

植物、および、植物と間違えやすい生物

生物	多細胞	生産者	植物	合弁花類	• ツツジ（p.89）、タンポポ（p.90）、アサガオ	
				離弁花類	• オオカナダモ、エンドウ、サクラ、ハコベ	
				単子葉植物	• チューリップ（p.88）、ユリ（p.94）、イネ、トウモロコシ	
				裸子植物	• マツ（p.102）、イチョウ（p.101）、ソテツ、メタセコイア	
				シダ植物	• ワラビ（p.104）、ゼンマイ、スギナ	
				コケ植物	• スギゴケ、ゼニゴケ（p.106）	
				藻類	• ワカメ（p.108）、コンブ	
		消費者	動物		**• 他の生物を食べなければ死ぬ生物**	第4章
			菌		**• 菌糸からできている高度に進化した生物** （マツタケ、アオカビ、ミズカビ）	p.134-136
	単細胞	分解者が多い	原生生物		• 単細胞生物の中で葉緑体をもつもの （ミカヅキモ、アオミドロ、ミドリムシ）	p.12-13
			細菌		• 乳酸菌、納豆菌、大腸菌、空中窒素固定細菌	p.152
非生物					**ウイルス**（インフルエンザ、エイズ、SARS-CoV-2）	p.9

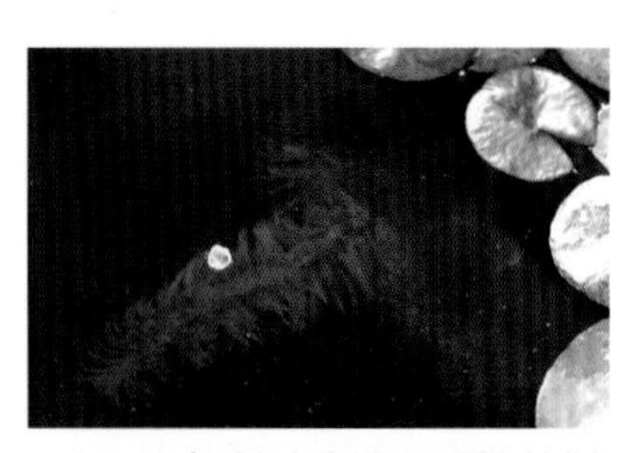
オオカナダモ(水中生活する種子植物)
被子植物＞双子葉類＞離弁花類。白い花を咲かせる。

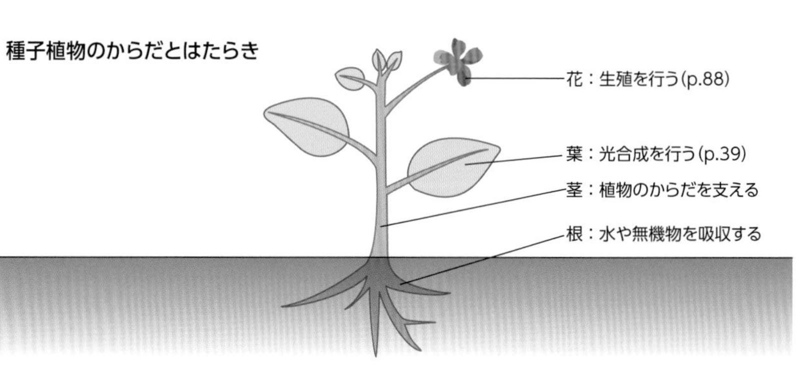

10 子房がない種子植物「裸子植物」

裸子植物は、果実がない裸の種子をつくります。実は、裸子植物には花弁やがく片がないものが多く、いくつかの国は「花が咲かない植物」として分類しています。中学で覚えたい裸子植物は、マツ（p.102）、イチョウ、ソテツ、スギ、メタセコイアです。原始的な植物ですが、現存する種は優れた適応能力をもっているといえます。

生徒の感想

- 裸の種子って何？
- 裸子植物は原始的だから裸。
- ギンナンはかぶれるよ。

イチョウの観察

原始的な植物であることは、特徴ある葉の形からも分かります（p.145）。子房がなく果実ができないので、胚乳（ギンナン）を食べます。

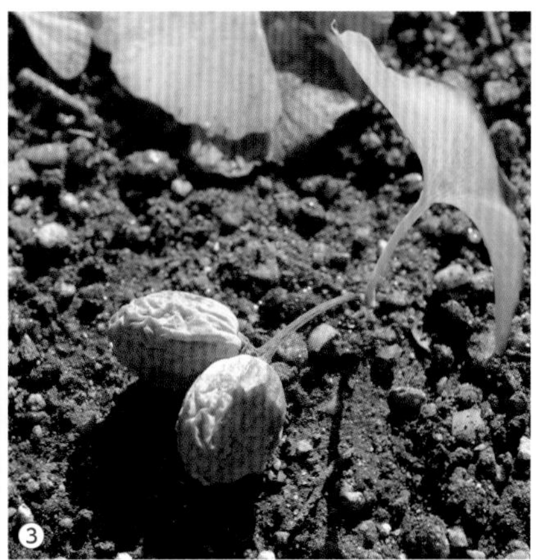

①：開放系の葉。　②：紅葉したイチョウ。　③：ぶよぶよの部分は種皮の外層。

メタセコイア（スギ科）の観察

とても美しい円錐形の形になるので、広い敷地がある場所によく見られます。春に花を咲かせ、晩秋にマツと同じような「松かさ（写真③）」をつけます。アケボノスギ、イチイヒノキともいいます。

①：新緑の頃。　②：一斉に花をつける。　③：茶色い「松かさ」が見える。

メタセコイアの化石（新生代新第３期の地層から発見されたもの）

中国の四川省の山奥で発見された当時は、「生きた化石」として話題になった。
※裸子植物>マツ>ヒノキ>スギ科>メタセコイア

11 マツの花と種子の観察

準　備

- マツの雄花、雌花
- 松かさ
- ピンセット、カッター、ルーペ

飛ばなかった種子を探す生徒
松かさ（2年前の雌花）の中には、未成熟だったり飛ばなかったりした種子が入っている。種子は羽根をもち、1つのかさに2つできる。

種子の運ばれ方
(1) 動物に果実を食べさせ運ばせる
(2) 動物のからだに付着する
(3) 風で飛ぶ（マツ、カエデ）
※花粉の運ばれ方 p.94 欄外
(4) 水に流される（ヤシ）
(5) 弾け飛ぶ（シダは胞子を飛ばす）

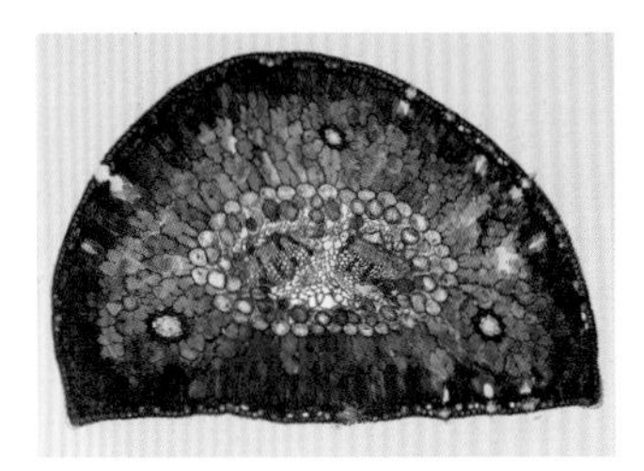

マツの葉の断面（100倍）
マツの樹脂（松脂）は樹脂道を通る。

生徒の感想

- 雄花についていた白い粉が花粉だった。そして、受精から赤ちゃんができるまでが人間より長い。
- マツからヤニが出てきて、手がべたべたになった。
- 鱗片は魚の鱗みたい。

マツの花は4月頃から咲き始めますが、目立ちません。花粉を風にのせて運ぶ風媒花なので、昆虫や動物をひきつけるための花弁がないからです。また、受精卵が胚（赤ちゃん p.114）になるまで1年半必要です。ハツカネズミの20日、ヒトの10か月10日と比べて長いのは、進化の速度が遅いことが原因の１つであると考えられています。

マツの花の探し方

春になったら、毎日マツの枝先を観察してください。尖った細い葉とは違うものが伸びてきます。初めに緑色の雄花（枯れると茶色）、さらに伸びると、先端に赤っぽい色をした雌花ができます。

①、②：春は花、他の季節（②）は成長して大きくなった雌花やまつかさを探す。は雌花を探す。　③：1年前の雌花、2年前の雌花。

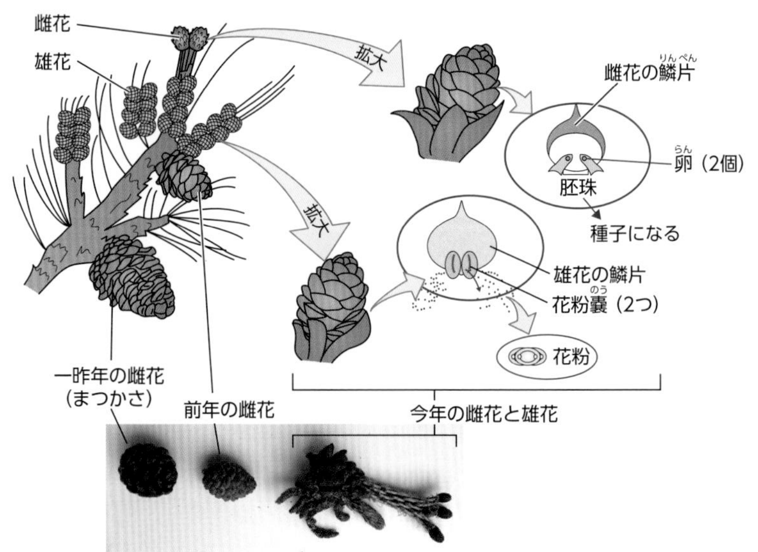

雌花の観察

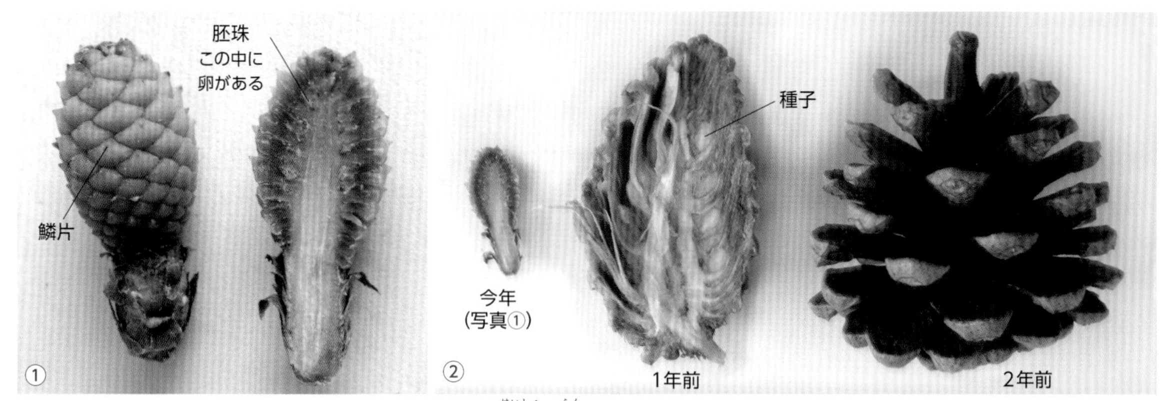

①：雌花を縦に切断する。密集した鱗片、1枚の鱗片の胚珠(はいしゅ)と卵(らん)を観察する。
②：雌花の成長。左から今年、1年前、2年前（松かさ、球果(きゅうか)、松ぼっくり）。※春に受精、翌年秋に成熟する。乾燥すると鱗片が開き、風に乗って種子が飛ぶ。

雄花の観察

①：黄緑色の若い雄花の集まり（雌花は、雄花より遅い）。　②：成熟した雄花（鱗片の集まり）。　③：鱗片。2つの花粉嚢から出た花粉（40倍）。　④：花粉（400倍）

コノテガシワの種子

5月上旬、校内の裸子植物コノテガシワが実のようなものをつけました。カッターで切断すると、その中に種子があります。その構造はマツと同じで、実のようなものは果実ではないことがわかります。

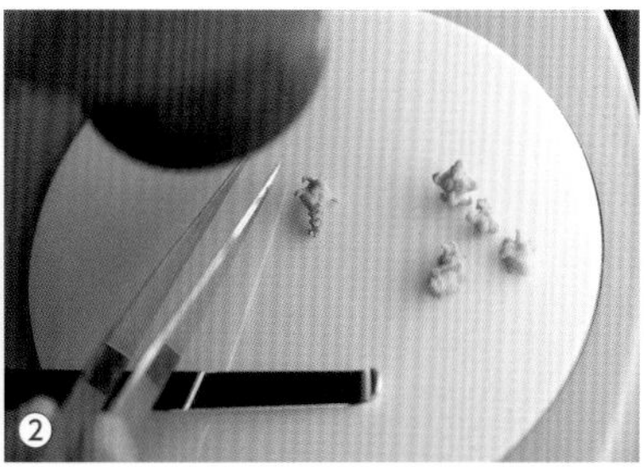

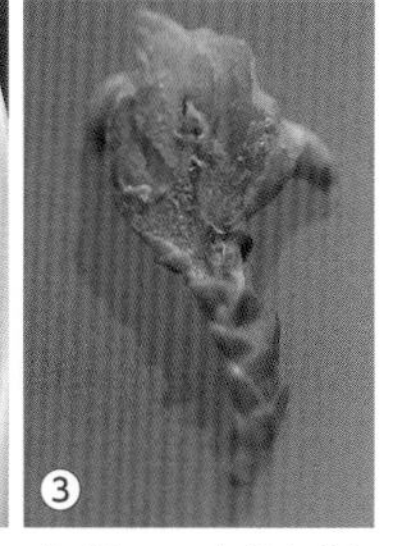

①：近寄ると不思議な形をした白い胚珠がある。　②：カッターナイフで切断し、内部を調べる。　③：マツの胚珠とよく似た構造が観察できる。

コノテガシワ（裸子植物）
校舎南側に植えられたコノテガシワ。

生徒の感想

・花じゃないと思っていたけれど、中に赤ちゃん（胚）がいた。

12 花が咲かない植物「シダ植物」

シダ植物は、花が咲かない葉っぱだけに見える植物です。種子ではなく胞子をつくってふえ、根・茎・葉や維管束があり、p.106で調べる「コケ植物」より乾燥に耐えます。前葉体も特徴的です。

準　備

- シダ植物
  (葉の裏側を見て、ぽつぽつができているものを採取する)
- ルーペ
- ドライヤー
- 顕微鏡セット

シダ植物の分類

シダ類	・ワラビ、ノキシノブ
トクサ類	・スギナ (小さい頃：つくし)
その他	・マツバラン類、ヒカゲノカズラ類など

シダ植物の探し方

ほとんど太陽が当たらない場所、日陰で湿ったところを探せば、意外なところで発見できます。比較的大きな植物です。

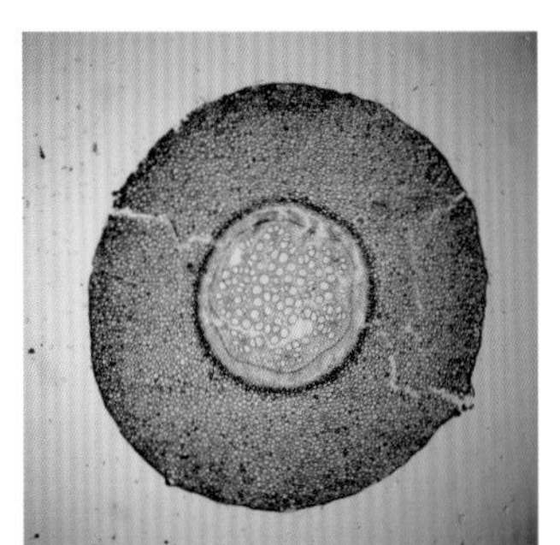

ウラジロ（シダ類）の地下茎
市販プレパラートを40倍で観察したもの。

①〜③：木に付着して生活していた「ノキシノブ」。葉の裏に胞子ができている。
④、⑤：学校の排水溝で見つけたシダ。その根元を注意深く見ると、ハート形をした前葉体がある。採取し、茶碗の中で育てると面白い。

根・茎・葉の観察

シダ植物には、根・茎・葉があります。左の模式図を見てください。地上に出ている部分は葉、茎のように見えるものは葉柄という葉の部分です。茎は地下にあるので地下茎といい、地下茎を伸ばして大きくなることもできます。根は、地下茎から生えています。なお、葉は模式図の黄や青の矢印のように、１枚の葉が何回かくり返し切れ込んでいった、と考えることができます。

葉
葉柄
地下茎
根

シダ植物の模式図

胞子嚢（のう）の集まり、胞子嚢、胞子の観察

葉の裏側にあるボツボツは「胞子嚢の集まり」です。それをルーペで見ると茶色い「胞子嚢」、その中に生殖細胞「胞子」が見えます。授業では、観察中に乾燥した胞子嚢から胞子が弾け、「わあ、すごい！」と歓声が上がりました。ドライヤーを使ってもよいでしょう。

①、②：葉の裏側を見て、「胞子嚢の集まり」ができているものを採取する。
③～⑤：ルーペや双眼実体顕微鏡で観察する。⑤は、胞子嚢から飛び出した胞子。

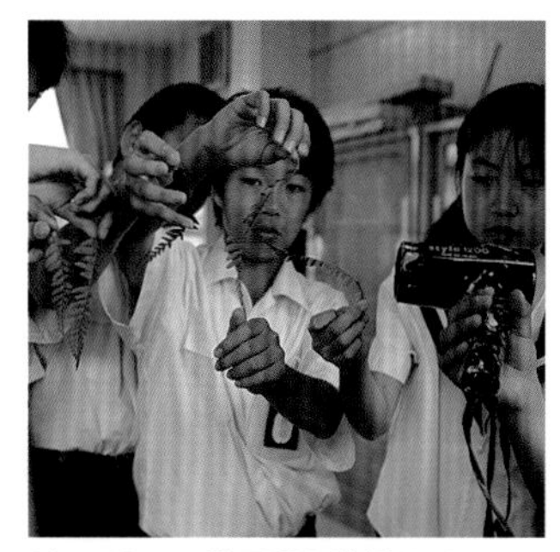

ドライヤーで胞子嚢を乾燥させる
胞子嚢の一部がそり返ったら、各自の席で観察する。左の写真②は、すぐにでも弾け始める状態。

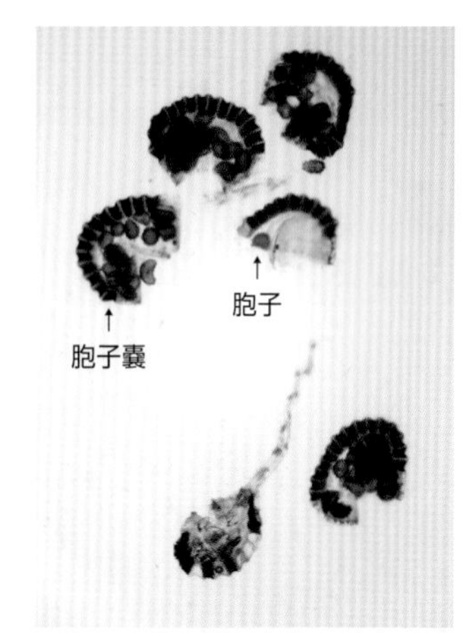

ベニシダの胞子嚢、胞子（40倍）
市販プレパラートを観察したもの。

前葉体のポイント

- 大きさは、小指の爪ぐらい。（1cm×1cm）
- 上部に造卵器（卵子）、下部に造精器（精子）ができる。
- 雨の日、精子が泳いで受精する。

シダ植物の生活環と前葉体（有性生殖）

ポイントは、胞子が発芽（分裂）してできたハート形の前葉体です。そこには、卵をつくる造卵器と精子をつくる造精器、仮根があります。

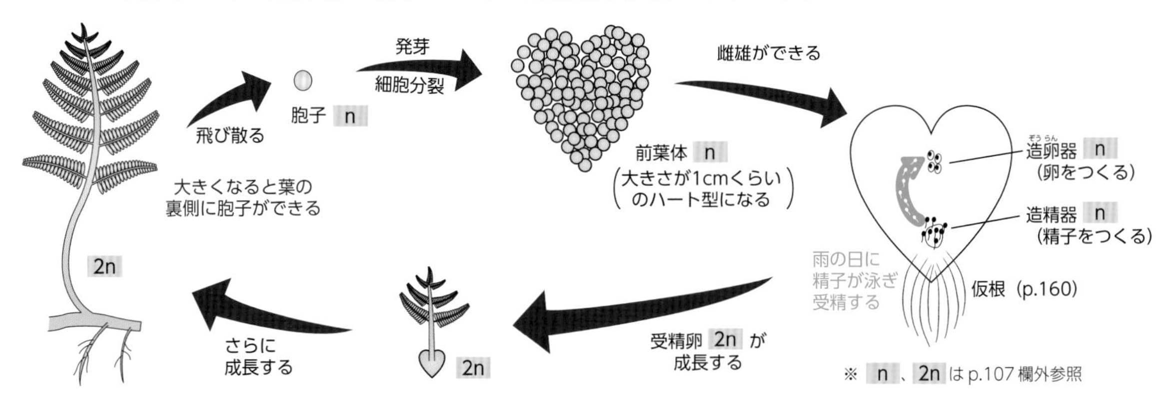

13 根がない植物「コケ植物」

コケ植物は、湿ったところで生活します。根・茎・葉の区別がなく、花も咲きません。春に観察できる花のような部分は胞子嚢で、その中にたくさんある胞子が発芽してふえます。

準　備

- いろいろなコケ植物
- ルーペ、顕微鏡

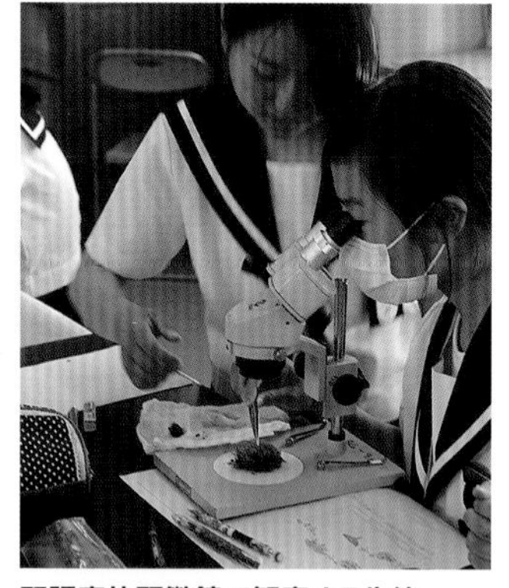

双眼実体顕微鏡で観察する生徒

コケ植物の分類

鮮　類	・垂直に立つスギゴケ
苔　類	・横に広がる ・ゼニゴケ
その他	・ツノゴケ

コケ植物の特徴のまとめ

(1) 根・茎・葉の区別がない
(2) 維管束がない
(3) 湿った場所で生活する
(4) 精子は水中を泳ぐ
(5) 雌株と雄株がある
(6) 胞子によってふえる

コケ植物の探し方

直射日光が当たらない、湿った場所を探しましょう。地面、岩、樹木に付着するようにして生活しています。

①、②：道端で見つけたコケ植物（鮮類）。　③、④：よく見ると、1～2cm 垂直に立っている部分がある。これは胞子が入った胞子嚢で、キャップのような先端部が取れると、中から無数の胞子が飛び散る。

ゼニゴケ（苔類）のからだの観察

ゼニゴケは、横に広がるコケ植物です。詳しく観察しても、特別なつくりがありません。ただし、春になると雄株と雌株ができます。

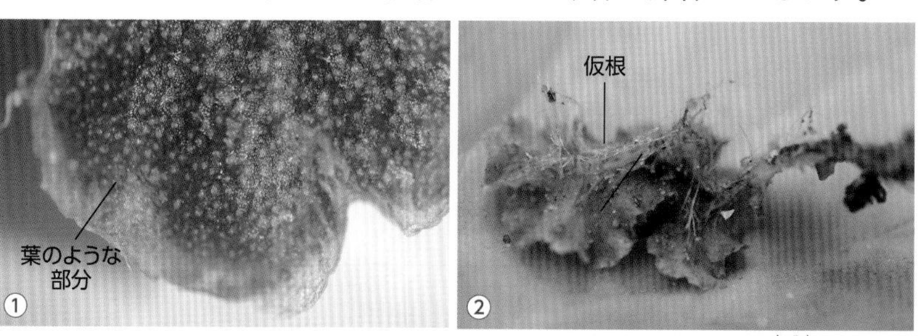

①、②：葉のような部分の裏には、からだを固定するだけで水を吸収できない仮根がある。維管束がないので、水や養分はすべての細胞が直接吸収する。

無性芽

ゼニゴケの無性芽による無性生殖

卵と精子による有性生殖ではなく、お椀のような形をしたところで自分と同じ遺伝子をもった子孫（クローン）をつくることもある。

ゼニゴケの造卵器と造精器の観察

4月～6月になると、コケは有性生殖を行うための特別な器官をつくります。雌株と雄株です。雨が降ると、雄株から精子が泳ぎ出し、卵と合体します。受精卵はやがて胞子嚢をつくり、胞子ができます。

①：雌株と雄株。無性芽も見られる。　②：雄株。傘のような部分の上部に、凸凹した精子をつくる部分が見える。　③、④：雌株。その裏を見ると胞子嚢や胞子がある。

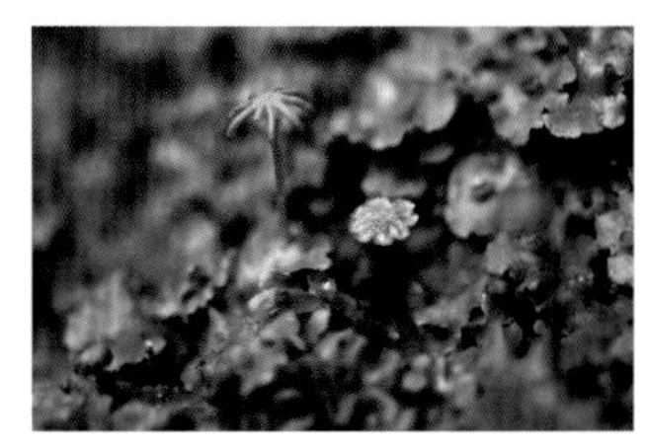

6月のゼニゴケ
梅雨の季節は、1年のうちで、もっとも生き生きとした表情を見せる。

コケ植物の秘密

染色体数（p.116）を調べると、コケは、ヒトの卵や精子が大きくなったようなものであることがわかっている。染色体数が **2n**（通常の数）なのは、雌株の先端の受精卵が胞子嚢になるまで。その胞子嚢がつくる胞子の染色体数は半数 **n** になり、胞子が成長したものが、いつも見ているコケ。

また、シダの胞子 **n** は発芽して前葉体 **n** になり、そこで卵 **n** と精子 **n** をつくり、受精卵 **2n** になる。受精卵が成長したものが、いつも見ているシダ植物。ほとんどの種子植物はシダ植物と同じく、受精卵が成長したもの。

生徒の感想

- コケは植物じゃないと思っていたら、光合成したり雌雄があったりした。

コケ植物の生活環（有性生殖）

若い雌株と雄株は同じように見えますが、しばらくすると雌株の裏側の受精卵が成長して胞子体（胞子嚢）になり、胞子をつくります。

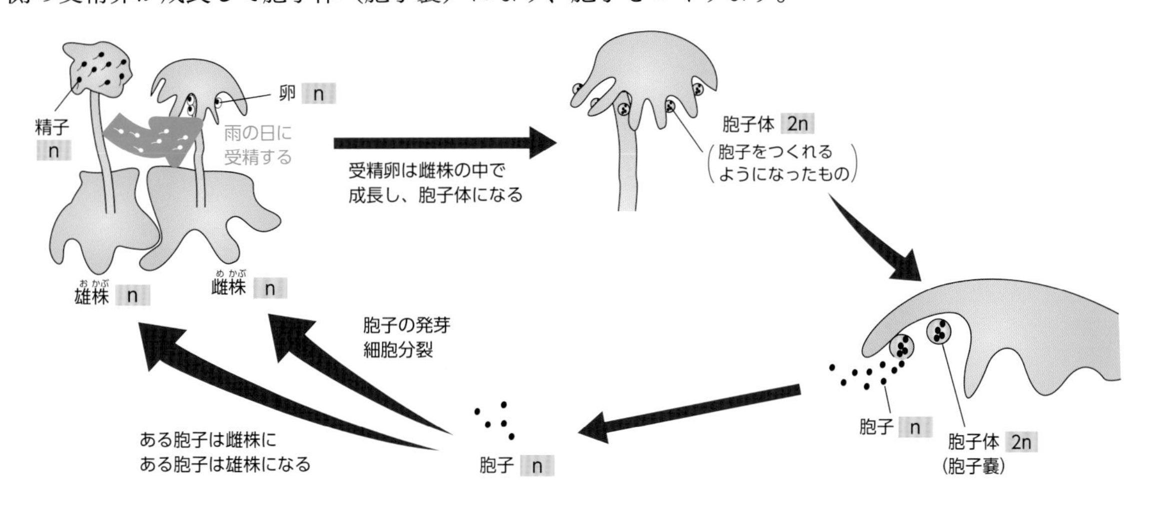

14 水中で生活する植物「藻類」

水中で生活する植物を藻類といいます。海に住む藻類のワカメ、コンブ、ヒジキなどは栄養分が豊かな食品として私たちの食卓に上ります。藻類のほとんどは、胞子をつくってふえます。

準　備

- いろいろな藻類
- ルーペ
- 顕微鏡セット

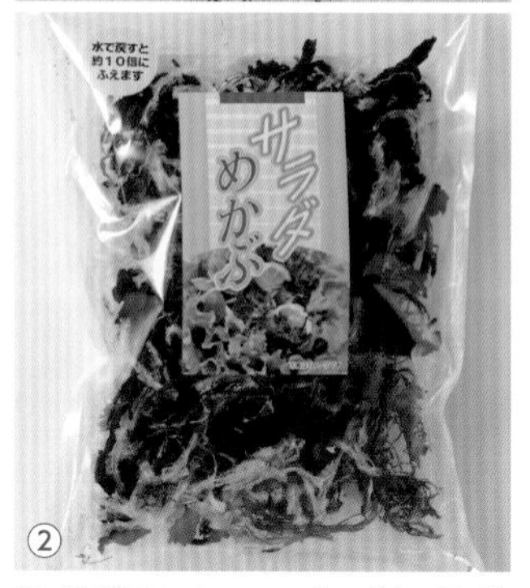

①：乾燥ワカメ、コンブ、ノリ　②：乾燥海藻　季節になると市場にたくさん並ぶのは、陸上の植物と同じ。この袋にはアカトサカ、アカカエデノリ、ワカメ、コンブ、などが入る（写真①、②）。

■ 藻類の顕微鏡観察

藻類は簡単なつくりです。市販の海藻を水で戻してみましょう。顕微鏡で拡大しても単純、特別な器官がないことが特徴です。

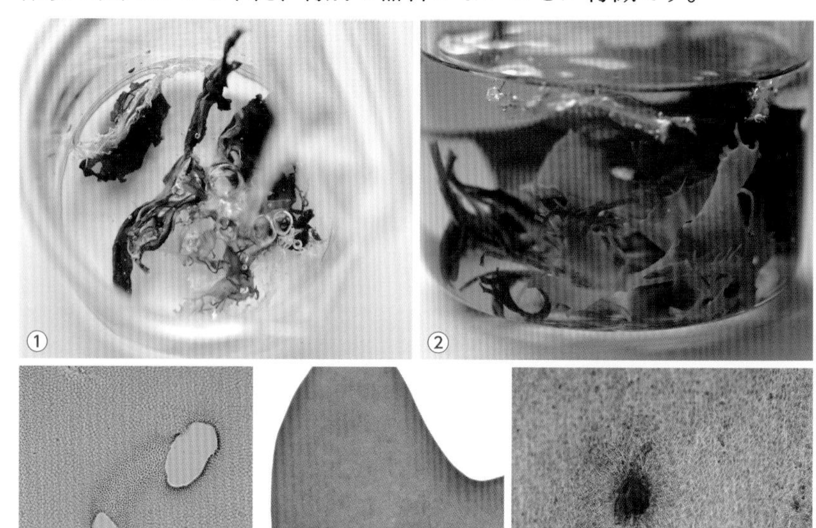

①、②：ごく少量の海藻に水を注ぎ、10分ほど待つ（約10倍の大きさにふくらむ）。　③：アオサ（100倍）。　④：アカカエデノリ（40倍）。　⑤：ワカメ（100倍）。

藻類の特徴

(1) 海、池、湖などで水中生活する
(2) からだの全体のつくりが単純
(3) 維管束（p.143）がない
(4) 紅色や褐色の葉緑体をもつ藻類もある
(5) 胞子でふえる
(6) 精子が水中を泳いで受精する

■ 知多半島（愛知県）の海辺で見つけた海藻

海岸にはたくさんの海藻が打ち上げられています。色や形などの特徴ごとに並べてみましょう。その種類の多さに驚くでしょう。

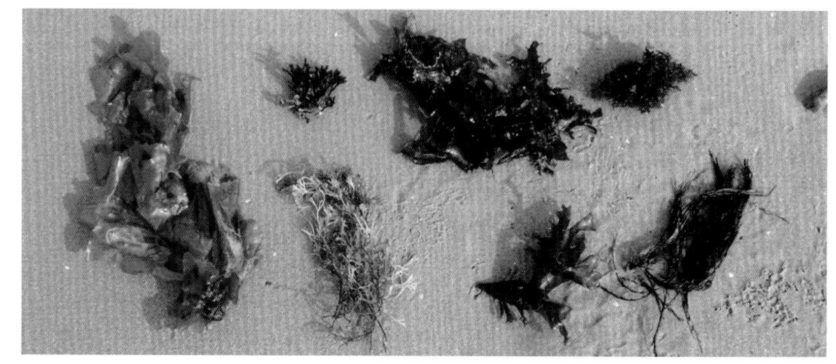

時間がたつと色素が分解して、最終的にはほぼ無色透明になる。

生徒の感想

- 乾燥ワカメを水で戻すと予想外に大きくなるので驚いた。
- 遊走子があるそうだけれど、観察できないだろうな。
- めかぶは栄養があっておいしいよ。

藻類の生活環

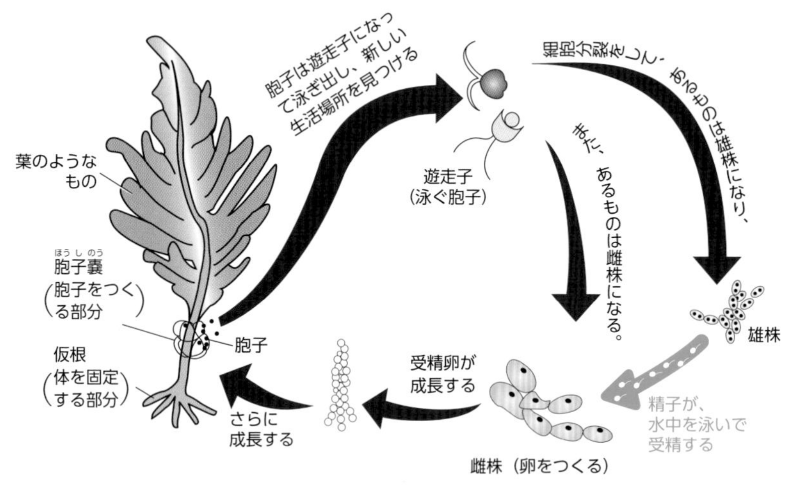

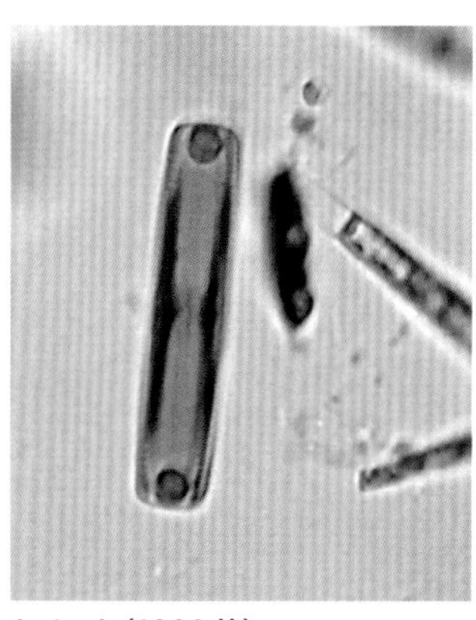

ケイソウ（1000 倍）
葉緑体で光合成しながら水中生活する単細胞生物（藻類ではない p.150）。

乾燥ワカメの和布蕪（胞子嚢、胞子をつくるところ）

葉緑体による藻類の分類

藻類は色によって分類できます。海が深くなると、利用できる光の色（波長）と葉緑体に含まれる光合成色素（クロロフィルやカロテンなど）が変わるからです。そして、水深 40 m 以上になると光が不足して、生育できなくなります。

ニンジンの赤い色素カロテン
光合成には、たくさんの酵素や色素が関係している。カロテンはその1つで、たくさんの種類がある。ニンジンの赤い色のもとでもある。

緑　藻 緑色の葉緑体（水深 0 ～ 3m）	紅　藻 紅色の葉緑体（水深 1 ～ 20m）	褐　藻 褐色の葉緑体（水深 2 ～ 40m）
ミル（上）、アオノリ、アオクサ	ヒラクサ（上）※、アマノリ＝浅草ノリ、テングサ	ヒジキ（上）※、ウミウチワ、ホンダワラ、マコンブ、ワカメ
アナアオサの生育場所※	マクサの生育場所※	ウミウチワの生育場所※

（※写真：千葉大学海洋バイオシステム研究センター銚子実験場）

第6章 生命の連続性

これまでに2つの生命活動「代射（エネルギーを使って物質を交換すること）」と「恒常性の維持（いつもの状態を保つこと）」を調べてきました。これらは自分を若々しく維持しようとする活動です。しかし、ある生物が永遠に生き続けることは不可能です。第6章では、この問題を解決する第3の生命活動「連続性」を調べます。まず､個体の死について。次に、自分自身を複製する無性生殖、新しい可能性を求める有性生殖。キーワードは核酸（DNA、遺伝子、染色体）です。

細胞が死ぬ2つの方法

ネクローシス	アポトーシス
・火傷などによる事故死	・遺伝子による細胞の自殺。ヒトの場合、細胞が分裂するたびに核酸の端が短くなり､約80回で分裂できなくなることが報告されている

1 死、そして新しい個体の誕生

細胞レベルでは､古い細胞と新しい細胞の交換は死ぬまで続きます。成長が止まった大人でも細胞分裂はくり返され、平均すると数か月で全細胞が入れ替わります。物質レベルで生まれ変わった！と考えることもできます。しかし、生物は時間の流れに勝てません。細胞の交換や補修には限界があります。環境の変化も大きな問題です。この難問を解決するために、生物は自らの死を選び、そして、新しい子孫をつくる「生殖」を行うようになった、と考えることもできます。

ヒトの手の水かき
アポトーシスの例。ヒトの指は、それらの間の細胞が自殺することによって分離する。

1個の細胞が死ぬことの意味

単細胞生物	多細胞生物
・その個体にとって、細胞死はすべての終焉を意味する ・目的はない	・積極的な生命活動であり、個体としては若返る、と考えることもできる

※多細胞生物の死を決定することは難しい。例えば､もぎたての新鮮なフルーツや魚の刺身は、細胞レベルでは生きている。また、医師に「ご臨終」を宣告されても､すべての細胞が死ぬまでには時間がかかる。

死んだゾウ　ゾウは自らの死期を知るといわれる。しかし、ナミビアで筆者が出会ったゾウは若く、仲間との縄張り争いに負けた個体だった。

2 無性生殖

単純に子孫を残すだけなら、単独で生殖できる無性生殖が有利です。簡単、省エネルギーでふやせるからです。ゾウリムシなど単細胞生物はもちろん、多細胞生物でも無性生殖でふえるものがいます。できた個体は100％同じ遺伝子をもつクローンです。

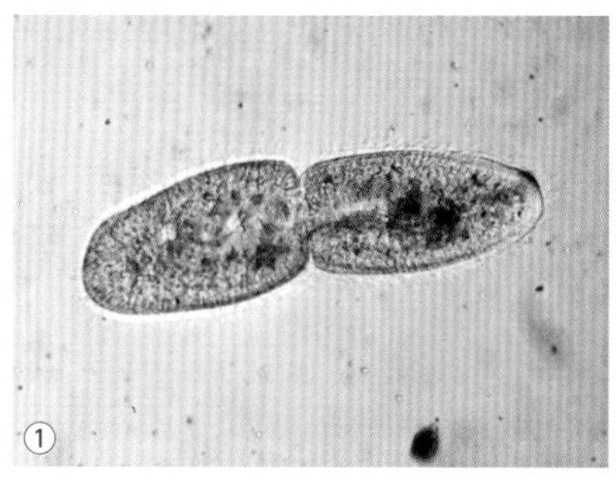

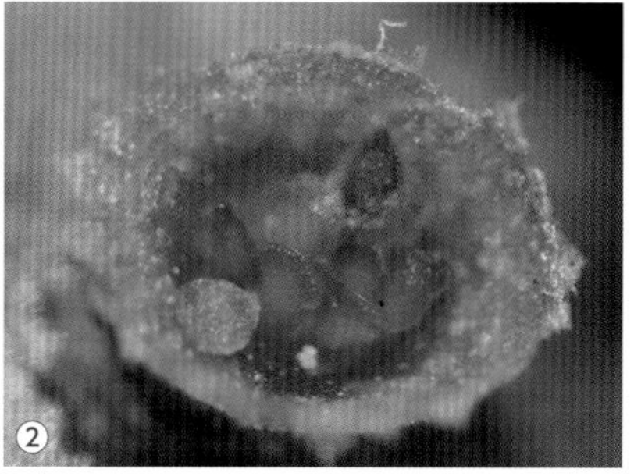

①：**ゾウリムシの分裂**（写真：法政大学 月井雄二）　②：**ゼニゴケの無性芽**（p.106）

ゾウリムシの核交換（接合）、ヒドラの出芽

ゾウリムシは二分裂でふえます。しかし、生活環境が悪くなると2つの個体がくっつき、核を半分ずつ交換し合います。新しい遺伝子の組み合わせをつくり、種として生き残ろうとするのです。

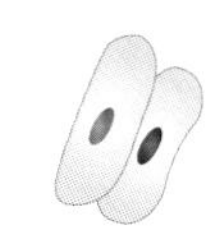

①接合の準備をする

減数分裂（p.115）→

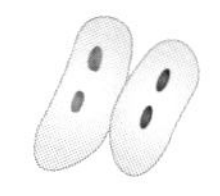

②核が2つになる

→

③核を交換する

→

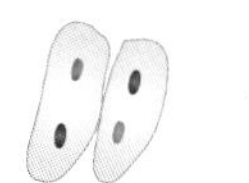

④新しい形質をもった ゾウリムシになる

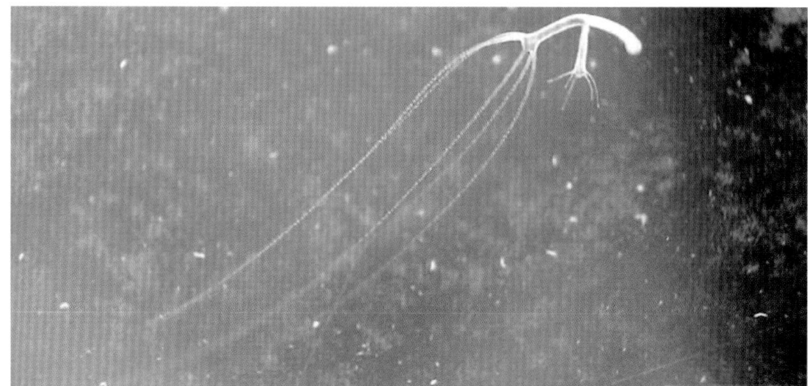

ヒドラ（刺胞動物 p.150）の出芽
ヒドラは自分と全く同じ形質をもった子を出芽させる。まるで、自分の腕から自分の子を芽吹かせるようなもの。
（写真：京都市青少年科学センター）

いろいろな無性生殖

単細胞	(1) 分裂（二分裂、複分裂） (2) 出芽（酵母） (3) 胞子（菌類）
動　物	(1) 体の分裂、出芽 (2) 分かれた一部の再生
植　物	(1) 栄養（地下茎、塊根） (2) さし木、接木、株分け、挿し穂など

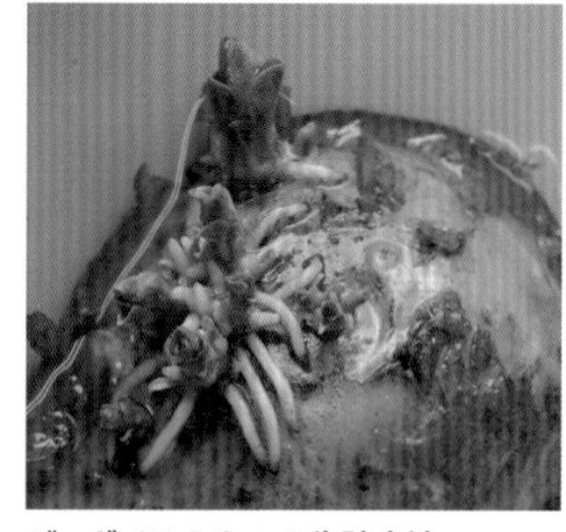

ジャガイモの2つの生殖方法
春夏は花を咲かせて有性生殖、秋は地下茎に栄養を貯めて無性生殖（栄養生殖）の準備をする。

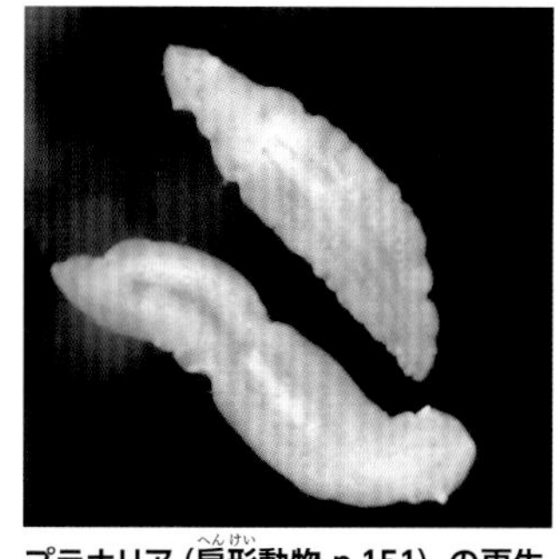

プラナリア（扁形動物 p.151）の再生
体の一部が切れると、それが完全な個体（クローン）になるまで再生する。

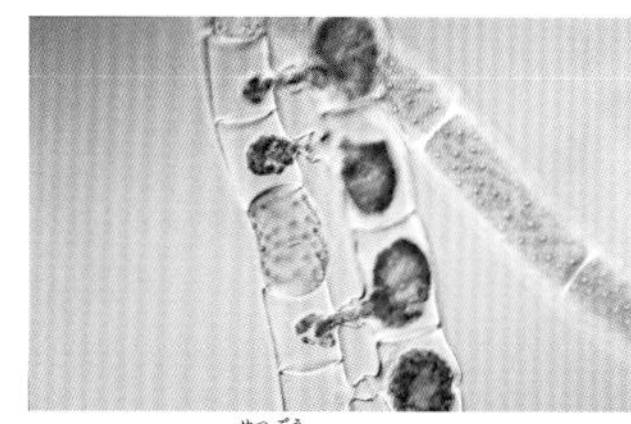

アオミドロの接合
通常は細胞分裂で増えるが、2つが接合して一方の細胞質を他方へ流し込み、接合胞子をつくることがある。（写真：法政大学 月井雄二）

3 受精による有性生殖

花は種子植物の生殖器官

雌しべと雄しべは、動物の雌と雄に当たる（p.88）。新しい生命は2つの核の合体（受精 p.96）から始まる。写真はハイビスカス。

ほとんどの生物は受精による有性生殖を行います。それは雌雄が協力して新しい形質（形や性質）の子をつくることで、生活場所を広げたり新しい環境に適応したりする結果につながります。したがって、植物が大量の花粉を飛ばしたり、動物であるヒトが強く美しく、自分とは違う形質をもった異性に惹かれるのは自然なことです。

ゾウ（雄）の外部生殖器官

血液量によって大きさが自在に変わる。

ヒトの生殖器官の構造とはたらき

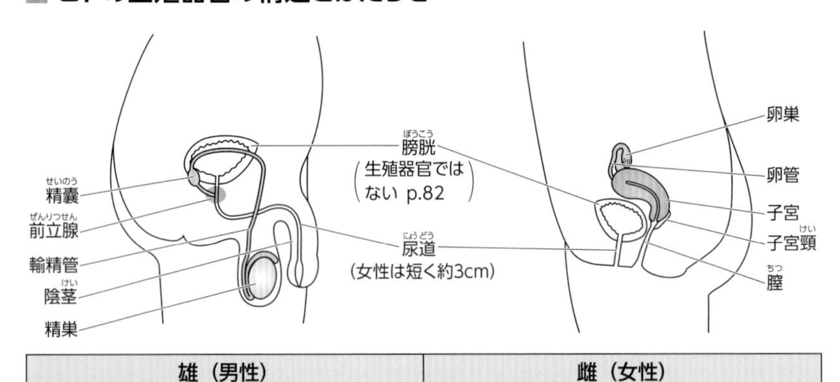

雄（男性）	雌（女性）
精巣：生殖細胞（精子）、男性ホルモン（アンドロゲン）をつくる。 陰嚢：精巣2個が入る袋。 精嚢：精子をためておく袋。 ※体内にある袋を嚢といい、生物でよく使う。胆嚢、胞子嚢など。 陰茎：性交のとき、女性の膣に挿入する。 尿道：尿と精液が通る管。	卵巣：生殖細胞（卵）、卵胞ホルモンと黄体ホルモンをつくる。 卵管：卵巣と子宮をつなぐ管で、卵子が受精する場所。 子宮：受精卵を育てる場所。 膣：性交のとき、精子を受ける部分（受精は卵管内）。出産のときの産道。 乳房：出産後、乳をつくる。

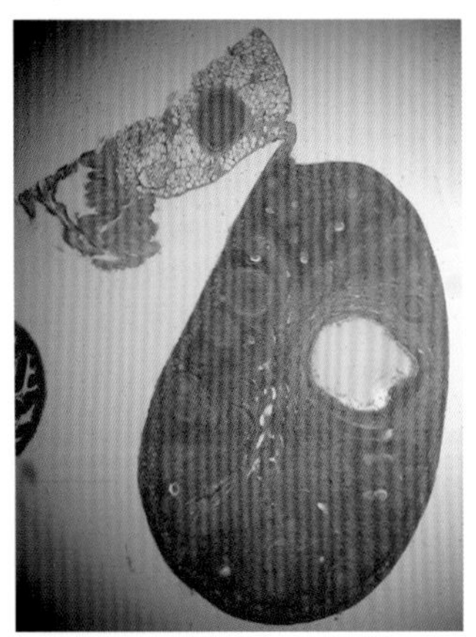

イヌの卵巣（40倍）

体外受精と体内受精

雌雄が協力する方法は、受精の確実性によって、体外受精と体内受精に分けられます。なお、受精は植物の花で調べたように、2つの核の合体であり、交尾や性交とは関係ありません。

高熱に弱い精巣

ヒトの場合、43℃以上の高熱が続くと体細胞が死ぬが、その前に精子をつくる細胞が死ぬ。生殖能力がある男性は、精巣を冷やすこと。

種子植物の性

花を咲かせる種子植物は、種子をつくるものを雌、花粉をつくるものを雄として、次のように分類することができます。

雌雄同株	両性花	・雌しべと雄しべをもつ（ほとんどの植物）
	単性花	・雄花と雌花に分かれる（アオギリ、ウリの仲間）
雌雄異株		・雌木と雄木がある（イチョウ）

※植物の受精方法は p.95、受精卵が種子になるまでは p.96。

いろいろな有性生殖の方法（動物）

※本書では未受精のものを卵、受精（産卵）後のものをたまごとする。

ハトの交尾（脊椎動物＞鳥類） 爬虫類以上の脊椎動物は、体内受精。卵は輸卵管で受精するが、爬虫類と鳥類はその場で発生し、たまごとして生まれる。哺乳類は子宮内に着床してから発生する。

カメの交尾（脊椎動物＞爬虫類） 雌雄異体、雄が上になって交尾する。産卵後、鳥類のたまごの殻は硬くなるが、爬虫類の殻は柔らかいまま。また、生まれたたまごは有精卵でなければ発生しない。

カエルの抱接（脊椎動物＞両生類） 雄は雌の上になり、前脚でつかみ、後脚で雌の腹を刺激する。雌が卵を放出するのと同時に、雄は精子をかける（体外受精＞抱接。交尾ではない）。

サケの体外受精（脊椎動物＞魚類） 自然界のサケは、雌が産卵床（穴）を掘り、放卵の際に，雄が同時に放精する（体外受精）。その後、雌は穴を砂利でかぶせて、産卵床を数日間守る。

昆虫の交尾（節足動物＞昆虫類） 昆虫類は雌雄異体で、体内受精を行う。交尾の体位は、雄が上で同じ向きになることが多いが、写真の体位は逆向き。また、雌の匂いを嗅ぎつけた別の雄が狙っている。

チャコウラナメクジの産卵（軟体動物＞腹足類） 雌雄同体で、２匹が輪のようになって交尾し、精子を交換し合う。相手がいないときは単為生殖も行う。軟体動物のイカやタコなど頭足類は雌雄異体で交尾し、産卵する。

サンゴの体外受精（刺胞動物） 卵と精子を一斉に放出する。受精卵は幼生になるが、多くは沖合に流されたり、魚などに食べられてしまう。運良く他の場所にたどり着いた幼生は、新しいサンゴへと成長する。

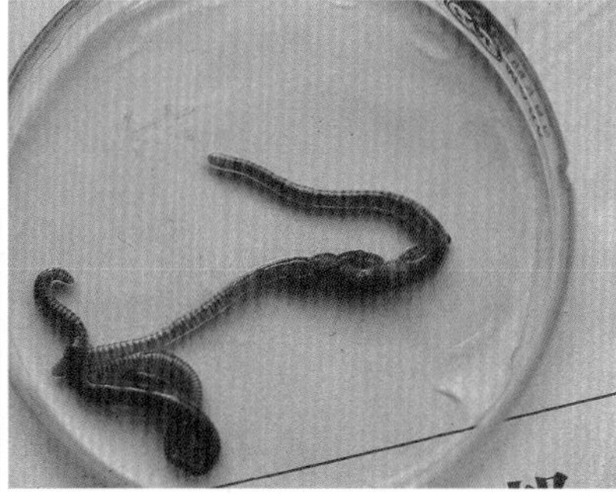

ミミズの精子交換（環形動物） １個体が卵と精子をつくる雌雄同体。精子を交換しあい（体内受精）、それぞれが卵を産む。

動物の子の生まれ方

胎生	•子として生まれる •子宮内で酸素や栄養をもらい、ある程度成長する
卵胎生	•卵生で、親の体内で育つ •タツノオトシゴ、グッピー、タニシなど
卵生	•卵として生まれる

※カモノハシ（哺乳類）は卵を産むが、孵化した子を乳で育てる。

4 受精卵が子になるまで「発生」

ヒトは、1つの受精卵が細胞分裂をくり返し、60兆個200種類以上の細胞になった多細胞生物です。受精卵が子（成体）になるまでの細胞分裂を発生、発生中のものを「胚」といいます。

妊娠中の女性と胎児
受精卵が子宮に着床するまでは胚、その後は胎児、出産後は子（赤ちゃん、成体）という。これは哺乳類で共通。

■ 発生と細胞の分化

細胞分裂をくり返して細胞数が増えていくと、受精卵のときにもっていた可能性を失っていきます。特定の機能しか発現できなくなることを細胞の分化といい、多細胞生物に共通しています。これに対し、2012年、山中伸弥（医学博士）はすべての細胞に変化できるヒトの万能細胞（iPS細胞）をつくり、ノーベル賞を受賞しました。

ニワトリの有精卵（受精卵）
筆者がインドネシア食べた有精卵（受精後21日で孵化、ひよこになる）。日本で市販されているものの多くは無精卵。

■ カエルの発生

カエルの発生は、受精卵が孵化するまでです。おたまじゃくしになってからは、通常の体細胞分裂（p.42～45）を行います。

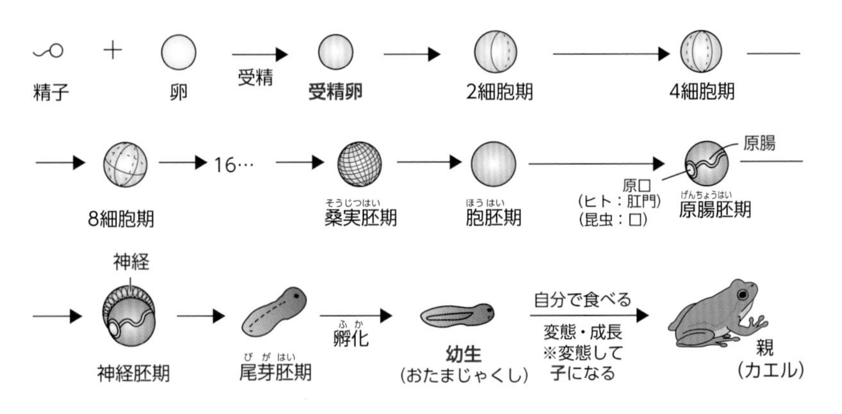

■ メダカの発生

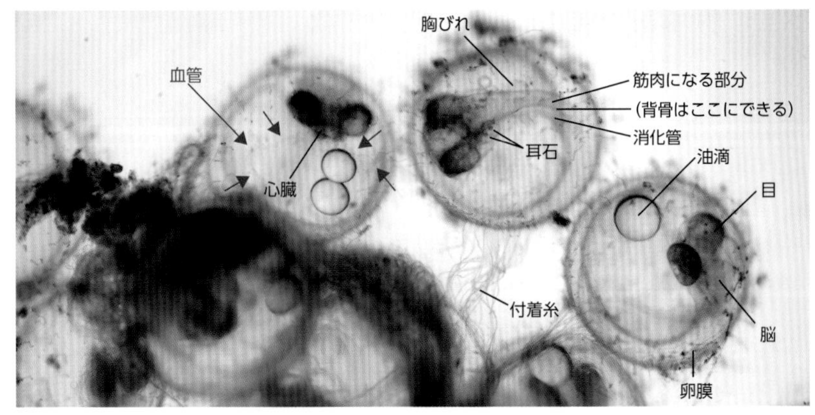

受精後3日目 メダカは受精してから約9日で孵化する。この写真では、目、脳、心臓、血管、消化管、油滴などが観察できる。たまごは、付着糸で固定されている。

胚という語

動 物	植 物
•自分で食物をとれるようになるまで •カエル、メダカ、ウニは孵化するまで	•受精卵が分裂し、子葉・幼根・幼茎などにある程度分化したもの •「赤ちゃん」のようなもの

ウニ（棘皮動物）の発生

ウニは、ヒトと同じように1本の消化管をもっています。その受精卵が卵割し、肛門から口をつくっていく様子は、からだが透明なのでよく観察できます。

生徒の感想

・ウニとヒトは肛門から、昆虫は口からできるなんてショック！

卵
ウニの種類にもよるが、直径約 0.1 mm。

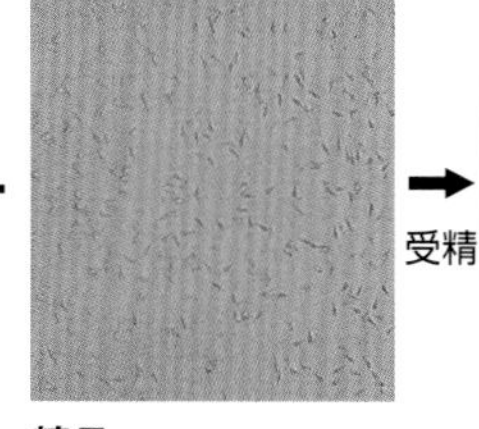

精子
無数にある精子の長さは約0.05mm。

→受精

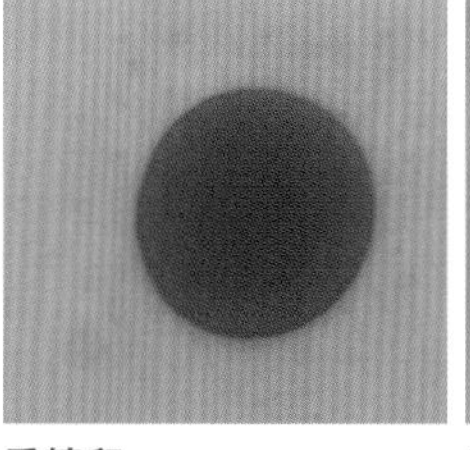

受精卵
卵の中に侵入できる精子は1つだけ。

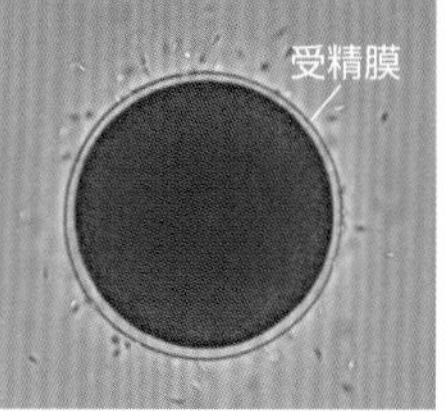

受精膜の形成
精子が侵入すると、直ちに受精膜ができる。

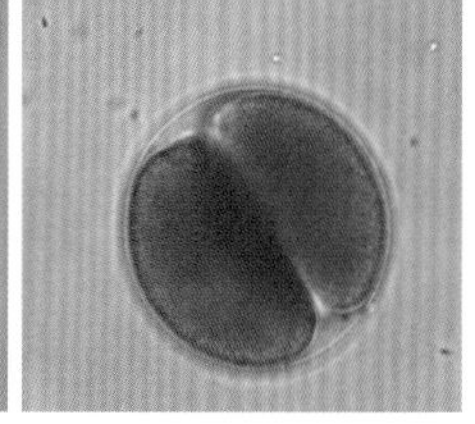

2細胞期
数時間後、2つの細胞に分裂する。

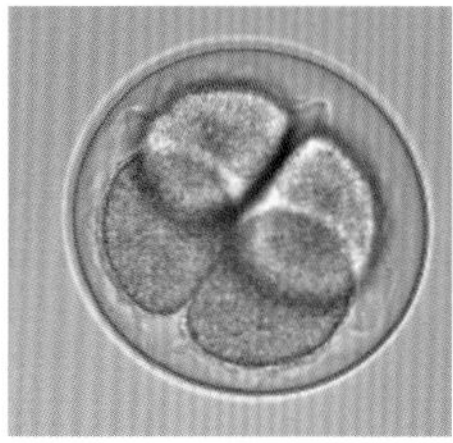

4細胞期
前の分割面と直交するように分裂、4細胞（ミカンの房状）になる。

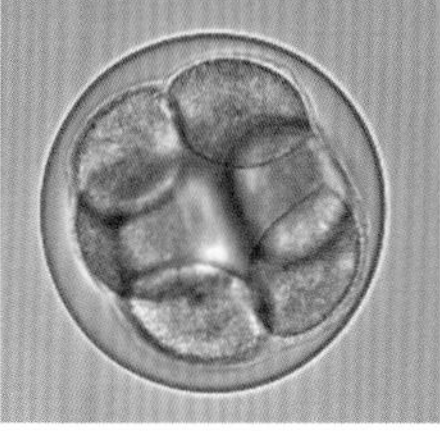

8細胞期
さらに半分に分裂し、8細胞になる。大きさはすべて同じ。

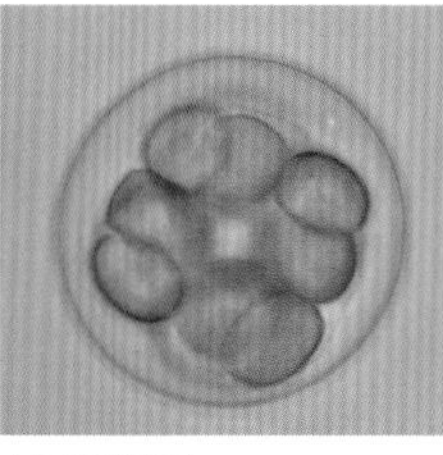

16細胞期
細胞の大きさに違いが生じ、分化のきざしが見られる。

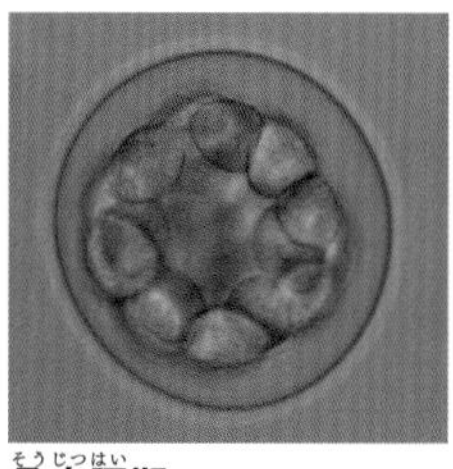

桑実胚期
全体が「桑の実」のようになり、卵割腔（空洞）ができはじめる。

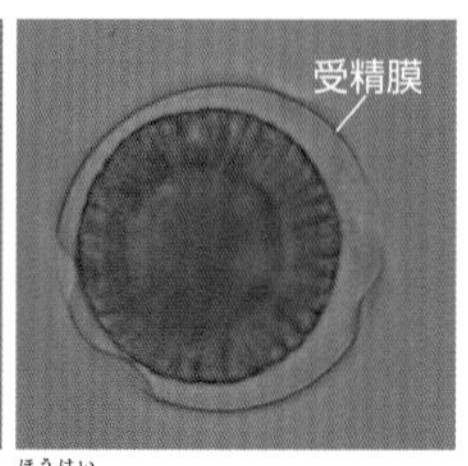

胞胚期
大きな卵割腔ができ、受精膜を破って孵化すると、胞胚期の終了。

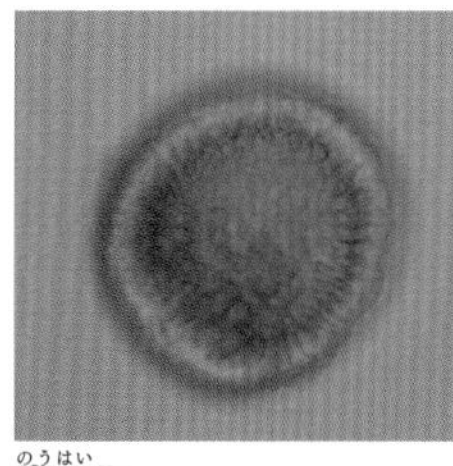

嚢胚期
孵化した胚は繊毛で泳ぐ。一部が凹んで原口（将来の肛門）になる。

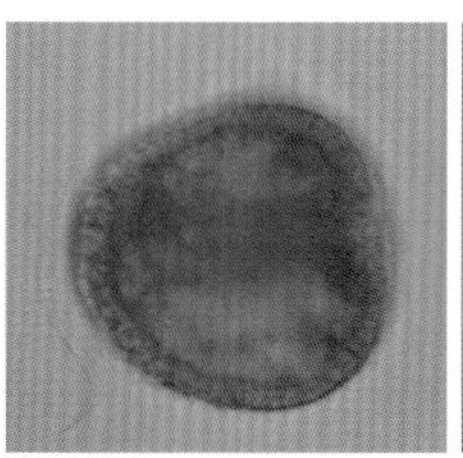

原腸胚期
陥入してできた通路「原腸」は、将来の消化管になる。

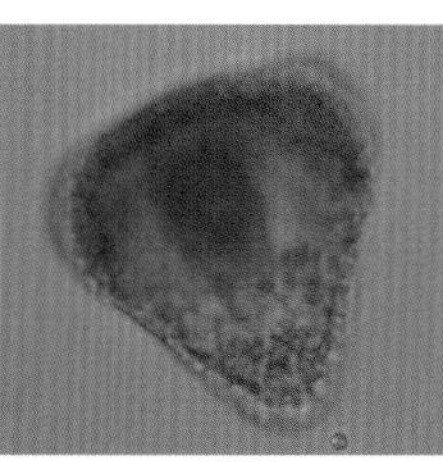

プリズム形幼生
原腸が反対側に達し、口になる。ヒトと同じ1本の消化管の完成。

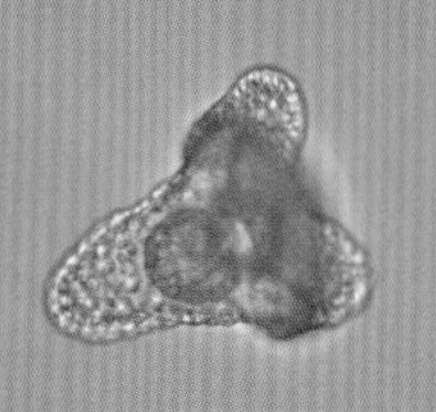

プルテウス幼生（初期）
原腸胚で遊離した細胞が「骨」、将来のかたい「棘」になる。

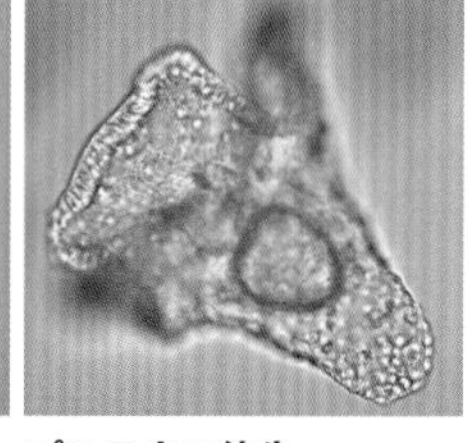

プルテウス幼生
繊毛で泳ぎ、微生物を補食する。やがて変態し、子（成体）になる。

変態：発生中に体が大きく変化すること

1 幼生から成体へ変わるときに「変態」する。
　※おたまじゃくしは幼生、カエルは成体。
　※胚：受精～孵化、幼生：孵化～変態、成体：変態後。
2 両生類、魚類、昆虫類や甲殻類、棘皮動物（p.150）などで見られる。
　※クマゼミの羽化、不完全変態（p.87）。蛹になる昆虫類は完全変態。
3 刺胞動物（p.72）も変態するが、発生は嚢胚期まで（成体になる）。

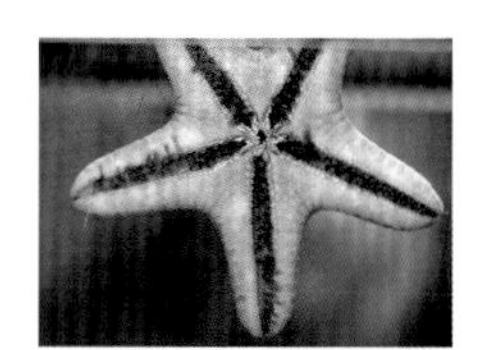

ヒトデ（棘皮動物。からだが五角形）
内骨格が露出した棘をもつウニ、類縁のヒトデ、ナマコ、ウミユリなど。雌雄があり、体外受精。変態し、成体は五放射相称で消化管をもつ（p.150）。

5 卵、精子をつくる「減数分裂」

子は、親からの遺伝情報を「染色体」の形でもらいます。しかし、そのままでは大変です。例えば、染色体46本のヒトの子は、両親からもらって92本、孫は184本なってしまいます。

いろいろな生物の染色体数

生物	染色体数
スギナ（ツクシ）	216本
アメリカザリガニ	188本
サツマイモ	90本
イヌ、スズメ	78本
オランウータン、ジャガイモ	48本
ヒ　ト	46本
ヒキガエル	22本
タマネギ	16本
エンドウ	14本
キイロショウジョウバエ	8本

※雌雄からもらうので、偶数になる。
※高等生物ほど多いとは限らない。

生殖細胞のまとめ

動　物	・卵、精子
植　物	・卵細胞、花粉の精細胞

※生殖細胞は配偶子、ともいう。
※卵＝卵子＝卵細胞（染色体数1/2）。たまごと区別すること（p.113 欄外）。

細胞分裂のまとめ

(1) 体細胞分裂（p.42）
・通常の細胞分裂
・1個が2個になる

(2) 減数分裂（p.116）
・生殖細胞（卵、精子）をつくる
・1個が4個になる

※細胞分裂の目的 p.44

親が子にわたす染色体数

そこで、染色体の数を半分にするための卵巣と精巣が登場し、染色体数23本の生殖細胞（卵と精子）をつくります。

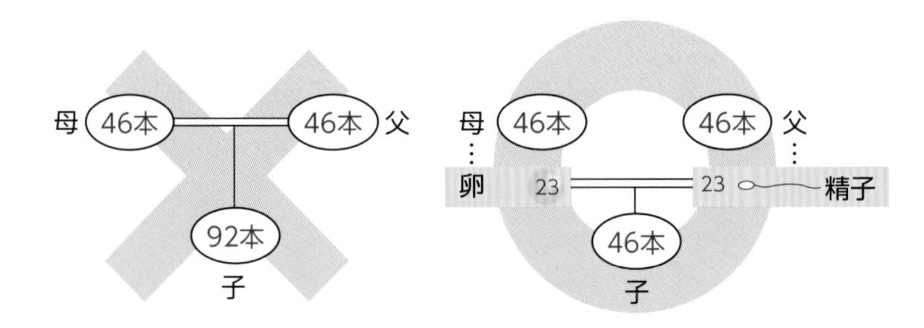

減数分裂の過程

生殖細胞をつくる分裂を減数分裂といいます。2回連続して分裂することで、染色体数を半減します。しかし、よく考えると、連続2回分裂すれば、半分の半分で1/4になります。実は、分裂前の卵巣（精巣）は、核酸の量を卵（精子）の4倍（通常の2倍）にしておき、それを2回分裂させて1倍量の卵（精子）をつくります。これを顕微鏡で観察すると、たまたま46本や23本に見えるだけで、核酸の量に着目すれば問題は解決します。

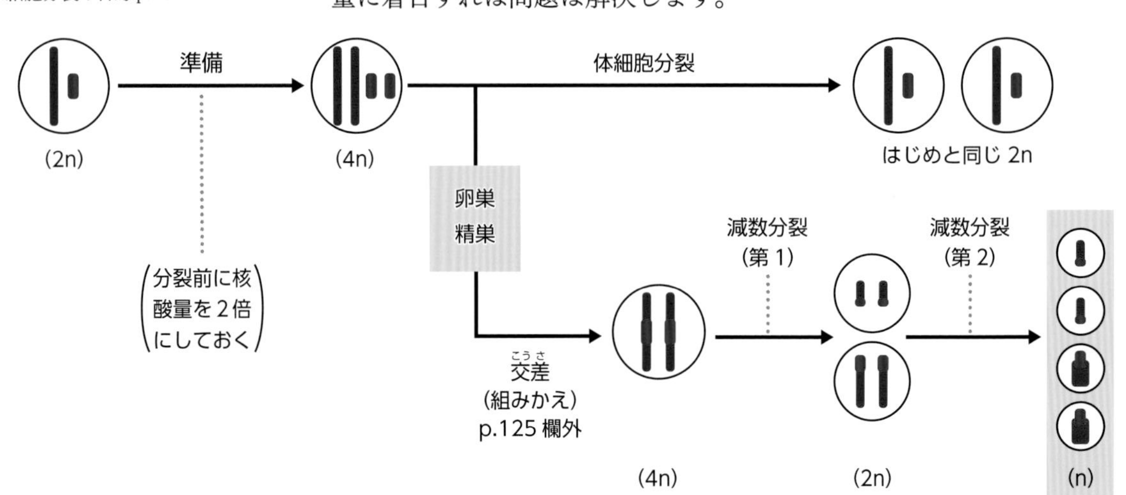

※ヒトは2倍体生物（2n） 46本ある染色体のうち、23本は眠ったまま活動しない。つまり、23本あれば普通の生活ができる、とも考えられる。これは、両親から同じ形質の染色体（相同（そうどう）染色体）をもらい、そのうち顕性（けんせい）（p.120）の形質だけを使っている、という考え方。

■ヒトの染色体の内訳

ヒトの染色体46本のうち、44本は男女共通の常染色体、残り2本は男女を決定する性染色体といいます。性染色体はXとYの2種類があり、女性はX染色体2本、男性はX染色体とY染色体が1本ずつです。卵はすべてX、精子はXとYの2種類ができます。

染色体	女	男
体の細胞(46本)	1·1, 2·2, 3·3•••22·22, X·X	1·1, 2·2, 3·3•••22·22, X·Y
生殖細胞(23本)	1, 2, 3•••22, X　(卵) ※この1種類しかない	1, 2, 3•••22, X (女をつくる精子) 1, 2, 3•••22, Y (男をつくる精子)

※子の性別は精子できまる(精子がX染色体なら女、Y染色体なら男)。

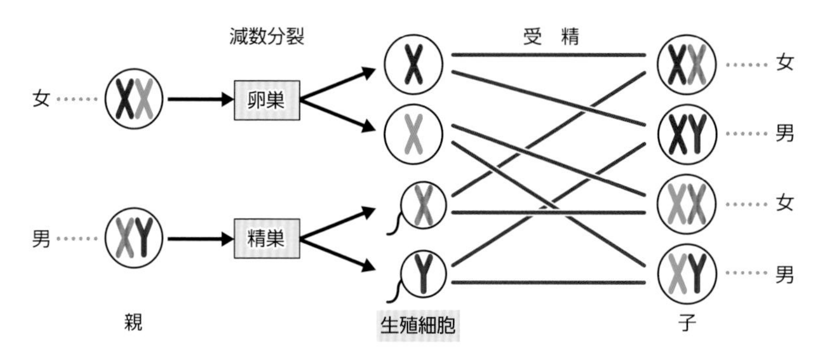

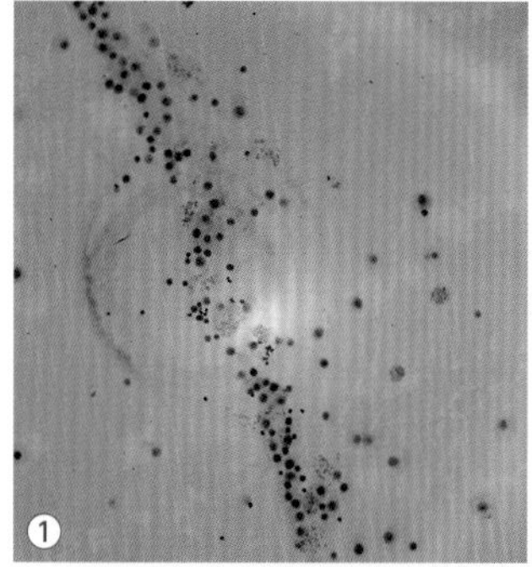

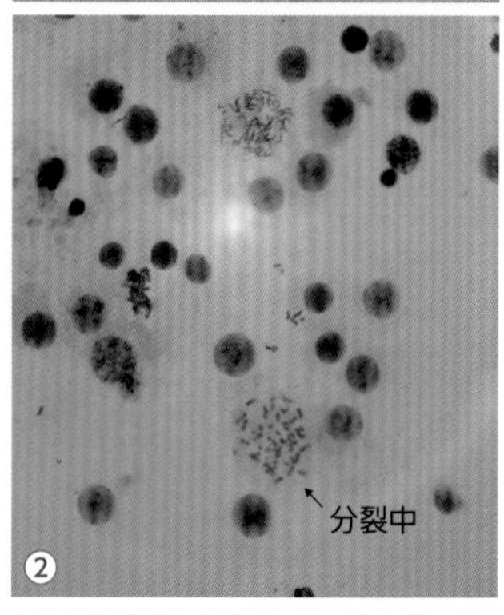

ヒトの染色体(①:女性100倍、②:同上400倍) リンパ球細胞を培養し、分裂中期を固定したもの。核酸が紫に染まる。②の中央下が見やすい。

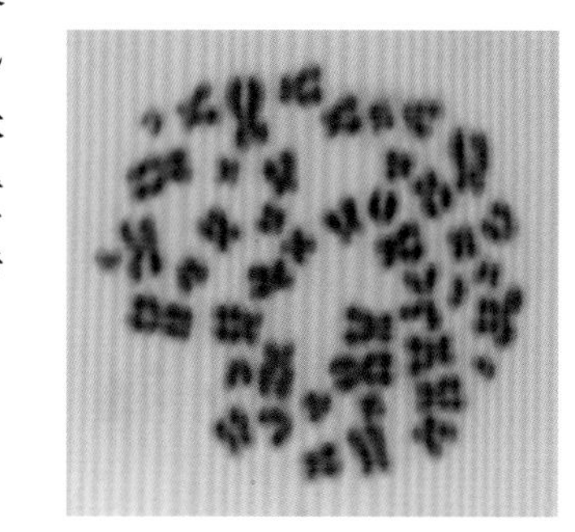

ヒトの染色体(男性1000倍)
染色体46本は、大きいものから順に番号がついている(p.125欄外)。

■核酸の名前(核、DNA、染色体、遺伝子)

4つの単語を整理します。核は「核膜で包まれた核酸」です。核膜がなく、核酸が細胞内に散らばっている場合は核が見えません(p.150)。核酸は「二重螺旋構造の化学物質(DNA p.118)」、染色体は「細胞分裂しやすいように形を整えたDNA」、遺伝子は「ある形質を決めるために必要な、ある長さのDNA」です。下図と下表を参考にして、しっかり理解してください。

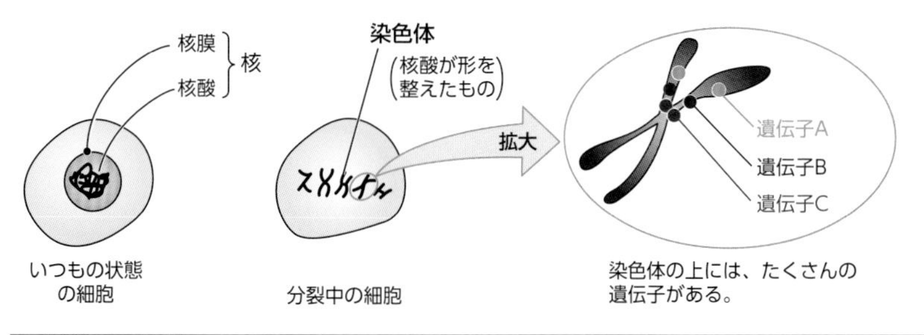

核　酸	• すべての生物の、すべての細胞の核の中にある酸(DNA)
DNA	• 核酸を化学物質として考えたときの名前(p.119)
遺伝子	• 核酸のある限られた部分にある遺伝情報 • ヒトの遺伝子は約22000個(棘皮動物ウニとほぼ同数)
染色体	• 細胞分裂のとき、核酸が分裂しやすいように形を整えたもの • その数は生物の種類によって違う

生徒の感想

- ヒトよりもザリガニの方が染色体数が多いので、ビックリ!

6 DNAを取り出してみよう！

ある生物の遺伝情報をもつDNA（デオキシリボ核酸）は、すべての生物に共通する基本構造をもっています。さて、今回はブロッコリーを使って、そのDNAを抽出（ちゅうしゅつ）してみましょう。正しい手順を踏めば、もやもやっとした白いねじれたような物質が取り出せます。

準　備

- ブロッコリー
- すり鉢
- DNA抽出液（水、食塩、中性洗剤）
- 茶こし
- エタノール
- ガラス棒
- スポイト

実験のポイント

- ブロッコリーをゆでるとタンパク質（DNA）が変質するので生のまま行う。
- 小さなつぼみ部分は、細胞数が多くDNAを抽出しやすい。

中性洗剤（界面活性剤（かいめんかっせいざい））

洗剤は油汚れを落とす。つまり、生物をつくる細胞をバラバラにしたり、脂肪成分を水となじみやすくするはたらきがある。界面活性剤は、物質の表面（界面）を分子レベルで活性化する（p.69胆汁）。

生徒の感想

- 何だかわからない白いもやもやが出てきた。
- 先生が言ったようにイメージしながら実験するのが面白かった。

ブロッコリーのDNA抽出実験

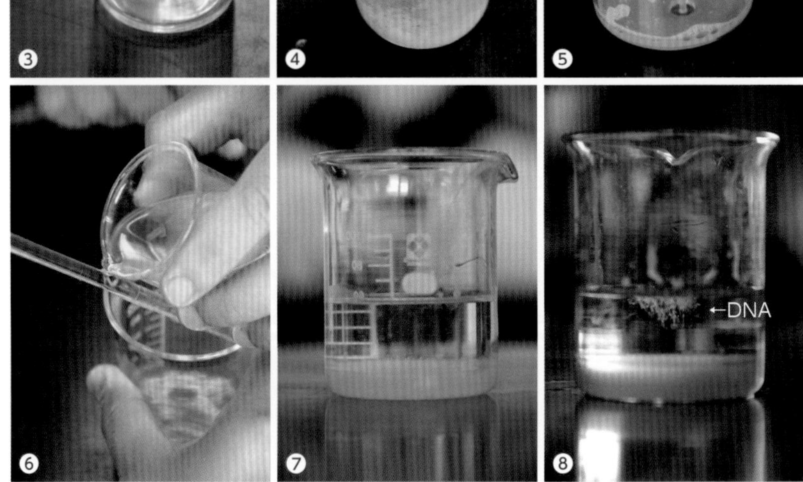

①：小さなつぼみをハサミで切り取る。　②：すり鉢にブロッコリー5gと水2mLを入れ、すり潰す。細胞を囲むかたい「細胞壁」を壊すことをイメージする。　③：DNA抽出液（水50mL、食塩4g、中性洗剤5滴）をつくる。　④：抽出液に②を入れて混ぜ、10分放置する。　⑤：茶こしでろ過、ろ液を集める。　⑥：⑤に、ガラス棒を使いエタノールを静かに入れる。　⑦、⑧：エタノールの液面に出てきた白いものが「DNA」。スポイトで吸い出し、別容器のエタノールの中で観察してもよい。

DNAの二重螺旋構造

DNAの構造はすべての生物に共通しています。２本の糸が逆向きにねじれながら結合した二重螺旋構造です（欄外の模型)。下図はヒトとタマネギが混在していますが、拡大していくと、最終的に同じ基本構造をつくる化学物質であることを示しています。

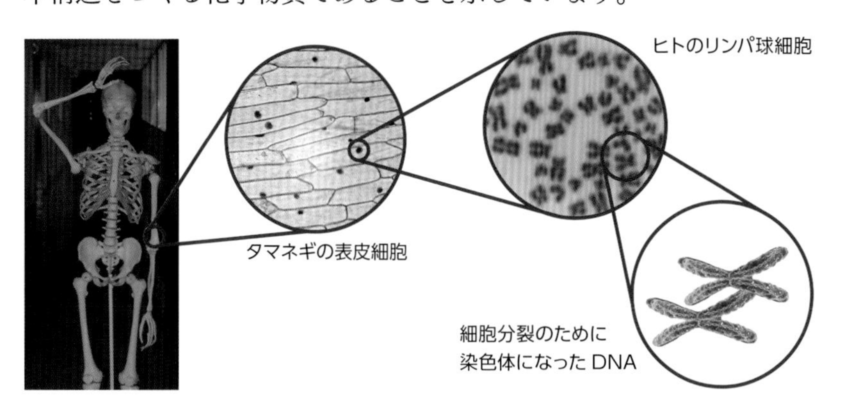

二重螺旋構造の模型
1953年、ワトソンとクリックによって提唱された。ヒトのDNAには2万2千個の遺伝子があり、二重螺旋の太さは、0.000 002 mm。

DNAが複製されるしくみ

１本の糸は「糖・リン酸・塩基」からなる基本単位（ヌクレオチドという）のつながりです。基本単位は４種類ありますが、それは塩基が４種類「アデニン（A)、チミン（T)、シトシン（C)、グアニン（G)」あるからです。下図を見てください。DNAの複製はAとT、CとGが磁石のように結合することで起こります。つまり、二重螺旋がほどけて２本の糸になると、それぞれに対になる基本単位がくっつきます。100％化学的かつ物理的な反応で、２本の二重螺旋（DNA）のできあがります。

DNAとRNA（リボ核酸）
DNAをつくる「糖」はデ・オキシ・リボースといい、これがDNAのDを意味する。DNAと同じように遺伝情報をもつ物質RNA（リボ核酸）の糖はリボース(R)。これはDNAの4種類の塩基のうち、チミンがウラシルに代わる。また、この塩基配列をゲノムともいう。

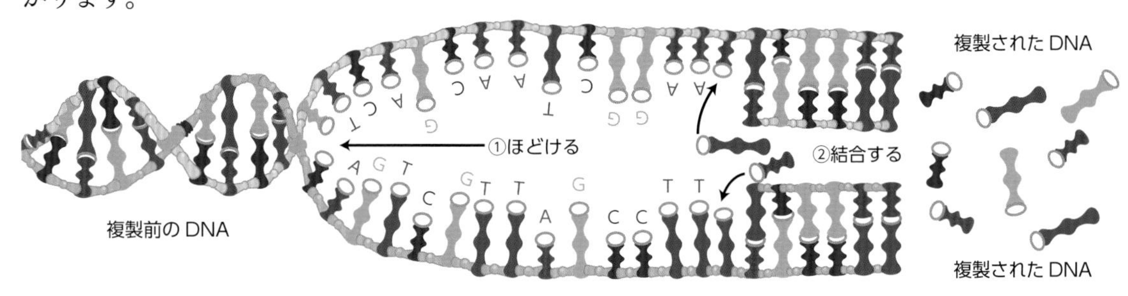

タンパク質が合成されるしくみ「セントラル・ドグマ（中心原理)」

DNAの情報が遺伝子といわれるのは、生物のからだをつくるタンパク質の設計図を伝えるからです。DNAの塩基は３つで1組となり、１つのアミノ酸を指定します。塩基は４種類なので、組は64通り（$4 \times 4 \times 4 = 64$)、64種類のアミノ酸を指定できます。指定されたアミノ酸の配列によって独自のタンパク質ができていきます。このしくみは、すべての生物に共通するのでセントラル・ドグマといいます。

必要なアミノ酸は20種類
DNAは64種類のアミノ酸を指定できるが、ヒトは20種類で構成される(p.27)。

7 メンデルのエンドウマメの実験

メンデル（オーストリアの修道院の司祭）
8年間、エンドウマメ（グリーンピース）で実験し、メンデルの法則を発見した。

(1) 分離の法則（受精前）
・生殖細胞をつくる減数分裂で、対立遺伝子が別々の細胞に入る
(2) 顕性の法則（受精後）
・ある個体に対立遺伝子が存在する場合、顕性の形質のみが出現する

カラスノエンドウ（マメ科）
花の構造から、自家受粉（p.97）に適した構造になっている。

メンデルの選んだ7つの形質

形　質	顕　性	潜　性
種子の形	丸	しわ
子葉の色	黄	緑
種皮の色	有　色	無　色
さやの色	緑	黄
さ　や	ふくれ	くびれ
花の位置	葉のつけ根	茎の先端
背　丈	高　い	低　い

チワワ
純系の生物は、高価な値段で取引される。また、純系と別な純系をかけ合わせると、雑種になる。

1865年、メンデルは遺伝の基礎となる考えを発表しましたが、当時の人々は理解できず、50年間放置されました。さあ、みなさんは理解できるでしょうか。彼の実験と結果を考察しましょう。

■ 実験1：純系をつくる

血統証付きのイヌやネコのように、何世代も同じ形質（形や特徴）になる生物を純系といいます。メンデルは、自家受粉するエンドウマメに着目し、7つの形質について対立する形質の純系をつくりました。ただし、以下の説明は簡単にするため、赤と白、とします。

■ 実験2：赤と白で子（雑種）をつくったら、すべて赤になった

赤と白の子（雑種）はピンクになりそうですが、結果はすべて赤でした。メンデルは、これを説明するために、赤の遺伝子をA、白の遺伝子をaとし、次のように考えました（顕性の法則）。

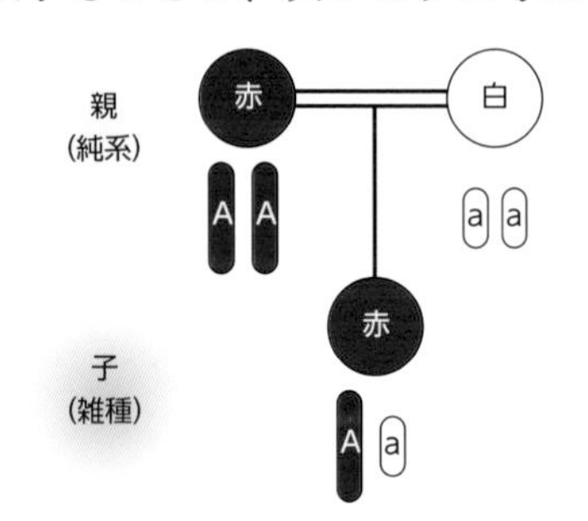

メンデルの考え
(1) 親は、1つの形質に対して遺伝子2つをもつ。（純系なのでAAとaa）
(2) 子は、遺伝子を1つずつもらう。（組み合わせはAaだけ）
(3) Aは顕れ、aは隠されるので、すべてAになる。（顕性の法則）

■ 実験3：子ども（赤）どうしを受精させたら、白の孫ができた

次に、赤どうしで孫をつくると、赤：白＝3：1の割合で「白」ができました（分離の法則）。

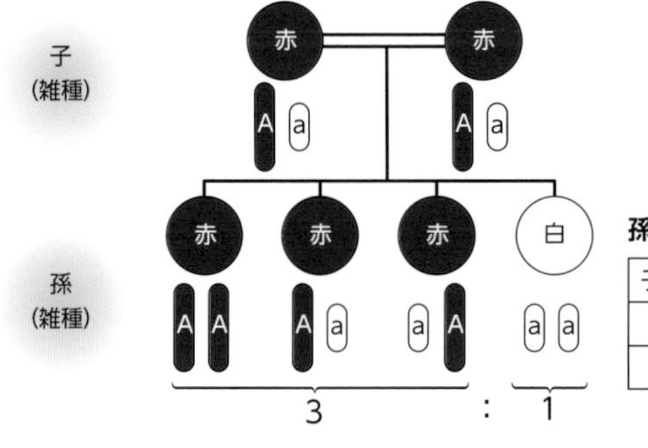

孫の遺伝子の組み合わせ

子の遺伝子	A	a
A	AA（孫）	Aa（孫）
a	aA（孫）	aa（孫）

メンデルの考え
(1) 孫の遺伝子の組み合わせは、次の4通り。AA、Aa、aA、aa
(2) 顕性の法則から、赤：白＝3：1になる。
(3) それには、対立遺伝子が別々の生殖細胞に入る必要がある（**分離の法則**）。

8 対立遺伝子と形質

あなたは右の写真のように舌を巻けますか。この形質に関しては「巻ける遺伝子」と「巻けない遺伝子」の２種類があり、それぞれを対立遺伝子といいます。あなたは両親から１つずつ遺伝子をもらいましたが、もし、１つでも「巻ける遺伝子」があるなら、あなたは舌を巻けます。巻けない人は、両親から「巻けない遺伝子」をもらった人で、前ページの「白」に相当します。

この対立遺伝子のうち、表面に顕れる方を顕性、隠れ潜んでしまう方を潜性といいます。

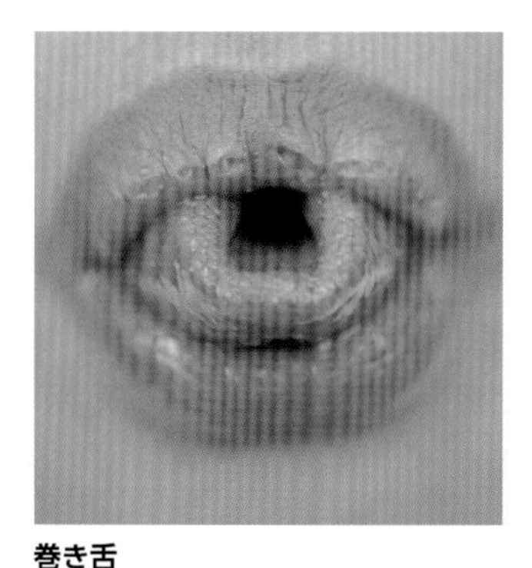

巻き舌

舌を巻く筋肉の動きは、遺伝子によって決定されている。

ヒトの主な対立遺伝子による形質

形　質	顕　性	潜　性
頭髪のつむじ	右巻き	左巻き
巻き舌	できる	できない
耳あか	湿っている	乾いている
髪の色	黒 > 赤 > 淡色	
髪の形状	巻き毛	直　毛
目の色（虹彩の色）	黒茶 > 青 > 灰色（日本人は茶色）	
まぶた	二　重	一　重
耳たぶ	ある（福耳）	ない（平耳）
親　指	そらない	そ　る

※ある形質は、いくつかの遺伝子や要因によって決まる。上表のうち、１つの遺伝子で単純に決まるのは「耳あか」だけ。

対立遺伝子

顕　性	・子の代に顕れる形質（大文字のアルファベットで書く）
潜　性	・子の代に隠される形質（小文字のアルファベットで書く）

DNA鑑定してみよう！

DNAを調べると、その類似性から親子であるかを判断できる。

交配と交雑

メンデルは、異なる形質をもつ親をかけ合わせました（交雑）。これは遺伝のしくみを調べるためでしたが、最近は、ヒトに役立つ新しい生物をつくるために、自然界では受精しない異種の「卵」と「精子」をかけ合わせる実験をしています。実験は可能でも、生命をつくる技術を倫理的な検証をせずに使うことは許されません。

交　配	・同種の生物をかけ合わせること ・純系をつくるためにブリーダーが行う交尾
交　雑	・異なる形質、異なる種をかけ合わせること（種は「子どもができるか否か」で決められ、安定して「子」ができる生物どうしは同種） ・レオポン（ヒョウとライオン）、ライガー（ライオンとトラ）など ・農業の品種改良（遺伝子の組みかえではない）

伴性遺伝のメダカ

白いメダカどうしの子で、黄色になったのは雄だけだったことから、Y染色体に黄の色素の遺伝子があることがわかる。なお、ヒトの伴性遺伝は、血友病、赤緑色盲。

9 スイートコーンの種子を数えよう

準　備

- ピーターコーン
- 食品用ラップ、マジック

スイートコーン（甘いトウモロコシの総称）の一種であるピーターコーンの種子を数えて、その色が「黄：白＝３：１」になることを確かめましょう。その割合は､遺伝子によって正確に決められています。実習後は、トウモロコシに感謝して食べましょう。

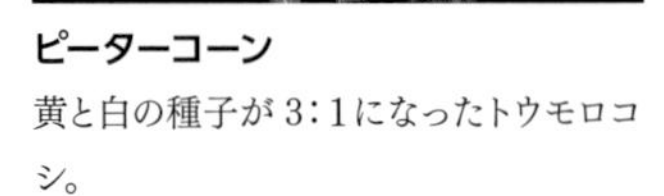

ピーターコーン
黄と白の種子が3:1になったトウモロコシ。

黄色の種子を数えた生徒
ラップを二重に巻き、もう1枚で白色を数える。より正確な方法。

焼いて食べる
茹でてある商品は封を切ればそのまま食べられるが、焼くとおいしくなる。実験に使うものと食べるものは分けること。

生徒の感想

- スイートコーン最高！
- メンデルはたくさん数えて大変だったんだね。

種子の数をかぞえる方法

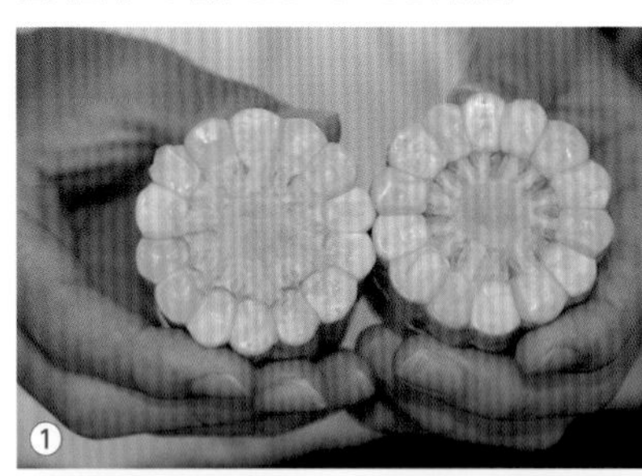

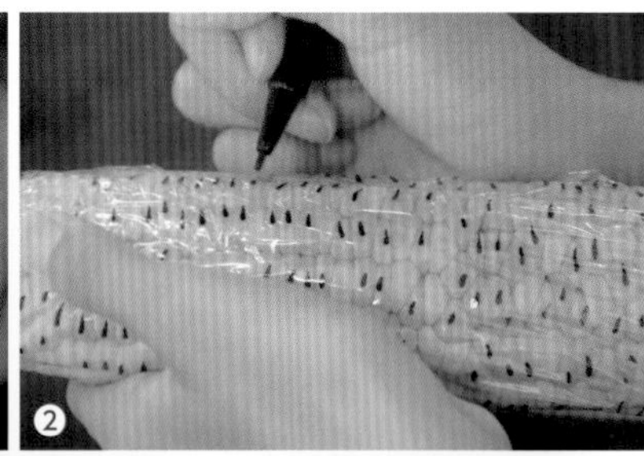

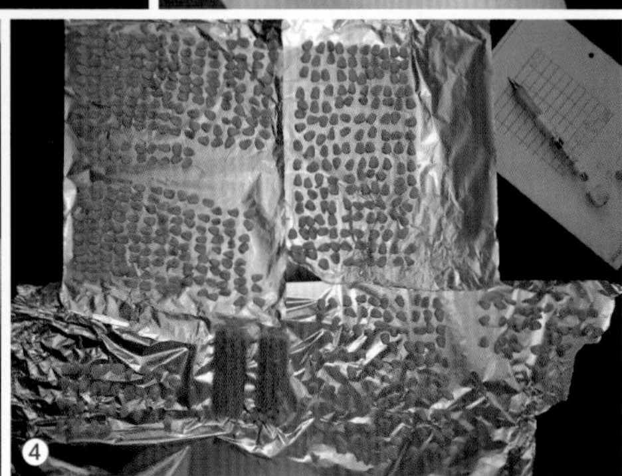

①：2つに分けるときは、包丁を使うと種子が切れるので、手で折る。　②：食品用ラップを巻き、マジックペンで印をつけながら数える。　③、④：手でむしって並べても良い。たくさん調べるほど、結果は正確になる。

授業で黒板に発表された種子の数、その考察

各班の結果は３：１ではありませんでした。しかし、学級全体を合わせて計算すると、黄：白＝4055：1337＝3.0329：１。小数点第１位の正確さで３：１になりました。

代表者	黄	白	黄：白
平江	469	169	2.8：1
久保田	428	125	3.4：1
佐野	415	170	2.4：1
渡辺	502	147	3.4：1
板倉	400	127	3.1：1
中山	356	137	2.6：1
江	457	129	3.5：1
松原	403	111	3.6：1
川口	625	222	2.8：1
302合計	4055	1337	3.0329：

授業での計算結果

さて、ピーターコーンには２つの秘密があります。１つは重複受精、もう１つはクローン技術でつくられていることです。

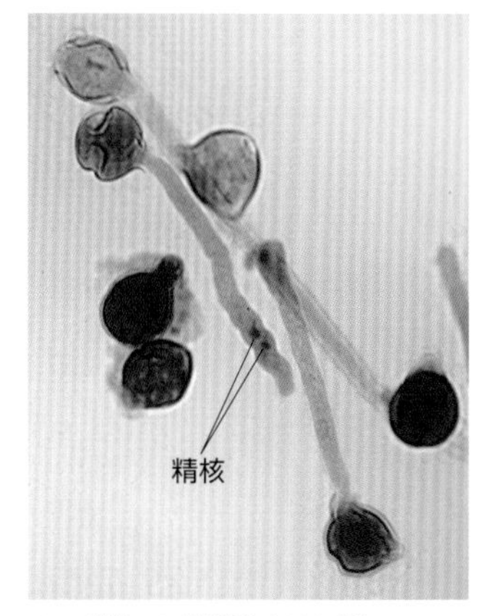

チャ（茶）の花粉管（400倍）
画面中央の花粉管は、赤く染まった２つの精核が見える（市販プレパラート）。

ピーターコーンの重複受精

多くの種子植物は、重複受精をします。雌しべの胚珠の中の２つの場所で、２つの受精を行います。１つは赤ちゃん（胚）をつくるもので動物と同じです。もう１つは、胚乳になる中心細胞といわれる部分で行います。このため、花粉は２つの精核をつくって準備します。

表1　親の遺伝子と子の形質（遺伝子型）

中心細胞の遺伝子＼精核の遺伝子	黄	白
黄	**黄**（黄・黄、黄） （子は黄色）	**黄**（黄・黄、白） （子は黄色）
白	**黄**（白・白、黄） （子は黄色）	**白**（白・白、白） （子は白色）

※中心細胞は、同じ遺伝子の極核２個からなる。

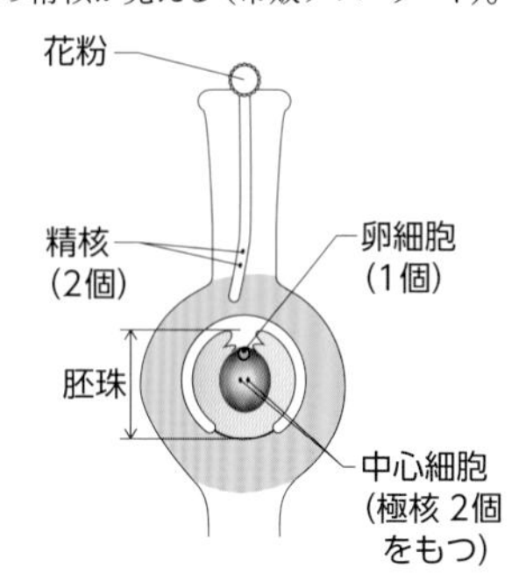

種子植物の雌しべの模式図

コーンが黄色いのは、胚乳が黄色いからです。胚乳の色は、胚珠の極核２個と精核１個、合計３個の組み合わせで決まりますが、黄色が１つでもあれば黄色になります。つまり、黄色が顕性です（表１）。

ピーターコーン（遺伝子組み換えではない）はクローン

クローンは、全く同じ遺伝子をもっている生物です。動物のクローンづくりは大変ですが、植物はいろいろなものでつくられています。ピーターコーンの場合は、黄色の純系と白の純系でつくった雑種の中から、１番優れたものを１つだけ選んで親にします。その先の方法は企業秘密ですが、ピーターコーンはすべて同じ遺伝子をもっています。

品種改良（育種）
市場の野菜や果物は、ヒトが有益な形質を選んで品種改良したもの。かけ合わせたり、何世代も選び続けたり。ピーターコーン、イチゴ、メロン、イネなど多数。ブランド品種＝クローン。

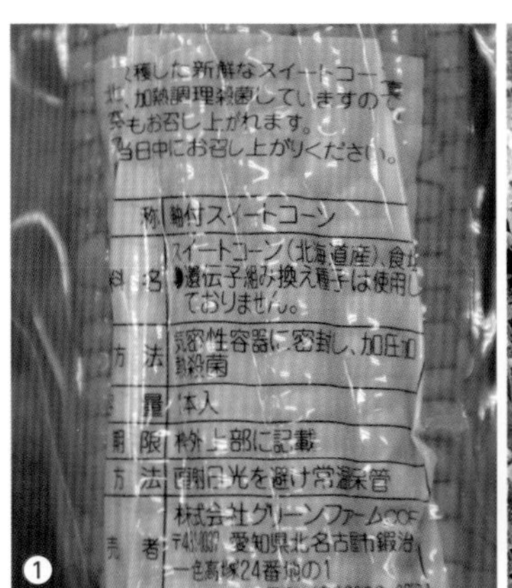

①：ピーターコーンの品質表示　②：セイヨウタンポポは受精して種子をつくるが、遺伝子は同じ天然クローン。一斉に咲き、一斉に枯れる。3倍体生物（３n）。
※ p.101 の無性生殖、栄養体生殖（ジャガイモ）、挿し木はクローンをつくる。

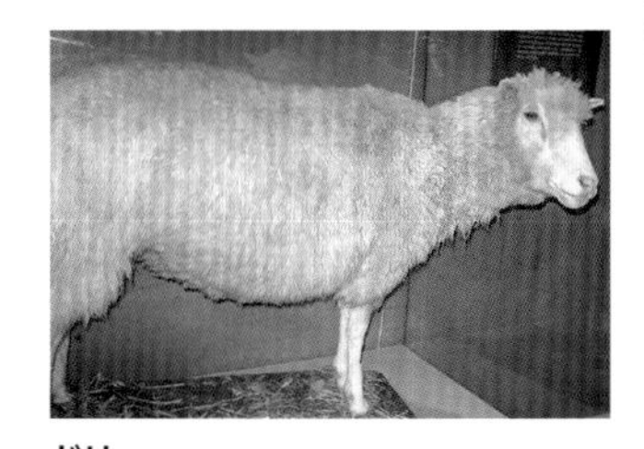

ドリー
1996年、成体の羊からつくられたクローン。現在も続く議論の的で、日本にはクローン技術に関する法規制がある。

10 ヒトのABO式血液型

ヒトの血液型は、ABO式、Rh(アールエイチ)＋－式、MN式など300種類ほどあります。その中でもABO式が有名なのは、輸血したときに血液が固まって死亡する組み合わせがあるからです。

輸血できる血液型（A型、B型、AB型、O型）

O型は誰にでも輸血できますが、もらうことはできません。

血液型（形質）		輸血しても安全な血液型
A　型	→	A　型、O型
B　型	→	B　型、O型
AB型	→	AB型、O型
O　型	→	O型

※この組み合わせでも、100%安全とはいえない。

O(オー)型は、どれに対しても輸血できる。O型の赤血球は、血球が固まる原因物質（抗原(こうげん)）がない、と考えると良い。

両親からもらう遺伝子（A、B、O）

血液型を決める遺伝子はA、B、Oの3種類です。遺伝子は両親から1つずつもらうので、遺伝子の組み合わせ（遺伝子型）はAA、AO、BB、BO、AB、OOの6通りです。遺伝子Oは影響を与えない、と考えると、次のようになります。

血液型（形質）		遺伝子型		両親からもらう遺伝子
A　型	→	AA、AO	→	AとA、または、AとO
B　型	→	BB、BO	→	BとB、または、BとO
AB型	→	AB	→	AとB
O　型	→	OO	→	OとO

※A型は、遺伝子Aを両親、あるいは、片親からもらった。
※B型は、遺伝子Bを両親、あるいは、片親からもらった。
※AB型は、遺伝子AとBを1つずつもらった。
※O型は、遺伝子Oを1つずつもらった。

自分の血液型、遺伝子型を調べよう！

自分や家族の血液型を調べ、遺伝子型を推測してみましょう。ただし、わからない場合もあります。例えば、遠い親戚まで全員A型の場合、遺伝子型はおそらく「AA」ですが、「AO」の可能性も否定できません。

(1) 自分の家族、両親、兄弟姉妹の血液型（形質）を調べる。
(2) p.125のように枠を作り、血液型A、B、AB、O型を記入する。
(3) それぞれの遺伝子型AA、AO、BB、BO、AB、OOを記入する。組み合わせがわからない場合は、1つだけ書く。（AB型はAB、O型はOOで確定）
(4) 親族を調べ、わからなかった遺伝子型を確定していく。

⚠注意　人権、個人情報

- 本人や保護者から特別な要望がないか、事前に調べる。
- 自主性を尊重して学習する。
- 同意がない人の血液型は無理に調べない。

ABO式血液型

1901年、K. LandsteinerはヒトのAB液型にA、B、AB、Oの4種類があることを発見した。

Rh式血液型

Rh式では、血液型をCとc、Dとd、Eとeの6つの抗原(こうげん)に分類する。このうち、DDとDdをRh＋、ddをRh－とする。日本人のRh－出現率は、200人に1人（AB型では2000人に1人）。

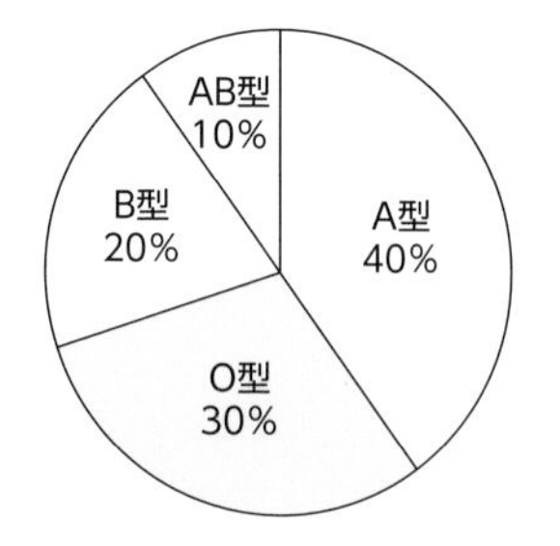

日本人の血液型の出現率

血液型による性格診断

血液型と性格はまったく関係ない。血液占いが完全な迷信であることは、他の血液型を無視していることからも明白。外国の方に血液型を質問すると、「あなたは医者ですか?」と訝(いぶか)しがられる。

生徒の感想

- 母は血液型の話が好きだけど……
- 私は自分の血液型を知らない。
- 遠い親戚の血液型まで調べるのが楽しかった。

・おー君

「4 人家族の中で、自分だけ O 型なので心配だったけれど、両親からO型の遺伝子をもらったことがわかり、安心した。逆に、妹の遺伝子型が、AA 型か AO 型か確定できないことが意外だった。」

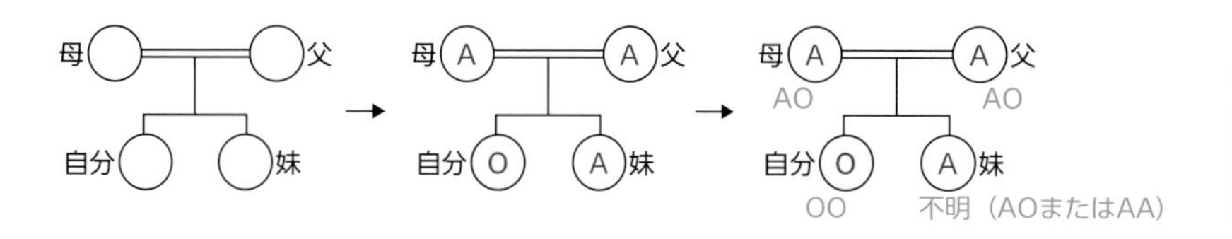

・まる子さん

「A 型と B 型の両親から、O 型の自分が生まれたことで、父母の遺伝子型「AO」と「BO」が確定した。AB 型（血液型、遺伝子型）の弟妹ができれば、まる子家は、A、B、AB、O の 4 つが揃う。」

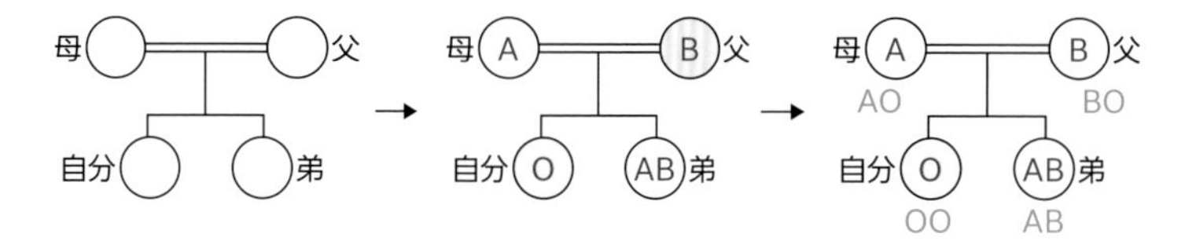

・A 君

「父母が A 型と AB 型なので、A 型の自分の遺伝子型は簡単だと思っていたけれど、わからない。自分が結婚して調べる !?」

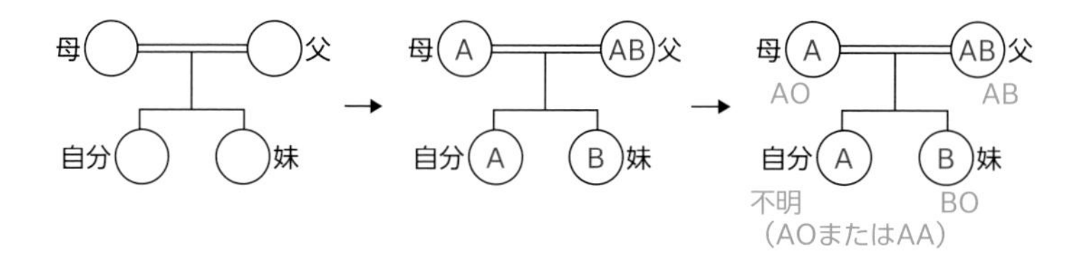

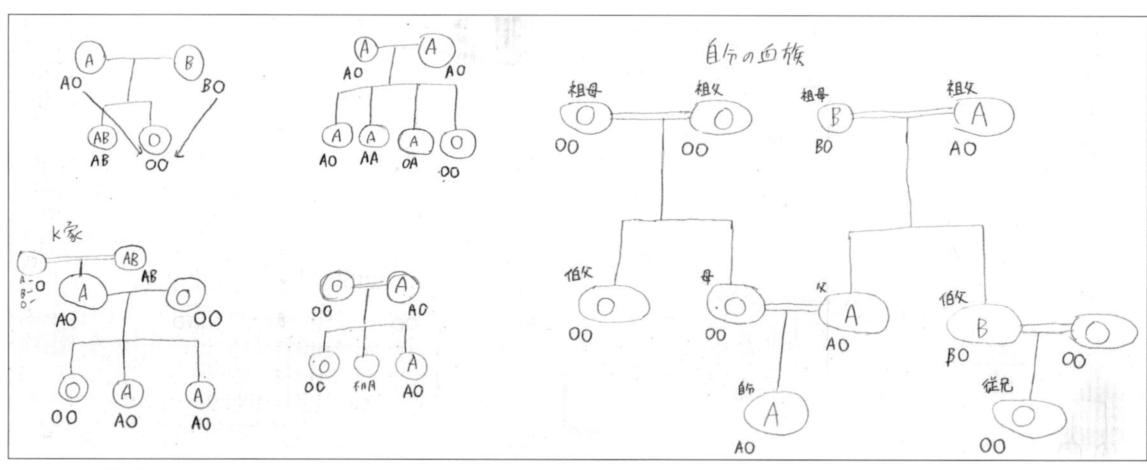

Bさんの学習プリント

血液に関する遺伝子

染色体番号	血液に関すること
1	・Ｒｈ式
2	・キッド式
4	・MN式、Ｓｓ式
6	・ＨＬＡ抗原
9	・ＡＢＯ式
11	・ヘモグロビンの構造を決定する遺伝子
19	・ボンベイ式、ルイス式、ルセラン式
23	・ケル式、Ｘｇ式

※ヒトの染色体数は 23 本で、長い方から順に番号がつけられている。第 23 染色体は男女を決める「性染色体」(p.117)。

例外的な組み合わせもある

第 9 染色体にA、B両方の遺伝子がのっている場合があり、これをシスＡＢという。この場合、ＡＢ型（ＡＢ）とO型（ＯＯ）の親から、ＡＢ型（ＡＢＯ）の子が生まれる。同じようなシス型遺伝子は、他にも存在する。

兄弟姉妹が少しずつ違う理由

第 1 分裂前期で染色体がつくられるときに、相同染色体がねじれて組み合わされるから。減数分裂の価値は、この組みかえ（交差 p.116）にある。

第7章 生態系

この章はマクロな視点から、生物どうしの関わりを調べます。ある生物とそれを取り巻く環境（他の生物、水、大気など）を１つとして捉える、生態系です。小さな水槽から地球まで、その範囲や視点は多様です。１つの生態系は微妙なバランスによって保たれており、関係ないものは一切ありません。

1 個体から全地球へ視点を広げる

基本単位は１つの生物「個体」です。生殖可能なものどうしを同じ「種（しゅ）」といい、同種の生物が集まって「個体群」をつくります。

生物圏	• 地球の生物＋その生活圏
生態系	• ある地域の生物群集＋周囲の環境
生物群集	• ある地域に住む、いろいろな個体群からなる集団 （植物の集団は、「群落」という）
個体群	• ある地域内の同種の個体からなる集団
個　体	• １つの生物
種	• 交雑可能で、その子も子孫を残すことができる「個体」集団 （有性生殖を行わない場合は、形態的に分類する）

狩りをするアシカ
海上にはアシカしか見えないが、水面下にはアシカに必要な食べ物が生まれるだけの豊かな生態系がある。

物質に還（かえ）るアシカの子
死んだアシカの子はやがて「無機物」になる。それは無機養分となり、植物によって「有機物」に生まれ変わる。

生態系に必要なこと
右写真のような大型肉食動物アシカの個体群を養うためには、それに見合う量の魚、その魚の食物となるプランクトンや植物「海藻」からなる生物群集、そして、ヒトがその生態系を壊さないことが必要。

野生のアシカの個体群（南アフリカ）

2　生物どうしの多様な関係

個々の生物の目的は、効率よく生きることです。そのために協力したり競争したりします。それは同じ種でも見られますが、異種間の関係には次のようなものがあります。

共　生		・２種類の生物が、協力しあって生活する関係
片利共生		・一方に利益、もう一方には益も害もない関係
寄　生		・一方に利益、もう一方には害がある関係
食物連鎖	競争	・生活場所や餌などを奪い合う関係 （1）　同じ種内での競争 （2）　異なる種間での競争
	天敵	・食べる（捕食者）食べられる（非捕食者）の関係で、ある生物にとって大きな死亡原因となる生物（寄生も含む）

※ヒトを含めた全生物は、細菌（p.152）と共生している。
※関係は、場所や時間で変わる。夏は密接、冬は無関係になる場合もある。
※相手を食べることはあっても、殺すことは目的ではない。

アリの食事
アリは肉を食べるが、積極的に動物を殺すことはしない。

競争に弱いタンポポ
競争に弱いタンポポは、1年中咲く。条件が悪い早春は目立つが、1か月後の同じ場所にはシロツメクサが咲く。

ヤドカリとイソギンチャクの共生

いろいろな生物どうしの関係

①：**植物と昆虫の甘い関係「共生」**　植物は昆虫に花粉を運んでもらい、昆虫は花粉や蜜をもらう。この関係は良好で、180 万種類いる生物のうち、1/3 以上が花を咲かせる植物と昆虫。　②：**オオシャコガイと褐虫藻の片利共生**　オオシャコガイは外套膜に褐虫藻を住まわせ、光合成でつくられた栄養をもらう。（写真：名古屋港水族館）　③、④：**オニタビラコに寄生するアブラムシ**　びっしりと並んでオニタビラコの樹液を吸うアブラムシ。キク科によくつく。　⑤：**細胞内共生**　ゾウリムシの細胞内にたくさんのクロレラが入り、助け合う。クロレラは良い光の条件をもらい、ゾウリムシは光合成でつくる養分をもらう。

生徒の感想

- 受験勉強は大変だけれど、自然界の争いは命がかかっているからもっと大変だ。
- おこづかいをもらうだけは寄生？
- みんなで協力し合って、生きていこう。

3 食物連鎖と生態ピラミッド

生物どうしが互いの「食物」として鎖のように連なっている関係を「食物連鎖」といいます。例えば、ペンギンは、シャチ（海中）やアザラシやトウゾクカモメ（空中）から狙われているので、油断すれば一瞬のうちに彼等の胃袋の中です。

その一方、肉食動物であるペンギンは、魚から見れば残忍な殺し屋です。毎日大量の魚を食べなければ水分さえ摂取できないのです。

■ 生態ピラミッド

ある生態系で生活している生物の数を調べると、下図のようなピラミッド型になります。これを生態ピラミッドといいます。

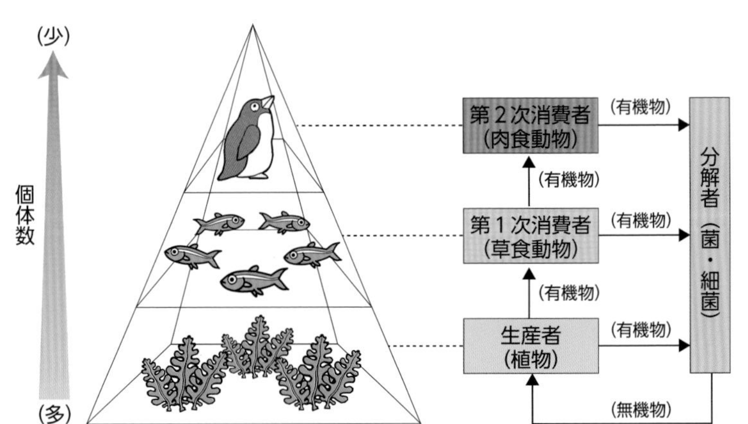

分解者	・他の生物、屍骸、排出物などの有機物を無機物に分解する**菌**、**細菌**
消費者	・他の生物を消費する**動物**
生産者	・水と二酸化炭素からブドウ糖を生産する**植物**

ライオンと草食動物の彫刻
人類最古の文化遺跡ペルセポリスに、食物連鎖のレリーフがある。

①：野生のペンギン　②：アシカの子
休息する時間が長い生物は、食物連鎖の頂点に近い。

食物連鎖（食物網）のバランス
食料は限られているので、強い種ほど少なく、最大数は決まっている。外来生物や環境の変化などでバランスが崩れると、予想外の「種」が絶滅、あるいは、激増して安定することがある。また、実際は鎖状ではなく、網目状。典型的なつりあいは、p.129 欄外。

生徒の感想

- かわいい顔をした動物でも、他の生物を殺して食べなければ生きていけない。
- 弱肉強食は人間社会も同じ。

4 植物→ 草食動物→ 肉食動物

すべての生物は弱肉強食の世界に生きています。植物が草食動物に食べられ、草食動物が肉食動物に食べられる例を調べてみましょう。

弱肉強食の観察場所
- 水槽の中
- 動物園や植物園
- 池、湖、海

※時間や範囲を限定してもおもしろい。

植物と草食動物の攻防

植物は、ある生態系の基盤になる「生産者」です。その植物にとって、水中でも陸上でも、草食動物は生まれながらの敵「天敵」です。

①、②：アカシヤの木（①）は、天敵のキリン（②）に食べられないように棘をつける。

トノサマガエルとコオロギ
トノサマガエル（肉食動物）は、コウロギやハエなどの小動物を捕食する。

草食動物と肉食動物の攻防

草食動物 （逃げるためのしくみが発達）	肉食動物 （捕まえるためのしくみが発達）
 **ディクディク**　耳を自在に動かし、音源を正確に知る（p.54）。片目ずつで広い範囲を見る。臼歯が発達しているが、防衛には使えない。走るための蹄が発達。	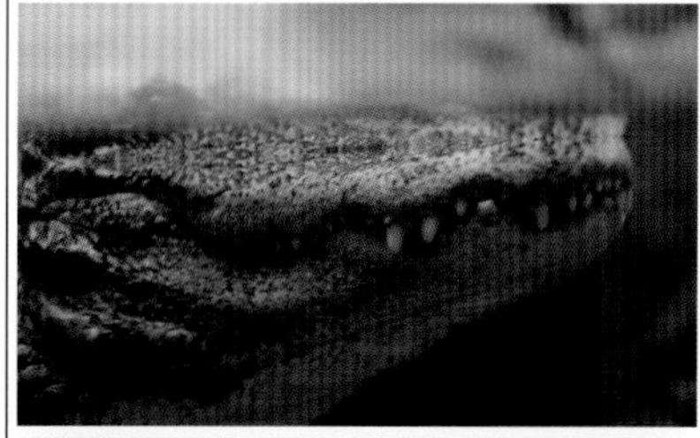 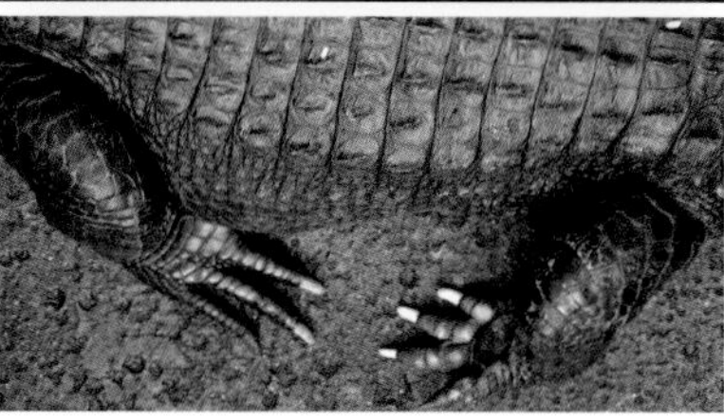 **ワニ**　発達した犬歯（p.74）と強い顎で獲物を襲うが、爪も強い。両目で獲物までの距離を測定できる。
 **バッタ**　植物の硬い細胞壁を喰いちぎる顎をもっている。発達した脚と翅は、肉食動物から逃げるためにある。	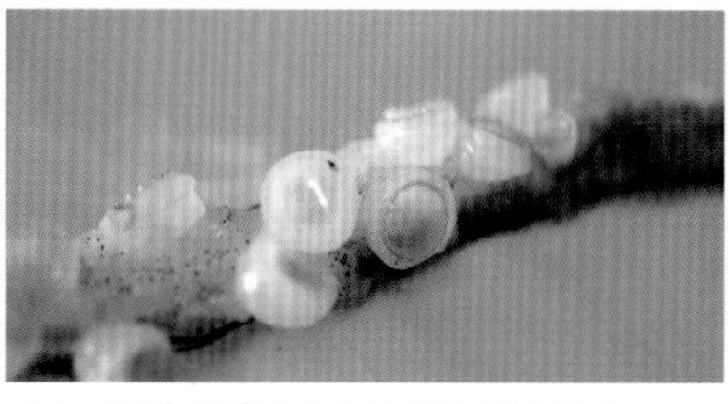 **イカ**　獲物を捕えるための吸盤がある。

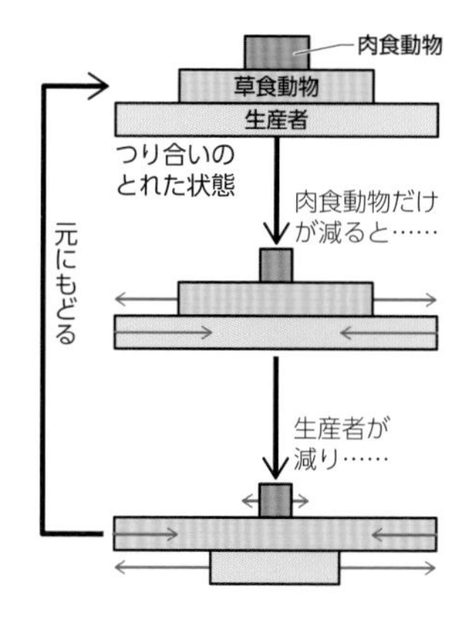

生物量（個体数）のつりあい

生物濃縮
ある物質が生物体内に蓄積され、高濃度になる現象。例えば、海藻によるヨウ素の濃縮、食物連鎖によるDDTやPCBの高い濃縮。この現象は脂肪と結びつきやすい物質によく見られる。

5 落ち葉を中心にした食物網と分解者

落葉樹の下には、落ち葉を起点とする食物網があります。葉を食べるミミズ、その屍骸を食べる小さな節足動物、それらのフンを利用する菌や細菌など。このような生物を分解者といいますが、消費者との区別はあいまいです。また、落ち葉や小動物の死骸は腐植土になり、肥料（窒素化合物）や無機物として植物が吸収します。

準　備

- スコップとバケツ
- ピンセット、軍手
- ルーペ（双眼実体顕微鏡）

落葉樹のある公園
落ち葉は窪地にたまりやすい。また、湿っている方が多様性に富む。

ミミズ（環形動物）
土壌中の有機物や微生物を食べ、排泄物は小さな団子のようになる。無農薬の畑には欠かすことができない。種類も多く、雨上がりによく見つかる。

石の下に棲む生物
石の下には、落ち葉の下とは全く別の生物達が生活している。観察後は、移動させたものを元どおりにすること。

土の中で生活する生物の採取方法と観察の手順

①、②：日陰でやや湿っている場所の落ち葉をそっとどけ、棲んでいる生物を採取する。食物や隠れ家となる落ち葉や土も入れるとよい。　③、④：教室へ戻り、観察スケッチする。⑤：**ナメクジ（軟体動物）** 殻をもたない貝の仲間。　⑥：**ダンゴムシとワラジムシ（いずれも節足動物）** ダンゴムシは団子のように丸くなるが、ワラジムシは逆に反り返る。雑食性で、落ち葉の他に何でも食べる。　⑦：**ハサミムシ（昆虫類）** 腹部の先端にはさみをもつが、指をはさまれてもあまり痛くない。

ツルグレン装置を使った小さな動物の採取

光や乾燥を嫌う小さな生物たちの性質を利用して、肉眼では採取できない土壌(どじょう)動物を観察しましょう。

①：腐植土を採取する（生物の種類は深さ１cmで変わる）。　②：ふるい入れ、上から光を当てる。下にエタノールを入れたシャーレを置く。　③：シャーレに落ちた生物をスポイトで吸い、低倍率の顕微鏡で観察する。左からセンチュウ、多足類の子ども、同左、ワラジムシの子ども。※腐葉土は落ち葉が土のようになったもので土壌ではない。

観察できた小さな生物（節足動物）

名前が不明な節足動物は、まずは脚を数えて仲間分けをしましょう。

ツルグレン装置

上から光を当て、光、熱、乾燥などを嫌う小さな動物を下に落とす装置。

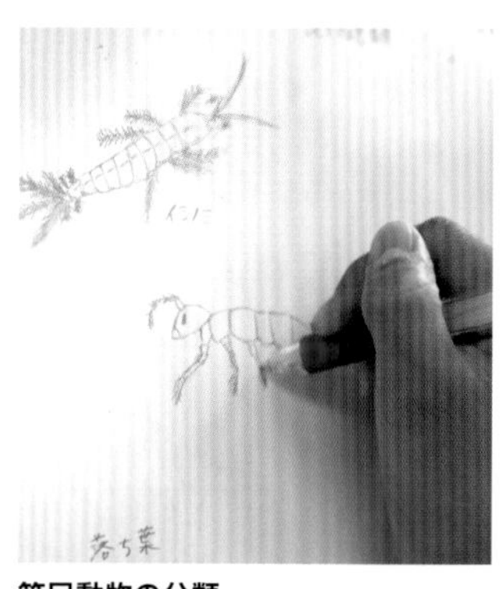

節足動物の分類

初めに脚の数を調べる（p.65）。

- 昆虫類：脚３対（６本）
- クモやダニ：脚４対（８本）
- 多足類：成長にしたがって体の節(ふし)と脚がふえる)。
- 甲殻類：脚５対（10本）

生徒の感想

- 蚊にたくさん刺されたから、蚊はたくさん卵を産めるので喜んでいると思う。私はかゆいけれど…。
- 乾燥した土にはいない。
- 赤ちゃんもいっぱいいたけれど、大人でも小さな生物がいた。
- ろうとから、生物がぽたん、ぽたんと落ちて来た。

6 土の中の微生物の培養

土の中で生活している、肉眼では見えない菌（p.134）や細菌（p.152）を培養してみましょう。寒天培地を作り、その上に「焼いた土」と「そのままの土」をのせます。条件をコントロールして数日間培養すれば、土の中にいる微生物のはたらきを確認できます。

微生物を培養する方法

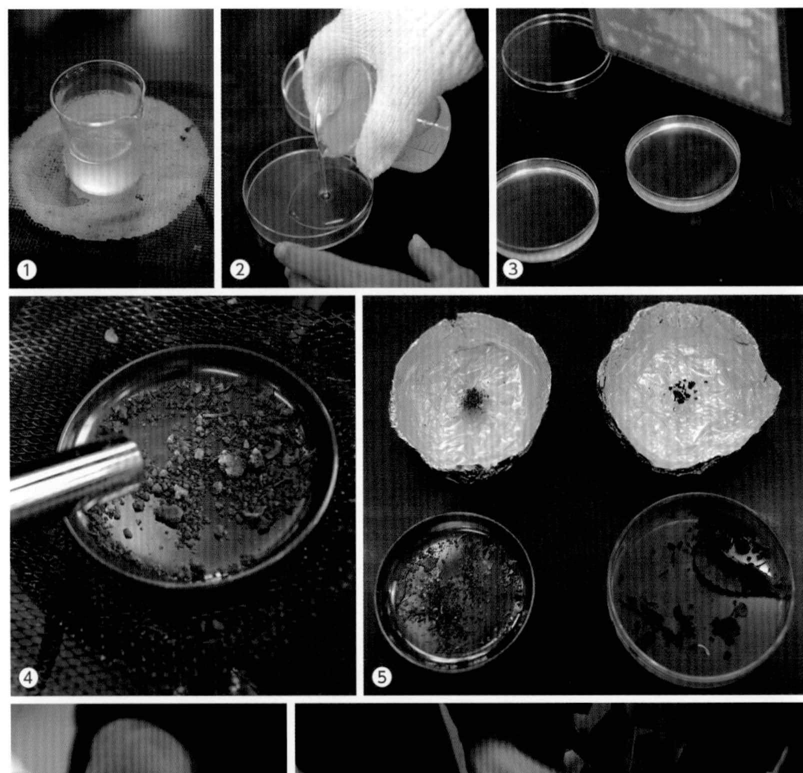

①～③：熱湯で寒天とでんぷんを溶かし、シャーレに入れて固める（皿が汚れていると、その汚れから微生物が繁殖する。培養だけならでんぷんは不要）。　④：燃焼皿に土を入れ、十分に加熱殺菌する。　⑤：寒天培地に、焼いた土（左）とそのままの土（右）を少量のせる。写真は、アルミホイルの手作りシャーレ。　⑥：ラップをかけてから、恒温器（35～42℃）に入れ、2～3日間放置する。　⑦：数日後、培養したシャーレを取り出すときの様子。

準　備

- 土（落ち葉の下にあるもの）
- シャーレ（ペトリ皿）
- 寒天
- でんぷん
- ヨウ素液
- ラップフィルム

⚠注意 菌・細菌

- 未知の生物が大量に培養される可能性がある。実験の後は、よく手を洗い、寒天培地は加熱してから捨てる。
- 本文の手作りシャーレは丸ごと処分できる（自治体による）。

寒天

寒天とでんぷん（片栗粉、小麦粉の主成分）は違う。寒天はテングサなど紅藻類の粘液質から作るもので、トコロテンにもなる。実験は市販の寒天粉でよい。

培養

栄養や温度などの条件をコントロールしながら、微生物、細胞、組織などを人工的にふやすこと。

⑧：培養後のシャーレ（左：焼いた土、右：そのままの土）

菌の特徴

菌と細菌を厳密に区別することは難しいが、菌は「菌糸」「胞子嚢（のう）」「胞子」をつくるものがある（p.134）。

分解者

有機物を無機物にする生物を分解者という。ここで観察した生物は、有機物を「小さな有機物」に分解しているが、完全に無機物まで分解したかは不明。

ヨウ素液を加えた寒天培地

次に、ヨウ素液を加えます。ヨウ素反応（黄色→青紫色）があれば、でんぷんがある＝呼吸（分解）しなかった、ことを意味します。

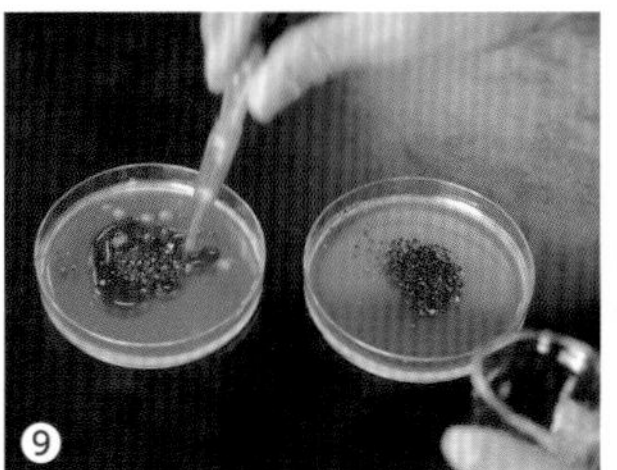

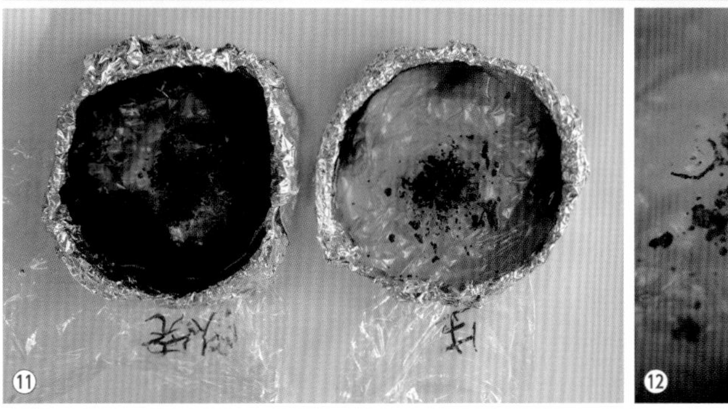

⑨、⑩：ヨウ素液を少しずつ加える。反応がよくわからないときは、スポイトを寒天に刺して内部を調べてもよい。　⑪：ヨウ素反応の結果。　⑫：⑪をよく見ると、白い菌糸（菌の特徴）が見える。

分解者としての菌や細菌

自然界の菌や細菌は1種類だけで活動するのではなく、何百、何千種類が協力しあって、無機物まで分解する。また、分解といっても、菌や細菌にとってはヒトと同じ呼吸をしているに過ぎない。

小さな生物の観察方法

生物の大きさによって、肉眼、ルーペ、ツルグレン装置、顕微鏡、寒天培地（かんてんばいち）による培養など、観察方法を工夫する。

落ち葉を中心とした生物たち

落ち葉の表層には比較的大きな生物が生活し、その下には肉眼では見えない小さな生物が生活しています。落ち葉は、これらの生物によって土になります。さらに、ここで調べた菌や細菌によって無機物にまで分解されます。無機物は、無機養分として植物に吸収され、植物のからだをつくる材料、有機物の一部になります。

生徒の感想

- 腐ったチーズのような匂いがした。めちゃ臭い！
- 今度やるときは、温度やでんぷんの量を変えてみたい。
- 私が触った指紋の上にカビが生えていた。

7 菌（キノコ、カビ、酵母）

菌は、多様な生活様式をもった多細胞生物です。菌糸は細長い細胞のつながりで、からだは分裂や胞子でふえます。栄養分は体外へ出した消化酵素で溶かしてから、細胞内に吸収します。

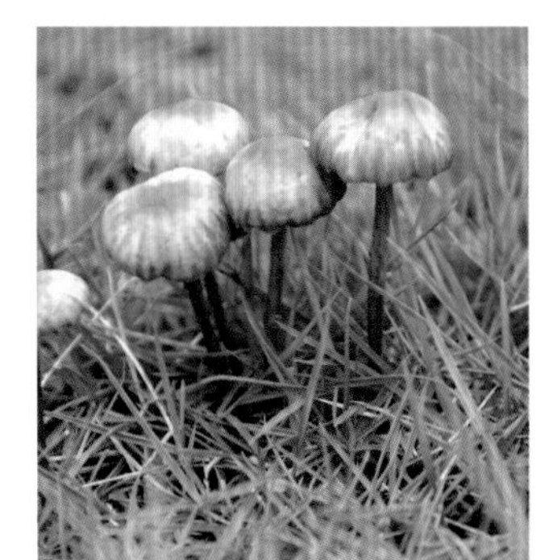

雨上がりの芝生に生えたキノコ
条件がそろうと、昨日まで何もなかった場所に突然生えていることがある。

菌の主な特徴

(1) 核、ミトコンドリアがある
(2) 植物細胞と同じ細胞壁がある
(3) 胞子、分裂、出芽などでふえる
(4) 運動しない

いろいろなキノコ（担子菌）の観察

菌はふえ方によって３つに分類されますが、まず、キノコとして食卓によく並ぶ担子菌について観察しましょう。担子菌の仲間は、胞子をつくる「大きな傘のような器官」が特徴です。

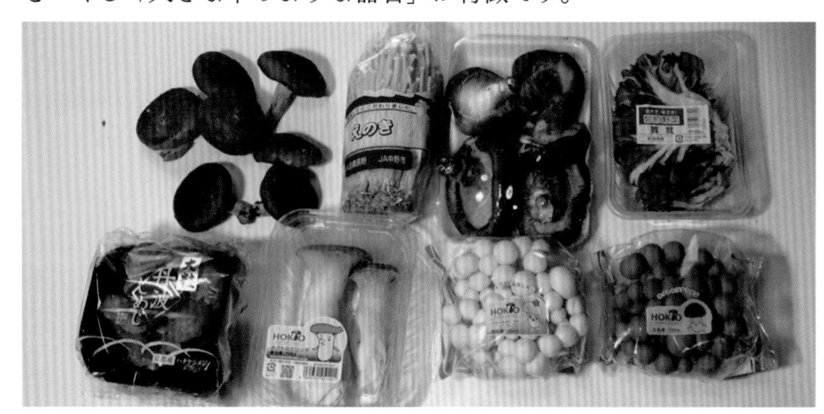

市場で購入したいろいろなキノコ。観察後は、キノコ鍋！

ふえ方による菌の分類

担子菌 (p.134)	• 担子器（大きな傘のような胞子をつくる器官）があるキノコの仲間
子嚢菌 (p.135)	• 子嚢（小さな袋状の胞子をつくる器官）があるカビの仲間
その他 (p.136)	• 分裂や出芽によってふえ、単独生活する酵母（イースト）の仲間

生活場所による区分

- 土中（土壌菌）
- 水中（淡水、海水）
- 樹木（寄生菌として）
- 藻類との共生 (p.137)

いろいろな倍率で観察したキノコ

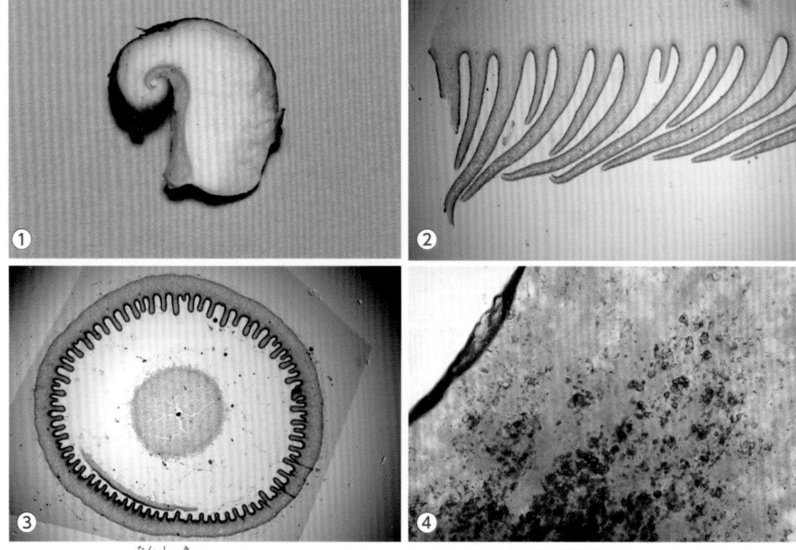

①：**シイタケの担子器** 胞子をつくる部分。まだ十分に発達していない。 ②：**マツタケの担子器の断面（40倍）** 中央にはたくさんの菌糸がある。 ③：**エノキタケの断面（40倍）** 中央にたくさんの菌糸が集まって柄をつくり、周辺にはひだ状の担子器をつくっている。 ④：**シメジの菌糸（40倍）** からだ全体が菌糸からできていることがわかる。

キウイに生えた白いカビ（子嚢菌）

子嚢菌の仲間は、胞子の状態で空気中を飛んでいます。適当な場所に付着すると、胞子が発芽して、菌糸や子嚢（胞子をつくる器官）をつくります。逆に、条件が悪いと胞子のまま休眠します。

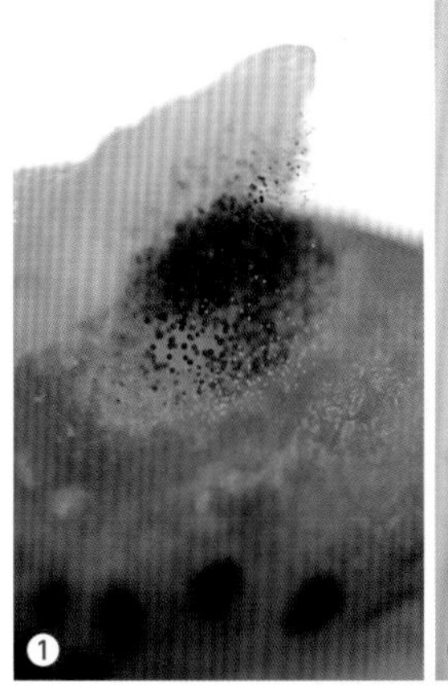

①：黒や白の菌糸や胞子が観察できた。　②：40 倍で観察したもの

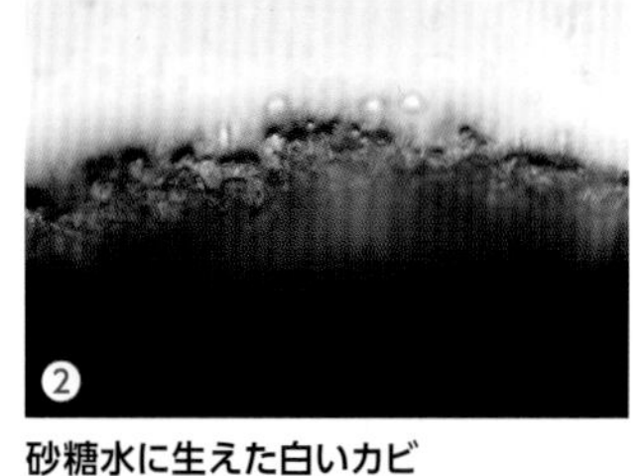

砂糖水に生えた白いカビ

①：砂糖水を放置したところ、24 時間で白いカビが発生した。　②：①を 40 倍で観察したもの。

カビを繁殖させる実験

夏休みの自由研究でカビの繁殖に取り組んだことはありますか。私のお勧めは、ラップフィルムに包んで１～２週間放置する方法です。初期条件と実験環境（温度、太陽光線など）をコントロールすれば、研究らしくなります。胞子も飛び散りません。ただし、未知の菌や細菌（p.152）が繁殖することもあるので、先生や知っている人の指示にしたがいましょう。

準　備

- 食パン、餅などの食品
- 水、ラップフィルム

⚠ 注意　菌、細菌

- 有毒な菌もあるので、カビが生えた食品は食べない。また、目、鼻、口から菌や胞子が入らないようにする。

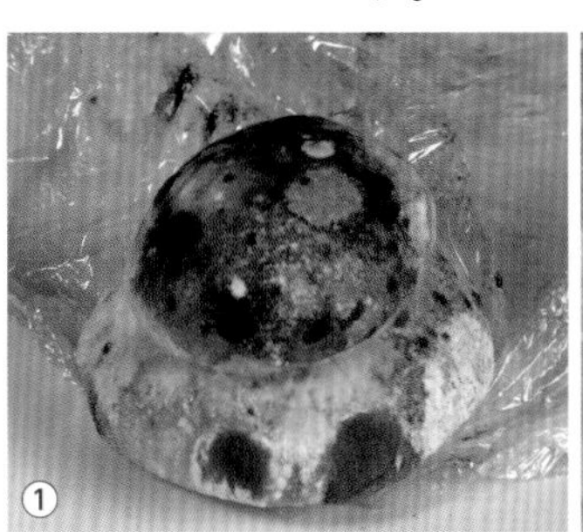

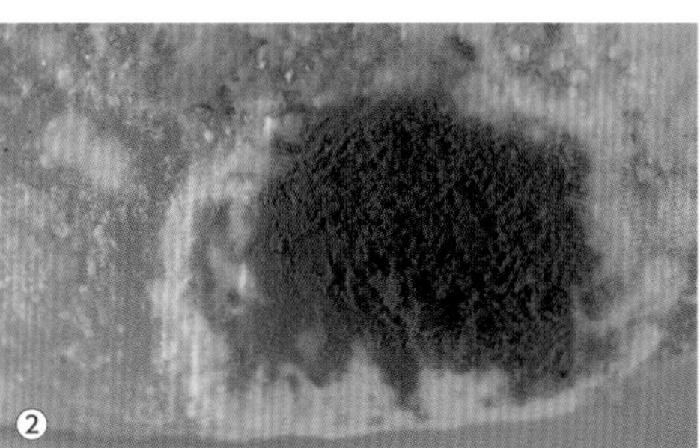

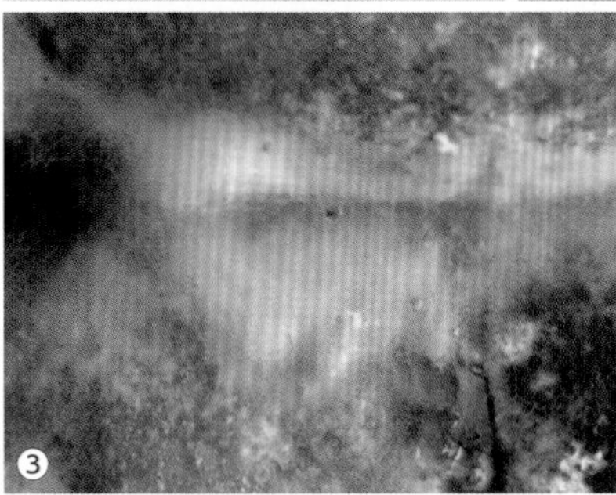

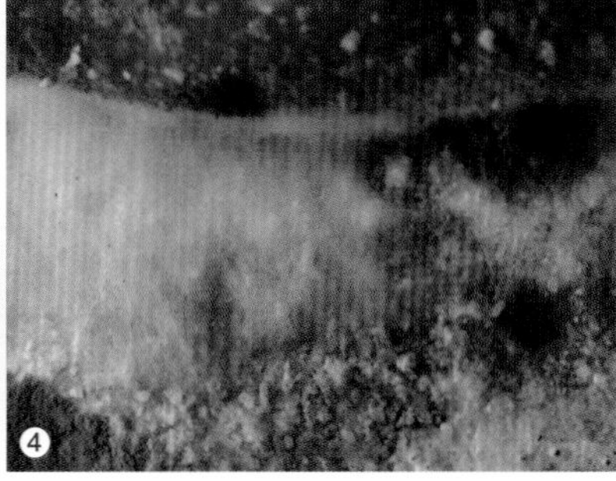

①：ラップフィルムをかけたまま３週間放置した餅。　②～④：①の部分拡大。

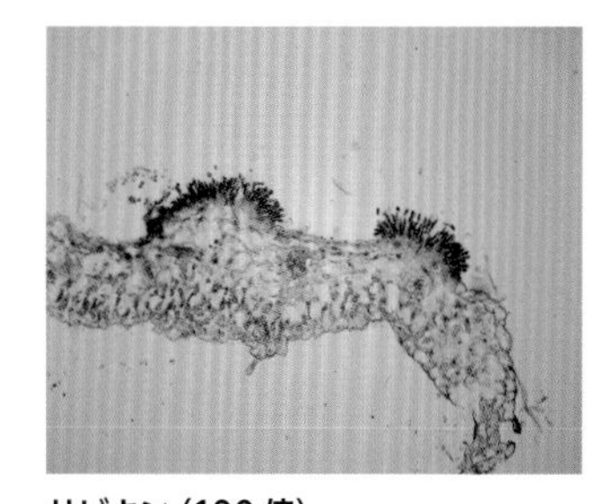

サビキン（100 倍）

植物の病原菌で、農作物にさまざまな被害を与える。

白癬菌

皮膚に寄生する糸状の菌。水虫、いんきんたむしともいうが、生物学的には同じ生物。

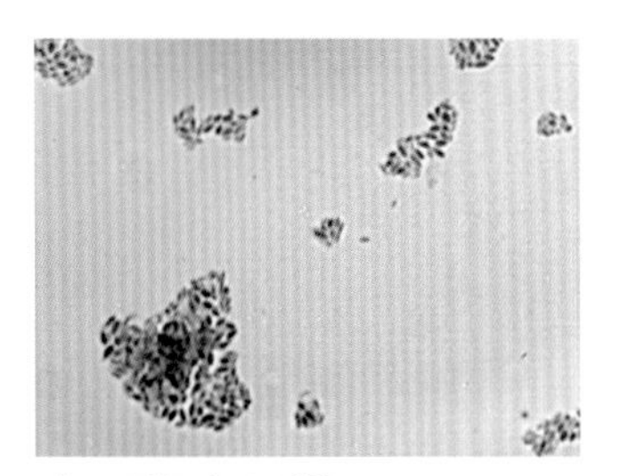

ビール酵母（400倍）
麦芽を分解する。出芽によってふえる。

水カビの仲間
消化酵素を体外に分泌し、死んだトンボの幼虫（ヤゴ）の頭部を溶かして吸収する。酵母とは違う生活をする菌（子嚢菌）。

発酵をおこなう生物
菌、細菌、原生生物の3つ。これらの分類はp.150。

食卓に欠かせない菌「酵母」

酵母は単独生活し、分裂や出芽などの無性生殖でふえます。いろいろな種類がありますが、パンを発酵させる酵母（イースト）、味噌や醤油をつくるコウジ酵母などは、私たちの食生活を豊かにする身近な菌です。その形態は、環境によってキノコ（p.134）的外観に変わったり、酵母とカビの時代を使い分けたりするものもいます。

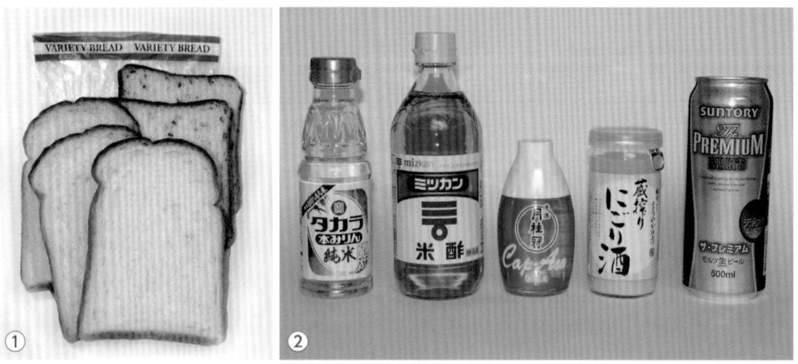

①：食パン（イーストで発酵させる）。　②：酢酸菌、日本酒の酵母、ビール酵母などで発酵させたもの。発酵中の酒の中には1mLにつき数億個の酵母が存在する（1個5～10μmなので数億個を並べると500m～1km）。

発酵と腐敗

菌や細菌の立場からすると、発酵と腐敗は同じ活動「呼吸」です（p.28）。人にとって役に立つ有機物（酒、ヨーグルトなど）ができる場合を発酵、不要物ができる場合を腐敗というだけです。

ブドウ糖 ──(呼吸)──→ 小さな有機物　＋　エネルギー

なお、酸素を使わない発酵は、嫌気呼吸といいます。その一方、ヒトの細胞も行う細胞呼吸（p.28）は好気呼吸といい、解糖系・クエン酸回路・電子伝達系の3段階が連続して行われます。

生物	反応
ヒトを含めたすべての生物	**ブドウ糖 ──(解糖系)──→ ピルビン酸＋二酸化炭素＋水　＋エネルギー** ※細胞内の液体（細胞質）に散らばっている酵素によって進行する。発酵の1つでもある。
酵　母（菌 p.136）	ピルビン酸 ──(発酵)──→ アルコール＋二酸化炭素　＋エネルギー
乳酸菌（細菌 p.152）	ピルビン酸 ──(発酵)──→ 乳酸　＋エネルギー ※筋肉（p.60）が収縮するときに使うエネルギーは、この乳酸発酵と同じ反応でつくる。
植物、動物	ピルビン酸＋酸素 ──(クエン酸回路)──→ 二酸化炭素＋水　＋エネルギー ※化学変化として酸素を使う反応は、ここだけ。 ※この反応「クエン酸回路」は、細胞のミトコンドリア内で行われる（p.28）。 ※ミトコンドリアを持っている生物は、植物と動物だけ。

※酢酸発酵は、例外的に酸素が必要。また、この本は解糖系、ピルビン酸、電子伝達系に深く触れない。

8 菌と藻類が共生する「地衣類」

地衣類は、身近にある生物です。「菌（p.134）」と「光合成する藻類（p.108）」が協力しあい、まるで１つの生物のように生活しているものです。コケ植物と間違えやすい形態ですが、どんなに詳しく見ても特徴がないのが特徴です。その本体は、植物でも動物でもない高度に発達した菌です。

準　備

- ルーペ
- 記録用紙

地衣類の主な特徴

(1) 菌類は安定した生活場所を確保
(2) 藻類は光合成で有機物をつくる
(3) 本体は胞子や芽のようなものを出してふえるが、藻類も一緒にふえる
(4) 根・茎・葉の区別がない

地衣類の分類

(1) 樹状（じゅじょう）地衣類
(2) 葉状（ようじょう）地衣類
(3) 痂状（かじょう）地衣類

日本で1600種類以上、世界で2000種類以上記録されている。

樹齢約 30 年ほどの木で生活していた地衣類

①：直射日光が当たらない老木から、コケのようなものがある部分を探す。　②～④：ルーペを使って注意深く観察する。緑や黄色に見えるのは藻類の色素。

南アフリカの海岸の地衣類
赤い葉緑体をもつ藻類の色が目立つ。

ギンリョウソウと菌根
腐生植物「ギンリョウソウ」は、葉緑体をもたない。地中の死んだ動物や植物の有機物を分解している菌から養分をもらう。

その他の場所で見つけた地衣類

⑤：まるでペンキを塗ったかのように、樹木の右側だけに生育している。　⑥：水分を保つことができる凝灰岩の壁で見つけた地衣類。これらは都会で見つけたものだが、森林の中には多様な地衣類が生活している。

9　環境問題を調べよう！

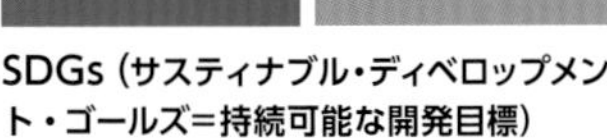
SDGs（サスティナブル・ディベロップメント・ゴールズ＝持続可能な開発目標）
2015年国連サミットで採択された、2030年までに世界中が協力して行う、世界を変えるための17の目標、169の達成基準、232の指標で構成される。目標14「海の豊かさを守ろう」、目標15「緑の豊かさも守ろう」。

ヒトの誕生前、わずか700万年前の地球は、生物と地球が一緒に変化（進化）していました。しかし、人類が生まれ、必要以上の物質をためたり、大量のエネルギーを消費したりするようになると、地球環境は急激な変化を始めました。その加速度は増しています。私たちに求められることは、積極的に自然環境を維持する保全活動です。

生物環境	・生物どうしでつくる環境
地球環境	・生物、有機物、鉱物、無機物、大気、海、気温、水温など地球すべてでつくる環境

環境問題の分類例（キーワード）

環境問題は、ヒトによる自然破壊の問題です。インターネットや図書館、テレビや新聞などから資料を集め、地球の環境問題を調べてみましょう。いろいろな問題を分類、整理し、自分ができることから取り組みましょう。環境問題の解決は、人類の責任です。

(1)　地球規模の問題
- アマゾンなどの熱帯雨林の伐採（砂漠化、地球温暖化）
- 大気汚染（酸性雨、二酸化炭素、光化学スモッグ、窒素化合物）
- 水質汚濁（赤潮、アオコ）
- オゾンホールによる紫外線の増加（フロンガスの排出）

(2)　中学生が取り組める身近な問題
- リサイクル（アルミ缶、ペットボトル、再生紙）
- バイオマス（細菌を利用した堆肥づくり）

(3)　環境を考えた科学技術
- 太陽光発電、風力発電、地熱発電、エネルギー開発

(4)　最近の環境問題
- 生態系で解決できること、政治レベルの問題
- 放射能汚染（原子力発電の事故処理、放射性廃棄物の処理）
- 外来種、生物濃縮

水質調査の指標生物

清→汚	
清	サワガニ、カゲロウ、ブユ、ヘビトンボ、ナガレトビゲラ。
↕	カワニナ、ゲンジボタル、シジミ、シマトビケラ、ヒラタドロムシ
↕	ヒメタニシ、ミズムシ、シマイシビル、ミズカマキリ
汚	アメリカザリガニ、セスジユスリカ、サカマキガイ、イトミミズ

土壌調査の指標生物

清→汚	
清	リクガイ、オオムカデ、ヤスデ、ヨコエビ、ヒメフナムシ、イシノミ、ザトウムシ
↕	ミミズ、ワラジムシ、ゴミムシ、ハサミムシ、カメムシ、シロアリ、甲虫（コウチュウ）の幼虫
汚	ダンゴムシ、ヒメミミズ、トビムシ、クモ、ダニ、ハエ

主な外来種

日本でふえる外来種 オオカナダモ、ホテイアオイ、セイヨウタンポポ、ハルジオン、シロツメクサ、アメリカザリガニ、ニジマス、ミシシッピアカカミガメ（ミドリガメ）、アライグマ、ブラックバス、クビアカツヤカミキリ
国外で問題を起こす日本の生物 ワカメ（北米で大繁殖）、コイ（各国の湖）、マメコガネ（大豆、ブドウの害虫）

環境保全

保全とは、積極的に現状を維持することです。それは人類が協力しなければできません。SDGs、ワシントン条約（絶滅危機の野生動植物に関する取り決め）などの国際的取り決めは重要です。また、気候変動は、国境を越えて生態系に影響を与える問題です。

ラムサール条約で保全されている藤前干潟

1971年、イランのラムサールで、環境に取り組む先駆的な多国間条約が制定されました。環境と生物とヒトの共存を考えたものです。

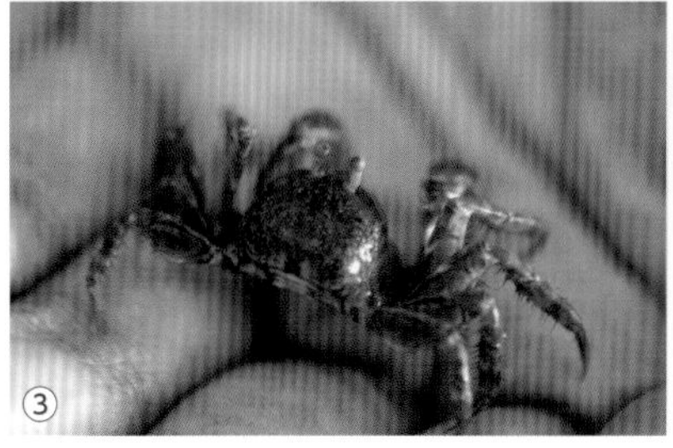

①：藤前干潟の水鳥は、年間を通すと約 35 種類。　②：①の餌となる水生生物。
③：コメツキガニ　④：トビハゼ

藤前干潟（愛知県名古屋市）
名古屋市民による長年の保全活動がゴミ埋立地なることを防いだ。巨大な建物はゴミ焼却所。

レッドデータブック
絶滅しそうな野生生物に関する図書。いろいろな機関が作成しているが、一般には環境省のものをさす。1966年、IUCN（国際自然保護連合）が最初に作成。

生徒の感想

- 国立公園は大切にしよう！
- わざわざ守らなくてはいけない時代。
- 社会の勉強みたいだった。
- みんなで協力して助け合えば、解決できない問題はない。
- 僕は家庭用蓄電池を開発します。すでに太陽光発電で家庭の電力がまかなえるから、原子力はいらないと思います。

ユネスコの世界遺産

1972年、国際連合教育科学文化機関（ユネスコ）は、貴重な価値をもつ文化や自然遺産の保護を目的とする条約を採択しました。

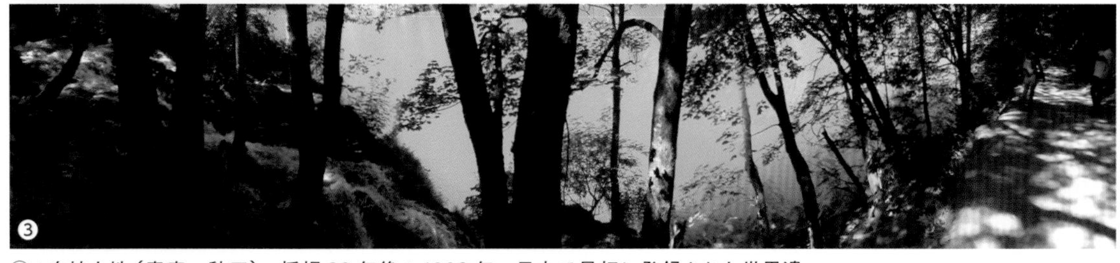

①：白神山地（青森、秋田）。採択 30 年後の 1993 年、日本で最初に登録された世界遺産。登山道は、登録後1本もつくられていない。　②：ウブス湖（モンゴル）　③：プリトヴィッツェ湖群国立公園（クロアチア）

第8章　進化と分類

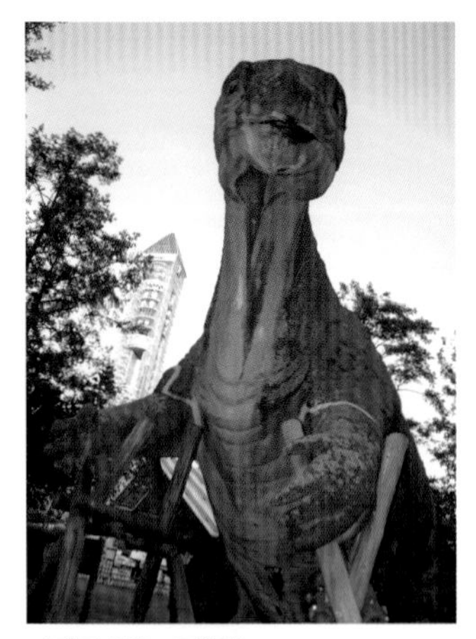
イグアノドンの模型
1億年前（中生代ジュラ紀）に生きていた草食性の恐竜。

生物はどのように進化※してきたのでしょう。この問いに答えるために、まず大昔の生物（化石）を、次に現在生きている生物を調べます。その鍵は、「生活場所（水中→陸上）」「サイズ（小→大）」「活動の効率」「ふえ方」などです。そして、章の後半で多様な生物を分類し、章末で地球の未来をあなたへ託します。

1 化石で調べる生物の歴史

化石が発見されたことは、間違いない事実です。その事実から、大陸が移動し、火山が噴火し、氷河期が何度もくり返されてきたことが推測されます。この地球に生まれ、絶滅した生物の証しを調べましょう。

地球と生物の歴史

	代		主な出来事、繁栄した生物など
顕生代（生物が顕れた時代）	新生代	第四紀	・人類の出現（700万年前）
		第三紀	・哺乳類、鳥類、被子植物の繁栄
	0.66億年前	巨大隕石の衝突で、生物の大半が絶滅	
	中生代	白亜紀	・被子植物の出現
		ジュラ紀	・恐竜の繁栄、始祖鳥の出現
		三畳紀（トリアス紀）	・新しいタイプの生物の発展（爬虫類、サンゴ、アンモナイト）
	2.5億年前	パンゲア超大陸がゴンドワナ大陸（南）とローラシア大陸（北）に分裂し、これまで繁栄していた生物が絶滅	
	古生代	ペルム紀（二畳紀）	・爬虫類、裸子植物の繁栄
		石炭紀	・両生類、昆虫、巨木シダ類の繁栄
		デボン紀	・魚類や肺魚（シーラカンス）の繁栄
		シルル紀	・ウミユリ（現在の石灰岩）の繁栄
		オルドビス紀	・原索動物の繁栄
		カンブリア紀	・三葉虫、海綿動物の繁栄
	5.4億年前	生物が爆発的に誕生（カンブリア爆発）	

生物の進化や絶滅によって区分する時代 ↑
・
化石（生物の痕跡）がほとんどない時代 ↓

	代	
先カンブリア時代	原生代	植物による光合成の開始（酸素、オゾンの生成） 25億年前　単細胞生物の誕生
	太古代（始生代）	細菌の時代 （ストロマトライト、光合成細菌<シアノバクテリア>の死骸が固まった岩石＝化石） 40億年前　太古の海、生命の誕生
	冥王代	46億年前　地球の誕生（灼熱のかたまり）

※進化は、いくつかの世代を経た形質（p.120欄外）の変化で、退化を含む。

代表的な化石の観察

化石を観察するときは、そっと両手で持ち、生物が生きていた当時に思いを馳せましょう。あなたが生まれるずっと前に、この地球で生活していた先輩です。科学的な知識と感性のバランスが重要です。

地質時代（地質年代）
岩石、地層、化石など地質学的な方法でしか調べることができない時代。詳細はシリーズ書籍『中学理科の地学』。

地質時代	写真	解説
新生代（第三紀）		**メガロドン**（ネズミザメ科） ネズミザメ「メガロドン」は**示準化石**（その地層の年代を特定できる）の１つ。示準になる条件は、短い期間に広範囲に繁栄して、絶滅すること。
中生代（白亜紀）		**イノセラムス**（軟体動物＞二枚貝） 進化速度が速く、形態がよく変わっていったことから時代を示す示準化石になる。比較的簡単に採取できる。殻は薄い。
中生代（ジュラ紀）	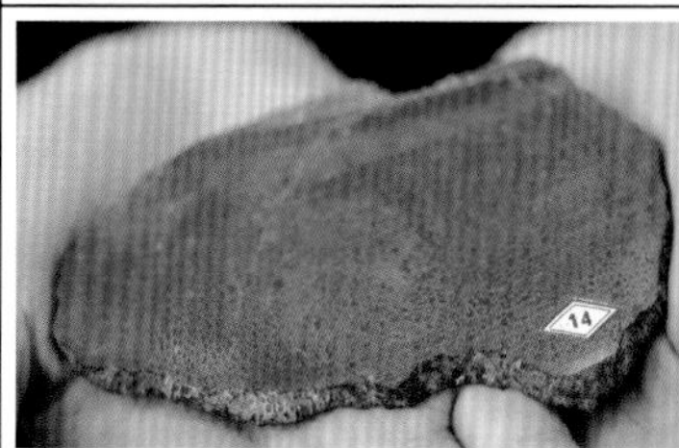	**恐竜の骨**（脊椎動物＞爬虫類） 肉食恐竜「アロサウルス」、「ケラトサウルス」、あるいは、草食恐竜「カマラサウルス」、「アパトサウルス」、「ディプロドクス」などの化石の断片であると思われる。
古生代（デボン紀）	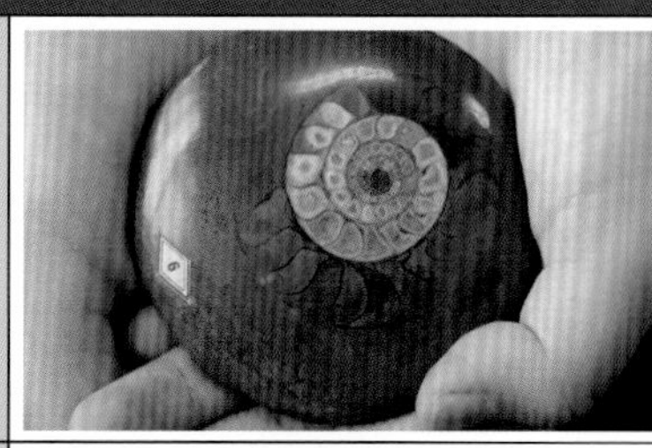	**ゴニアタイト**（軟体動物＞頭足類） デボン紀の示準化石。アンモナイトの仲間で、渦巻きの模様がきれいに見える。現在の頭足類（タコ、イカなど）と同じ仲間。
古生代（シルル紀）		**ウミユリ**（棘皮動物） 進化速度が遅く、現在生きているウミユリは「生きた化石」といわれる。この化石はウミユリの枝の部分。棘皮動物（ウニ、ヒトデなど）は、体の表面に棘がある。
古生代（カンブリア紀）		**サンヨウチュウ**（節足動物） 三葉虫は、古生代「カンブリア紀」に繁栄したが、この化石は古生代「オルドビス紀」のもの。

2 生体内の液体を一定に保つシステム

水はすべての生物にとって不可欠です。分子・原子レベルで調べても同じです。水中の微生物は周りも細胞内も水で満たされ、多細胞生物は体中に液体を運ぶための管(くだ)をもっています。ヒトは「血管とリンパ管（p.79）」、植物は「維管束(いかんそく)」です。

植物の水を循環させるしくみ「蒸散」

動物と植物では、水を循環させるしくみが違います。ヒトやタコなどの動物は「心臓」というポンプ、植物は「蒸散」という方法をとります。蒸散は、気孔(きこう)から水を蒸発させることですが、その効果は高さ100mの巨木の梢(こずえ)まで水を運ぶほどです（p.34）。では、次の実験で気孔が葉の裏側に多いことを確かめましょう。

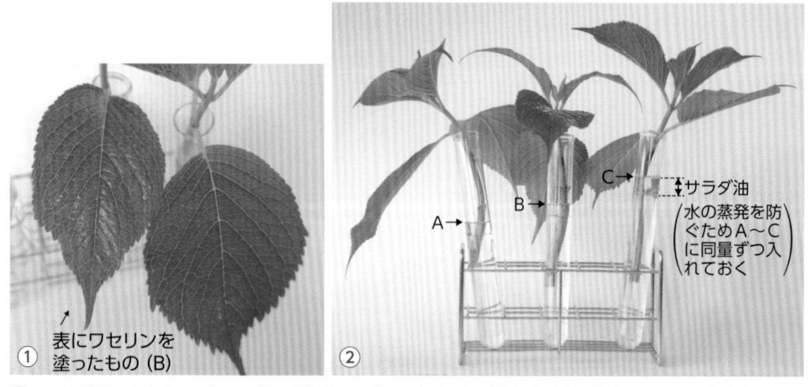

①：ほぼ同じ大きさの5、6枚の葉がついたアジサイの茎3本を用意する。そのままをA、葉の表にワセリンを塗ったものをB、裏に塗ったものをCとする（写真はワセリンを塗ったものと塗らないもの）。　②：24時間程度、明るい室内に放置し、水量の変化を調べる。その結果、葉の裏が最もよく蒸散すること、茎からも蒸散することがわかる。
※気孔（p.34）は茎にもあるので、蒸散量の計算問題では「茎」に注意すること。

維管束(いかんそく)

道管(どうかん)	師管(しかん)
・水が通る管 （肥料＝無機養分を含む）	・養分が通る管 （植物細胞がつくった有機養分）

※道管と師管をまとめて維管束（纖維(せんい)のような管(くだ)の束(たば)）という。根茎葉、花などすべてに通り、葉では葉脈という。

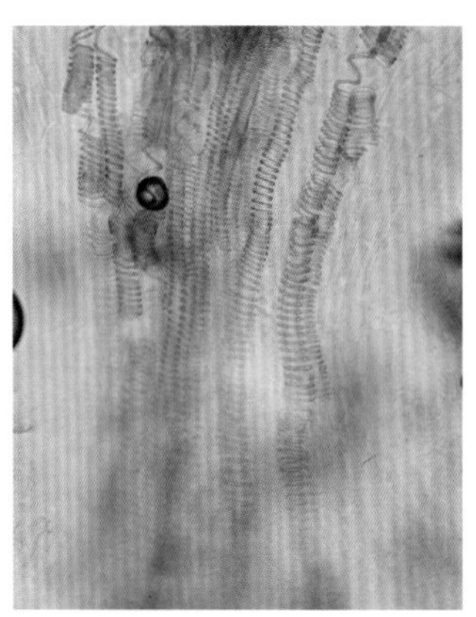

ウリの維管束（400倍）
コイル状のように見えるものが維管束。管の強度を増すための構造。非常に硬く、脊椎(せきつい)動物の骨のように体を支えるはたらきがある。

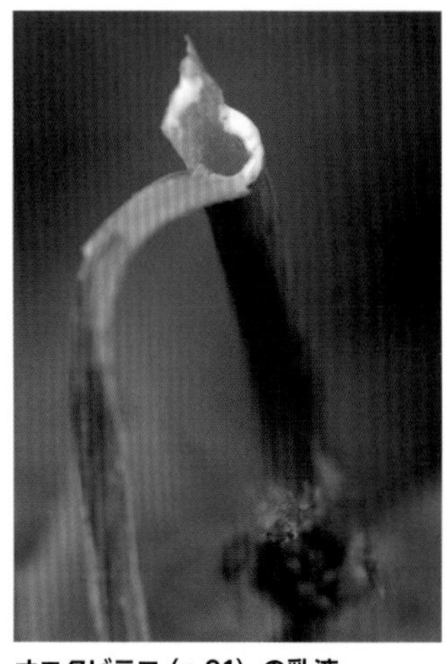

オニタビラコ（p.91）の乳液
茎を折ると、白い乳液（ラテックス。ゴムの成分）が出てくる。この乳液は、植物全体にめぐらされた「乳管」を流れる。タンポポを含むキク科の植物によく見られる。

3 野菜の維管束を調べよう

身近な高等植物の維管束を調べましょう。方法はネギ、セロリ、山芋、レンコン、タマネギ、ダイコンなど、台所にある野菜を赤インク入りの水につけておくだけです。

準　備

- いろいろな野菜
- 赤インク（色紅）
- 光学顕微鏡セット

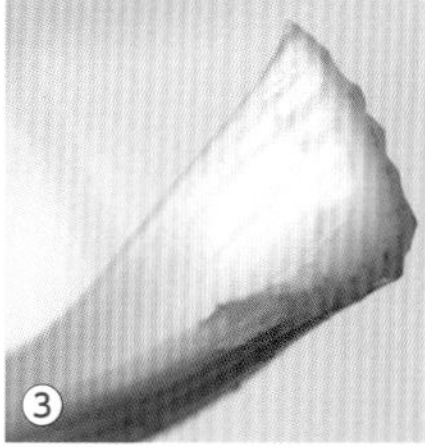

①：いろいろな植物を色インクの中に入れる。しばらくしてから包丁で切り、断面を観察する。顕微鏡で観察してもよい。　②：大根の維管束（根）。　③：セロリの維管束（茎）

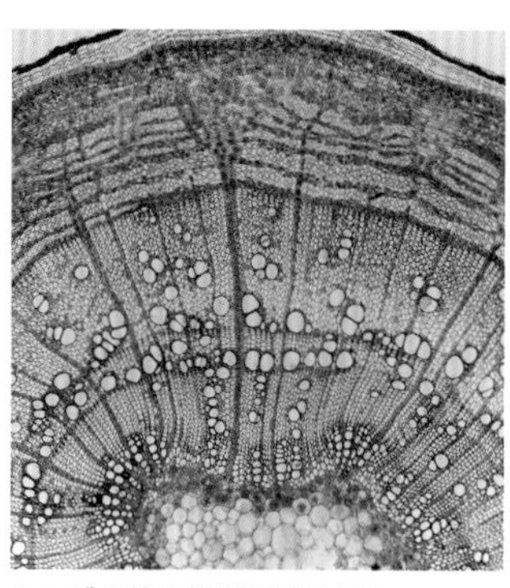

ムクゲの茎の横断面（40倍）

双子葉植物の維管束は、同心円状に並び、道管と師管の間に形成層（細胞分裂して成長する部分 p.145）がある。

■ ツバキの葉の維管束（双子葉植物）

教科書や図鑑でよく見るツバキの葉の横断面を観察しましょう。ポイントは維管束と裏表の細胞の並び方です。表は光が奥まで入るように整列、裏は光を乱反射して戻したりガス交換したりするために隙間だらけの海綿状組織をつくっています。

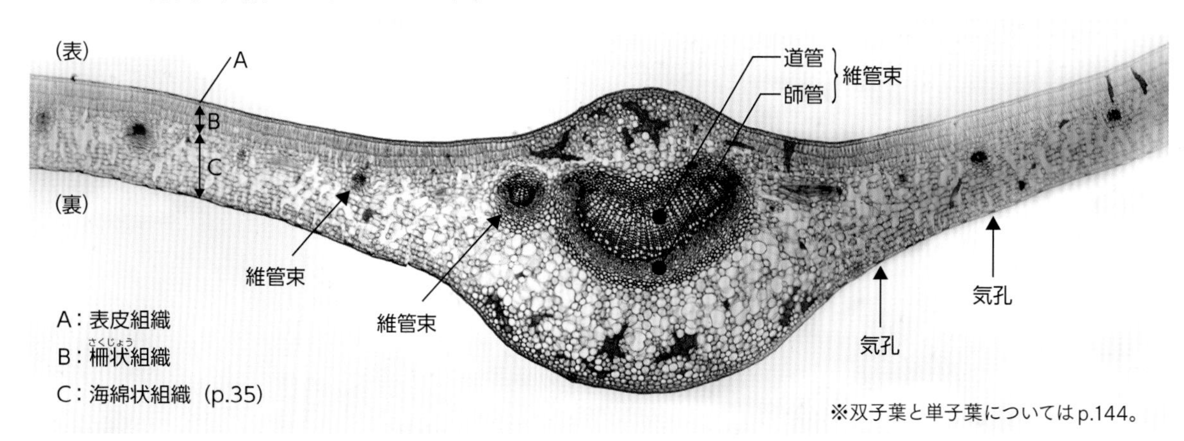

※双子葉と単子葉についてはp.144。

■ タマネギの茎の維管束（単子葉植物）

宇宙人の顔のように見える維管束を楽しんでください。

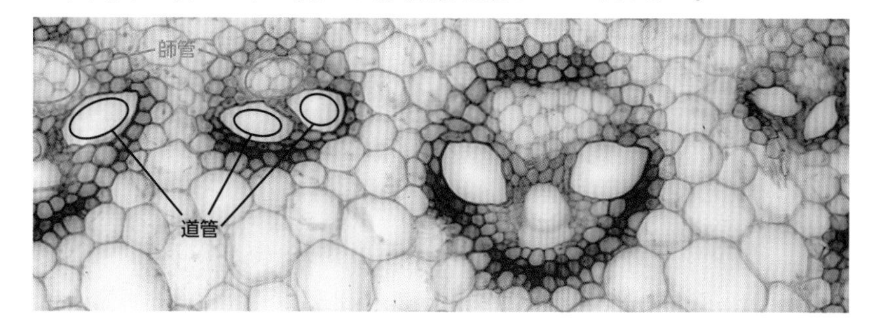

生徒の感想

- 野菜が植物であることは知っていたけれど、根・茎・葉のどこを食べているかは意識していなかった。
- 食物繊維は、維管束にとくに多いことがわかった。

4 雑草で調べる葉脈と根の関係

植物は、発芽したときの子葉の数で双子葉（2枚）と単子葉（1枚）に分類できます。前者は「網状脈」、後者は「平行脈」ですが、さらに、維管束の並び方にも規則性があります。これを身近な雑草で調べてみましょう。規則性は植物の大きさと関係ないので、できるだけ小さなもので調べるようにしましょう。

準　備

- 道ばたの雑草
- セロハンテープ、画用紙

雑草
雑草という分類はない。一般に、自然に生える人の役に立たない植物を雑草という。

※分類学では双子葉類より、双子葉植物という言葉を使うことが多い。

■ 身近に採取できる2種類の植物

①〜③：セイタカアワダチソウ（双子葉）とエノコログサ（単子葉）。①と③は40倍で観察。

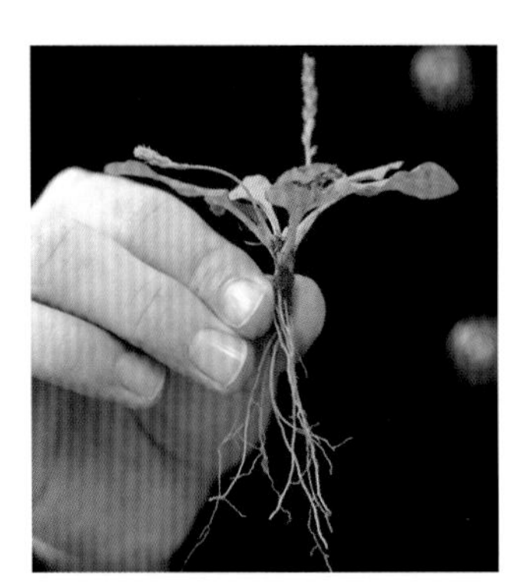

オオバコ
身近に見られるオオバコは、網状脈であるが、ひげ根のようになっている。

■ 葉脈と根の模式図

最近の研究は、葉脈と根の生え方の関係が薄いことを指摘しています。欄外のオオバコのような例は、フィールドでそこそこ見られます。

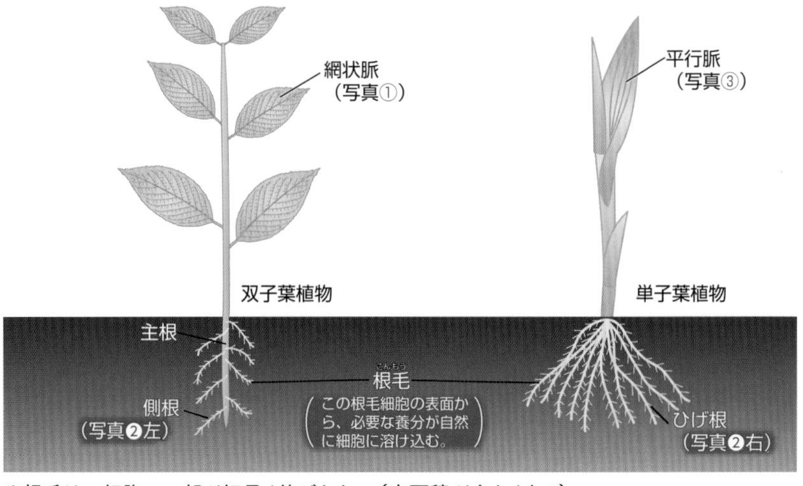

※根毛は、細胞の一部が細長く伸びたもの（表面積が大きくなる）。

生徒の感想

- 雨が降って大変だったけれど、土が柔らかくて根っこがすっと抜けました。ひげ根もきれいに採れました。根毛は両方に生えていました。

双子葉植物と単子葉植物（根、茎、葉）

子葉の数と維管束の並び方は、はっきりした関係があります。断面のプレパラートを作って観察してもおもしろいでしょう。

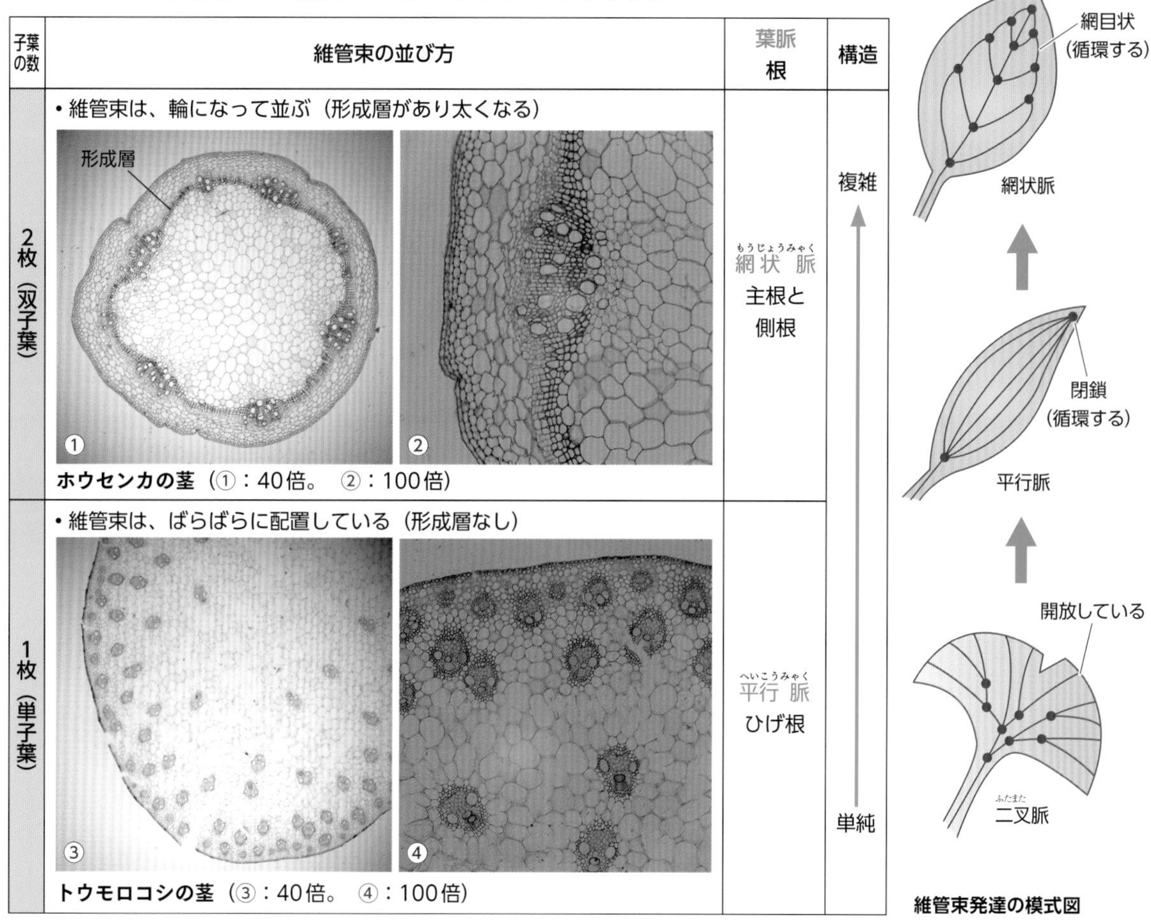

子葉の数	維管束の並び方	葉脈／根	構造
2枚（双子葉）	•維管束は、輪になって並ぶ（形成層があり太くなる） ホウセンカの茎（①：40倍。②：100倍）	網状脈（もうじょうみゃく） 主根と側根	複雑
1枚（単子葉）	•維管束は、ばらばらに配置している（形成層なし） トウモロコシの茎（③：40倍。④：100倍）	平行脈（へいこうみゃく） ひげ根	単純

維管束発達の模式図

花による単子葉植物の分類

単子葉植物の花弁の数を調べると、ほとんどが３の倍数です。

花弁が３の倍数	花弁なし
•アヤメの仲間（上：カキツバタ） •ユリの仲間（チューリップ、ツユクサ）	•イネの仲間（上：スズメノカタビラ） •トウモロコシの仲間 •ススキの仲間

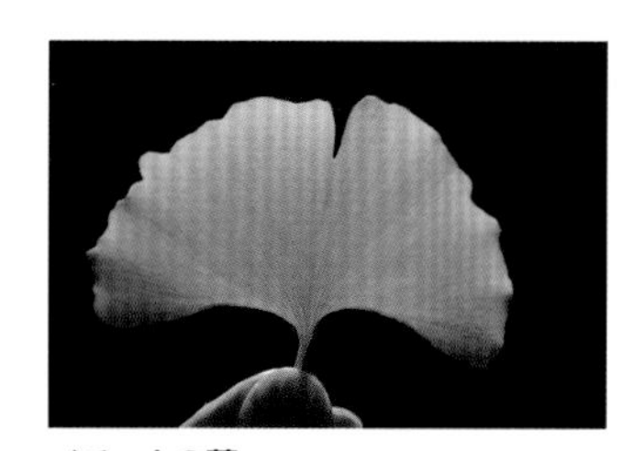

イチョウの葉

葉脈の末端は空気中に開放しているので、水は出たままになる。また、葉脈は必ず２つに分かれるので、最終的に２つに分かれた「末広（すえ）がりの形」になる。

5 水との距離から体の構造を考える

下表は、植物と脊椎動物を対比させたものです。生物は、水中から陸上へと進出しましたが、いずれも水を確保しようとしています。多細胞生物の体の構造の変化は、1つひとつの細胞を水で包むための工夫である、ともいえます。

ここで対比させた生物

(1) 魚類 × 藻類
(2) 両生類 × コケ植物
(3) 爬虫類 × シダ植物
(4) 鳥類 × 裸子植物
(5) 哺乳類 × 被子植物

■ 生活場所によって区分し、対比させた植物とセキツイ動物

例	アオミドロ、ワカメ	ゼニゴケ、スギゴケ
主な特徴	・特に何もないことが特徴	・雌株と雄株、仮根
共通点	・葉緑体があり、光合成を行うことができる多細胞生物	
ふえ方	胞　子（遊走子）	胞　子
発生場所	体　外	
水の吸収	からだ全体（維管束なし）	
主な器官	特になし（仮根）	
受精場所	水中を、精子が泳ぐ	陸上（雨の日に、精子が泳ぐ）
生活場所	水　中	湿った陸上
植　物	藻　類	コケ植物
模式図	魚　類 ①鰓で呼吸する ②水中で生まれる ③変温動物 ④卵生（卵胎生、胎生） ①水中生活 ②胞子 ③遊走子 藻　類	両生類 ①子：鰓で呼吸 ↓（変態） 親：肺で呼吸 ②水中で生まれる ③変温動物 ④卵生 ①水を体の表面から吸収 ②雌株と雄株 ③胞子でふえる コケ植物
脊椎動物	魚　類	両生類
生活場所	水　中	湿った陸上
受精場所	体外（水中を精子が泳ぐ）	体外（抱接。水中を精子が泳ぐ）
呼　吸	鰓	鰓→肺と皮膚（カエル）
心臓のつくり	1心房1心室	2心房1心室
体腔のしきり	な　し	
育て方	放　置	
体　温	変　温	
産むもの	卵（卵生）	
産む数	多い ◀	
共通点	・心臓、血液、脊椎があり、からだ全体を頭・胸・尾に分けることができる。	
卵のから	（卵膜）	（卵膜、寒天状のもの）
体の表面	ウロコ、粘液	粘　液
例	メダカ、タイ	カエル、イモリ

※水中では浮力がはたらくが、陸上では重力に負けない構造が必要になる。植物は細胞壁

海へ進出したクジラ（海棲哺乳類）

生物の中には、陸上から水中へ生活の場を求めていったものがある。哺乳類のクジラの祖先は、5300万年前には陸上を歩く動物であり、長い時間をかけて、現在のような姿に進化した。クジラはウシやカバの仲間と近縁であると考えられている。

5000万年前のクジラの祖先（写真：名古屋港水族館）

↓

獲物を求め海へ入った

↓

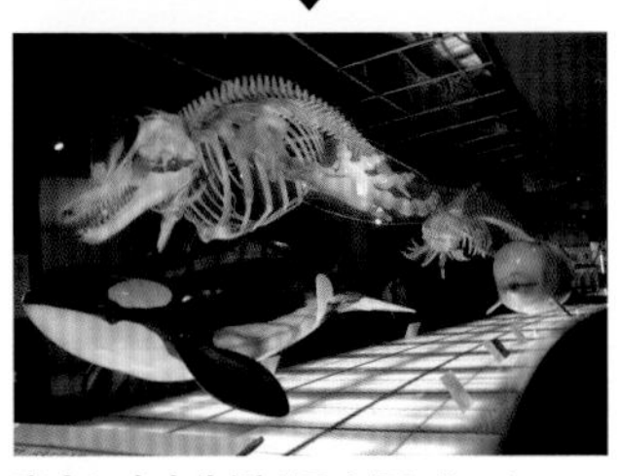

完全に水中生活するようになった

シダ植物　湿度の高い場所で生活する。単純なつくりの維管束をもっている。

イグアナ　変温動物の爬虫類は、体温を上げるために日光浴をする。

巣の中で親を待つツバメの子
ツバメは子を育てる。

ワラビ、ゼンマイ	マツ、イチョウ	サクラ、オオカナダモ
• 前葉体、地下茎、維管束	• 花、胚珠、種子	• 子房、単子葉と双子葉
	種子（花が咲く種子植物）	
	雌しべの中	子房の中
根	（ひげ根）	主根と側根
根、地下茎、葉	根、茎、葉、花	
	陸上（花粉が、雌しべの中で花粉管を伸ばす）	
やや湿った陸上	陸　上	
シダ植物	裸子植物	被子植物

シダ植物
①維管束がある
②前葉体

裸子植物
①花が咲く
②からだが大きい

被子植物
①子房（果実）
②維管束が閉じている

爬虫類
①肺呼吸
②陸上で生まれる
③変温動物
④卵生

鳥　類
①肺呼吸
②陸上で生まれる
③恒温
④卵生
⑤前脚が翼（つばさ）

哺乳類
①肺呼吸
②陸上で生まれる
③恒温
④胎生

爬虫類	鳥　類	哺乳類
水辺の陸上	陸　上	
体内（交尾。体内の粘液中を、精子が泳ぐ）		
肺		
	2心房2心室	
	不完全な膜	横隔膜（胸と腹に分ける）
	体温で温める	子宮内で育てる
（冬眠するものがいる）	恒温（羽毛や体毛）	
		子（胎生に分ける）
――（中間）――――――→ 少ない		
• 消化管があり、獲物を捕らえて消化・吸収する。		
柔らかい	硬　い	（卵膜、透明膜）
固いウロコや甲羅（こうら）（乾燥を防ぐ）	羽毛と足のウロコ	体　毛
ヤモリ、カメ	ペンギン、スズメ	コウモリ、クジラ

(p.24)、脊椎動物は骨格を発達させた (p.62、p.148)。

6 脊椎動物の骨格を比較しよう！

背骨がある「脊椎動物」5種を比較しましょう。それぞれの特徴をつかんでから、共通している部分、変化（進化）してきたのではないかと思われる部分を探してみましょう。

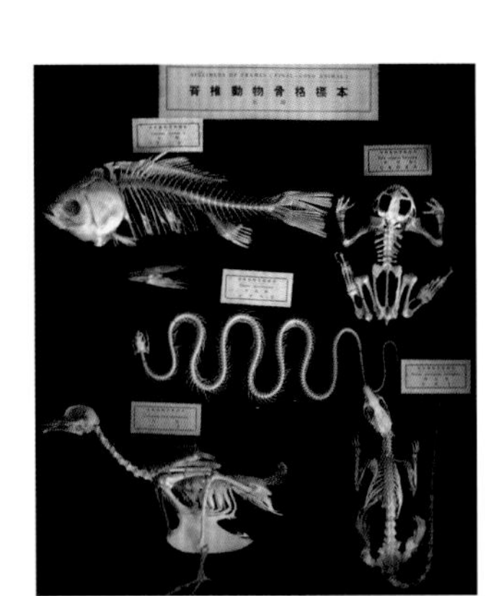

準備室にあった古い標本

ネズミ：哺乳類
ハト：鳥類
シマヘビ：爬虫類
カエル：両生類
フナ：魚類

無脊椎動物の分類

無脊椎動物は多様で、動物界の種の95%を占める。p.149の系統樹は、節足動物（p.64）と軟体動物（p.66）が最も進化、繁栄している生物の1つであることを示す。

生徒の感想

- 気持ち悪かったけど、ポイントを教えてもらったら、じっくり見てしまった！
- 思ったほど共通点がない。
- 骨まで変わるのはスゴイ！

3つの語句のまとめ

相同器官	•もともと同じだったと思われるもの（p.149）
相似器官	•似ているが、起源が違うもの（蝶の翅と鳥の翼）
痕跡器官	•はたらきを失ったもの（ヘビの脚、イカの甲 p.67）

■ ネズミ、ハト、シマヘビ、カエル、フナの骨格

頭骨、脊椎骨、手指の骨の3つに分けて調べます。共通点は、頭骨に2つの目が入る孔、胸部を守る肋骨があることなどです。なお、頭骨と脊椎骨には、それぞれ、脳と脊髄が入ります。

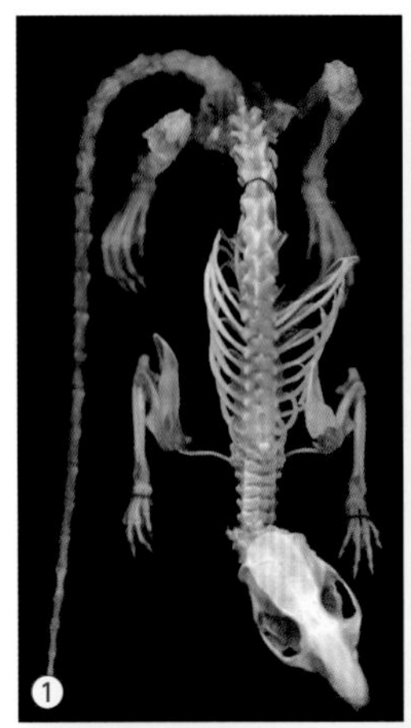

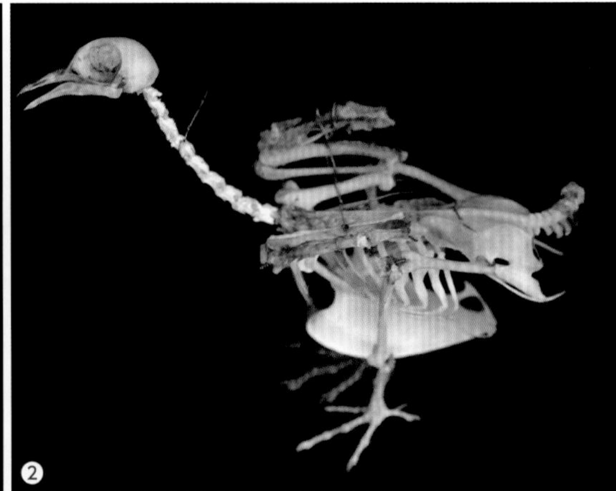

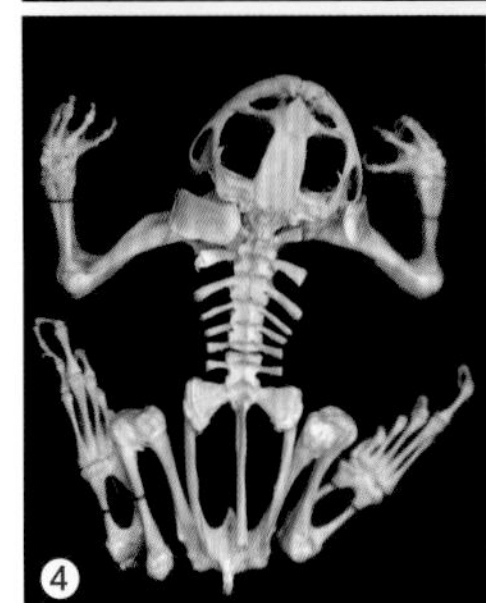

①：**ネズミ**　背骨が伸びて、尾になっている。手指、脚が発達。
②：**ハト**　首の骨が長い。胸骨が発達している。翼の骨がある。
③：**シマヘビ**　背骨が長く、下あごが発達。後脚の骨は痕跡器官（機能しない）。
④：**カエル**　背骨の最後の「尾かん」が長い。肋骨がとても短い。手指が発達。
⑤：**フナ**　背骨の最後に尾びれがある。いくつかのひれ（p.53）がある。

7 生物の進化と系統樹

系統樹は、地球とともに進化してきた生物を１本の樹木のように表したものです。しかし、生物がどのように枝分かれし、進化してきたかを示す図は、間違いを含みます。最近は、核酸（p.117）の分析で正確になりましたが、過去の出来事を100％確定することは科学的に不可能です。それでも、生物が大きく方向性を変えた分岐点を推測するのは、知的好奇心をもった私たちの大きな喜びです。

チャールズ・ダーウィン（イギリス人）
ガラパゴス諸島などで研究し、1859年、生物進化に関する本『種の起源』を発表した。

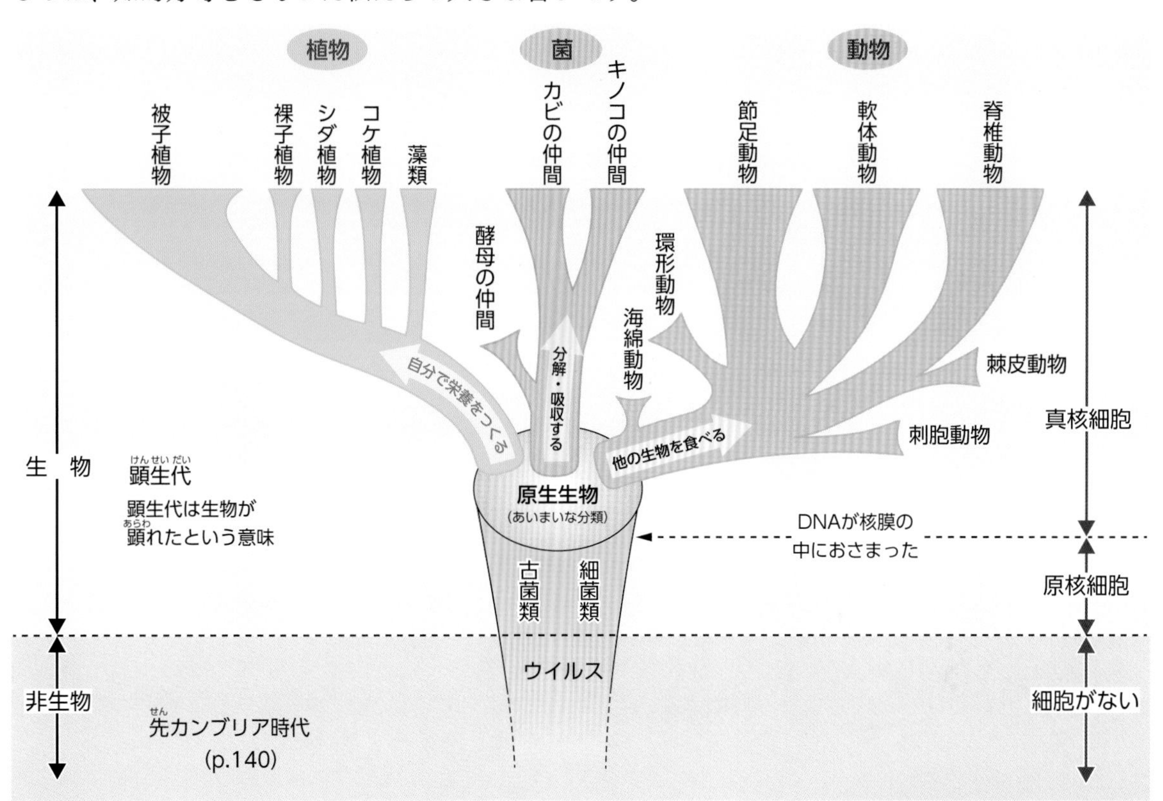

相同器官

鳥の翼と人間の腕は、もともと同じ部分が変化したものではないかと考えられています。このような器官を相同器官といいます。

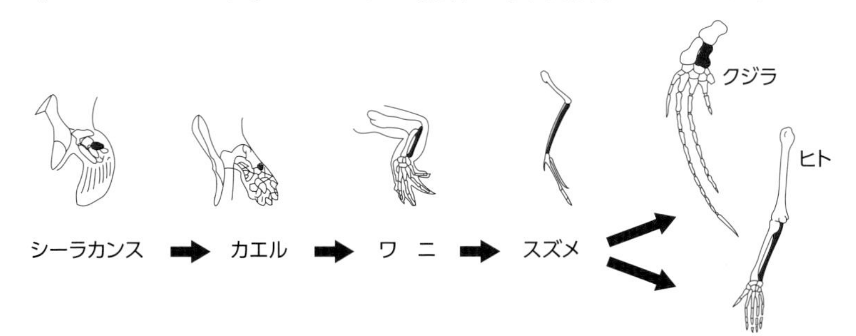

※相同器官と相似器官を区別すること（p.148 欄外）

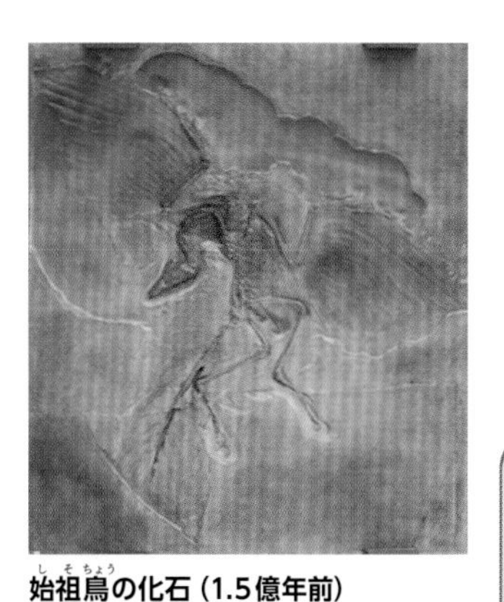
始祖鳥の化石（1.5億年前）
1861年、中生代の地層から発見。現在の爬虫類と鳥類の特徴をもつ。

8 生物を５つの仲間に分ける

カイメン（海綿動物）
水中に固着し、栄養分を濾し取る。網目状の骨格はスポンジとして使われる。

絶対的な生物の分類方法はありません。なぜなら毎日のように新しい種が発見されるだけでなく、生命そのものの定義すら曖昧だからです（p.155）。例えば、筆者が中学生の頃は、生物を動物と植物に分けていましたが、最近は、動物と植物を同じ仲間にするドメイン説があります。

1969年、ホイタッカーは、生物を「動物界」「菌界」「植物界」「原生生物界」「モネラ界」の５つに分けました（五界説）。彼は、分類が難しい原生生物界を意図的に曖昧にしましたが、筆者も生物学入門者のために変更を加え、次のように提案します。

■ **筆者による生物の分類**（1969年、ホイタッカーの説を一部修正）

核膜	分類名	細区分	細胞数	生活方法	生態系
あり （真核生物 核が見える）	植　物※1	1　種子植物（被子植物、裸子植物）　p.100	多細胞	動かない（定住）	生産者
		2　シダ植物　p.104			
		3　コケ植物　p.106			
		4　藻類（緑藻、紅藻、褐藻）　p.108			
	菌※2 （菌類）	1　キノコの仲間　p.134			分解者
		2　カビ、酵母（イースト）の仲間　※単細胞　p.134			
	動　物※3	1　節足動物（昆虫類、クモ類、多足類、甲殻類）　p.64		動　く（移動）	消費者
		2　軟体動物（頭足類、腹足類、斧足類）　p.66			
		3　脊椎動物（哺乳類、鳥類、爬虫類、両生類、魚類）　p.148			
		4　棘皮動物　※五角形で硬い皮　p.115			
		5　環形動物　※体節がある　p.72			
		6　刺胞動物　※毒を出す刺胞をもつ　p.72			
		7　海綿動物　※多細胞だが器官が不明瞭　p.150			
	原生生物※4	1　核が観察できる単細胞生物　p.12 （葉緑体をもつ単細胞生物クロレラ、ゾウリムシなど）	単細胞	いろいろ	ほとんど分解者
なし （原核生物 核が見えない）	細菌※5 （バクテリア）	1　細菌の仲間（乳酸菌）　p.152			
		2　古細菌の仲間 （シアノバクテリア：光合成を行う細菌。酸素をつくった）			

※1　植物は、葉緑体をもつ多細胞生物。詳しい分類は p.100。
※2　菌は、消化酵素を体外に出して他の生物を溶かす多細胞生物（p.134）。
　　ただし、酵母は単細胞であるが、核が観察できるでの「菌」に分類した。
※3　動物は、他の生物を体内で溶かして吸収する多細胞生物（p.68）。
※4　原生生物は、核が見える単細胞生物（p.12-14）。
※5　細菌は、核が見えない（核膜がない）単細胞生物（p.152）。
※　ウイルスが生物ではない（細胞がない）ことは、p.9 参照。

ミトコンドリアの DNA による分類
最近、ミトコンドリア（p.28）が独自の遺伝物質（DNA）をもち、核とは無関係に分裂や増殖をすることがわかり、進化や分類の研究に使われている。

いろいろな分類方法

分類は「有無」ではなく、「有」を見つけることが大切です。例えば、背骨がある動物を選んで「脊椎動物」とするのは良い視点ですが、それ以外を全て「無脊椎動物」とするのは安易です。例えば、無脊椎の昆虫類は地球上でもっとも繁栄し、無脊椎の軟体動物は最も高度に進化した生物の仲間です。

リンネ（分類学の父）
ラテン語による分類、二名法「属名＋種小名」を整備。例えば、ヒトはホモ・サピエンス（人間＋賢い）、ヒマワリはHelianthus annuus（太陽の花＋1年で枯れる）。

(1) 1個体をつくる細胞数で分ける（p.14）

単細胞生物	（群　体）	多細胞生物
• 1つの細胞からできている（細胞小器官がある）	• 単細胞生物の集まり	• 多数の細胞からできている（組織や器官がある）

シロナガスクジラ（脊椎動物）
世界最大の動物・クジラと最小の生物バクテリアの大きさは1億倍違うが、その間にある生物の多様性には切れ目がない。（写真:NOAA）

(2) エネルギーの取り方で分ける（第7章）

生産者	消費者	分解者
• 自分で太陽エネルギーからブドウ糖をつくる植物	• 他の生物を食べる動物	• 有機物を無機物に分解する菌、原生生物、細菌

(3) 核が観察できるかできないかで分ける（p.150）

真核生物	原核生物
• ほとんどの生物	• 細菌、古細菌に分類される生物

(4) 核酸の共通点から分ける

動物の分類

※太字は中学生が注意したい生物。

口・肛門	分類名		例	備　考
口からできる	節足動物	昆虫類	• ミツバチ、チョウ、カ、クワガタムシ、ゴキブリ	からだに節がある（外骨格）
		クモ類	• クモ、サソリ、ダニ	
		多足類	• ムカデ、ゲジ	
		甲殻類	• イセエビ、**ミジンコ**、フジツボ	
	軟体動物	頭足類	• イカ、タコ	からだが柔らかい
		腹足類	• カタツムリ、ナメクジ	
		おの足類	• ハマグリ、シジミ	
	環形動物		• ミミズ、ゴカイ、ヒル　p.72	↑複雑
	輪形動物		• ワムシ　p.74	
なし	扁形動物		• プラナリア、コウガイビル、サナダムシ　p.49	単純
肛門からできる	脊椎動物	哺乳類	• ネズミ、**クジラ**、**コウモリ**、ヒト	↑陸上
		鳥　類	• ハト、ペンギン、ワシ	
		爬虫類	• ワニ、カメ、トカゲ、**ヤモリ**	（内骨格）
		両生類	• カエル、サンショウウオ、**イモリ**	
		魚　類	• メダカ、ウナギ、サメ	水中
	棘皮動物		• ナマコ、ヒトデ、ウニ　p.115	
区別なし	刺胞動物		• クラゲ、**サンゴ**、イソギンチャク、ヒドラ　p.72	神経あり
	海綿動物		• カイメン（多様、世界中に生息）　p.150	胃腔あり

※消化器官（口、肛門など）は動物の重要な分類基準。

9 身近だけれど見えない細菌

細菌（バクテリア）は、条件が揃うと爆発的に分裂をくり返す単細胞生物で、種類はたくさんあります。これに対して、p.134 で調べた「菌」は変幻自在な生活をする高度に進化した生物です。両者の区別は、核が観察できるか、つまり、核酸（p.117）が核膜に包まれているか否かです。ただし、日本語による両者の区別はあいまいで、核をもたないビフィズス菌は細菌の仲間ですが、ビフィズス菌といいます。

■ バクテリアの調べ方

図書館やインターネットで調べる。

※バクテリアは顕微鏡を使わなければ見えない小さな単細胞生物。詳しい種類は専門家でも判断が難しいものが多いのが現状。

■ 乳酸バクテリア

乳酸菌は、糖を分解して乳酸をつくる（乳酸発酵）細菌の総称です。種類はたくさんあり、チーズ、ヨーグルト、乳酸飲料などの乳製品、漬け物（キムチ、ピクルス）、なれ寿司など各国の伝統の食品を作るときに使われます。乳酸バクテリアによって原料の有機物が分解され、豊かな香りをもった新しい有機物に生まれ変わります。

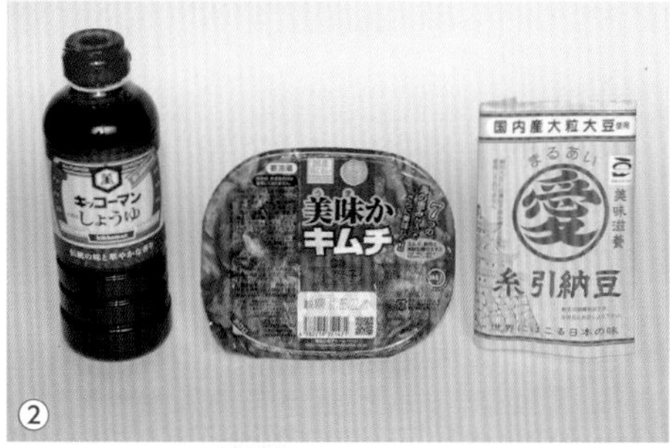

①：乳酸菌によって作られた食品。 ②：いろいろな菌（麹菌など）によって作られた食品。

■ 水の浄化（下水処理場）

自然の川の水がきれいなのは、たくさんの生物が住んでいるからです。ヒトが出した汚水は大量の有機物を含みますが、下水処理場は、微生物（p.13、p.15、p.153）のはたらきで河川に流せるレベルまで分解（異化、呼吸、食事）させます。理想的な式は次の通りです。

有機物（ブドウ糖） —呼吸→ 無機物（二酸化炭素、水）

この分解（呼吸）は反応タンクで行いますが、反応促進のため空気を大量に送り込む場所を曝気槽（反応タンク）といいます。

準　備

- いろいろな書物の図版
- インターネットにある資料

細菌の主な特徴

- 単細胞生物
- 核、ミトコンドリアが見えない（核膜がない原核細胞 p.150）
- 呼吸（好気・嫌気）を行う（p.136）
- 細胞分裂で爆発的にふえる

核が見えない理由

自分の設計図 DNA（核酸）はあるが、核膜がない。DNA が細胞内に散らばるので、核としては見えない。

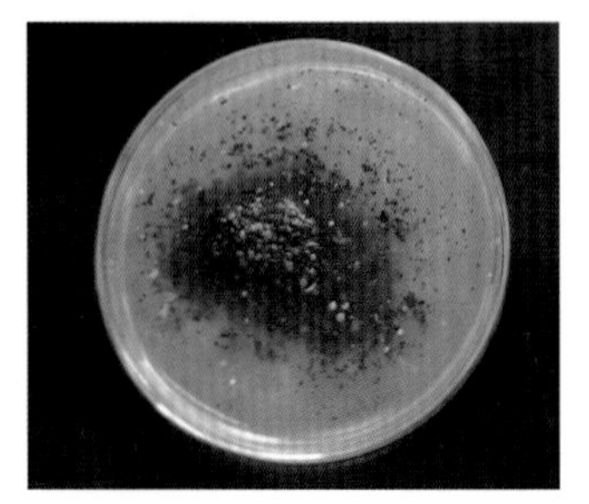

土の中の微生物

p.132 で培養した微生物は、菌と細菌。肉眼レベルの集団（コロニー）には、数億個のバクテリアが存在する。1兆個で1g。

下水処理場施設の反応タンク

（写真：名古屋市上下水道局）

生徒の感想

- 微生物も菌も細菌もありがとう。一緒に生きていきましょう。
- 私はヨーグルトを毎日食べています。

ヒトの消化管にいる細菌類

口	・乳酸菌ストレプトコッカス・ミュータンスは虫歯の原因 ・1000万個/mL
胃	・100個/mL（空腹時）～1億個/mL（満腹時）
小　腸	・10万～1000万個/mL（約500種類）
大　腸	・ビフィズス菌は、悪い細菌による腸内感染を防ぐ ・ビフィズス菌を食べるときは、小腸で消化されないよう食物繊維をとる ・大便の体積の1/3が細菌（大腸菌は1000億個/g）

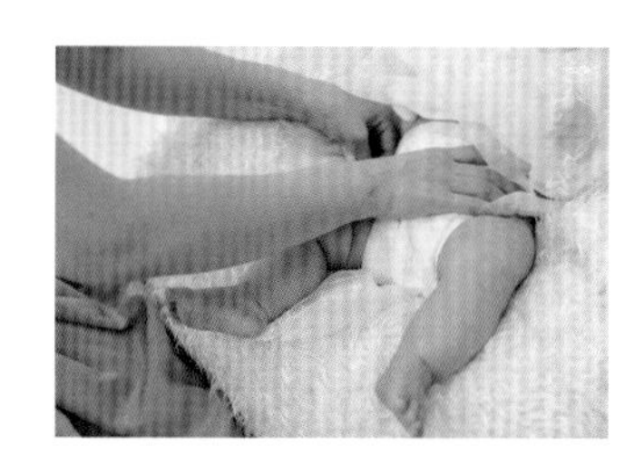

ヒトの赤ちゃんの腸内細菌
母乳で育てた方が、菌のバランスが安定する。ヒトは生涯を通して、500種類以上の腸内細菌と共生関係を営む。

生まれたばかりの赤ちゃんは無菌状態です。しかし、24時間で100億/g、１週間で1000億/gの細菌が腸内に住みつきます。原因は消化管が外界に触れていることで、正常な腸には500種類以上の腸内細菌が必要です。細菌は消化を助け、ビタミンを合成しています。健康維持の秘訣は、それらのバランスを保つことです。

いろいろな細菌

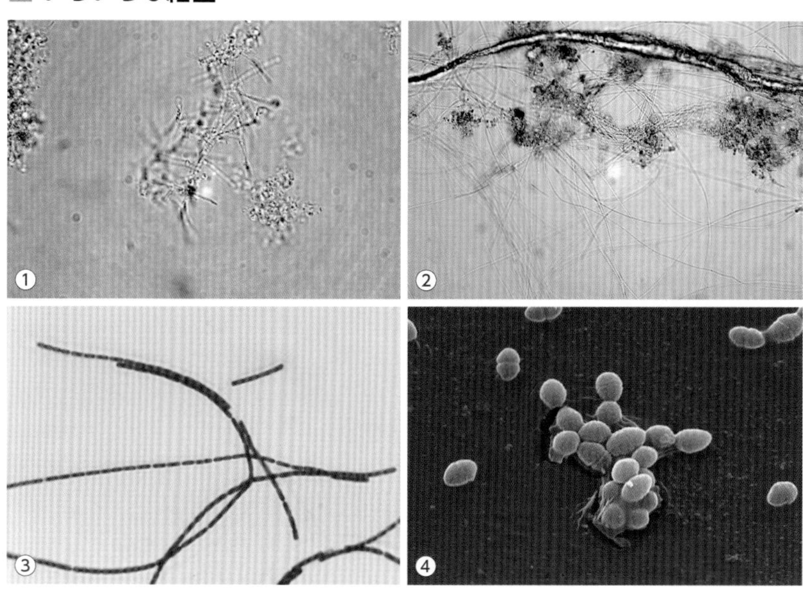

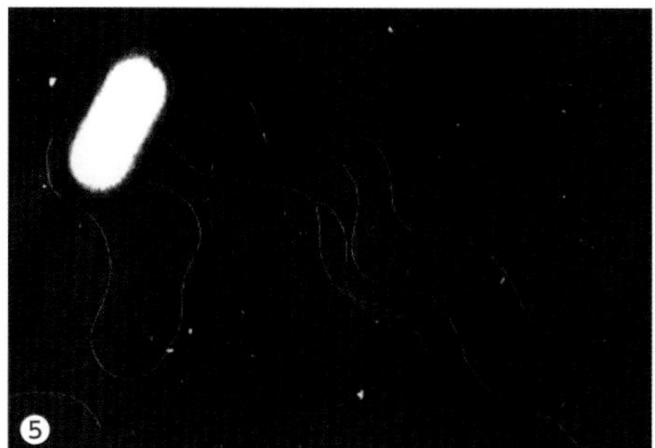

①、②：下水処理の状態が悪いと現れる細菌。①は**ゴルドナ**（放線菌）、②は**Type 021N**（糸状菌）。（写真：名古屋市上下水道局）　③：**炭疽菌**　1876年、コッホは炭疽菌によって世界で初めて「細菌病原体説」を証明した。皮膚感染、生物兵器としても知られる。（写真：CDC）　④：**乳酸菌**　本文p.152。（写真：CDC）　⑤：**大腸菌**
大腸菌は衛生面で使われる名称。種類は多い。飲料水から検出されてはならないが、哺乳類や鳥類の腸に生息。毒性がないものが多い。ヒト１回の糞に大腸菌１兆（他の菌はその10000倍なので割合は少ない）。研究、遺伝子の実験に使われる。（提供：国立感染症研究所）

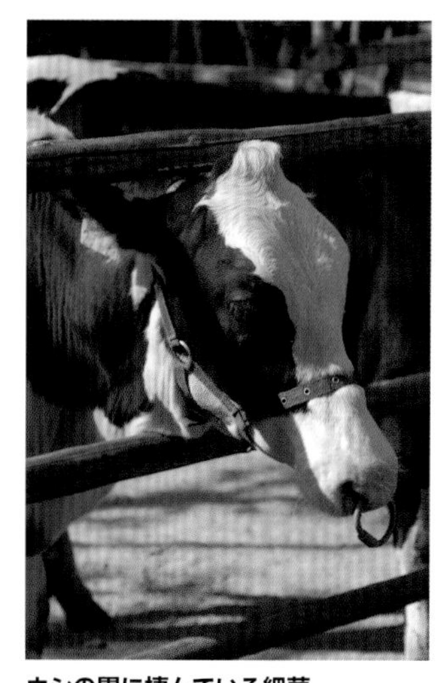

ウシの胃に棲んでいる細菌
ウシは赤い血や肉、白い牛乳をつくることをp.25で調べた。実は、その材料となるアミノ酸はウシの胃袋に棲んでいる細菌そのもの。つまり、ウシは自分の体内に細菌を飼い、草という餌を与えて繁殖させ、細菌がつくったアミノ酸を材料として食べ直す。このため、ウシは４つの胃袋をもつ。

10 生物を名前で呼んでみよう

もし、地球に住むすべての生物の名前を知っていれば、どんなに楽しいことでしょう。砂漠のような都会でも、毎日が生き生きとした生活になるはずです。しかし、180万種類もの名前を覚えることはできないので、せめて大まかな分類方法を学習し、分類名を覚えましょう。

校外学習でタイドプール調査
①：干潮に合わせた校外での実習。
②：バットに集めた生物達（棘皮動物ヒトデやナマコ、刺胞動物イソギンチャク、節足動物ヤドカリ、脊椎動物ハゼ、軟体動物カイなど）

分類名と個体名

ここで、２つの名前について確認します。筆者を例にすると、１つは種の分類名「ヒト（学名：ホモ サピエンス）」、もう１つは個体につけられた名前「福地孝宏」です。前者には「直立二足歩行し、言葉や道具を使い集団生活をする」という特徴があり、後者には「まじめでユーモアがある」という個性があります。

総合学習の時間に作った公園（名古屋市内）の野草、葉の標本

分類の階級（ヒト）

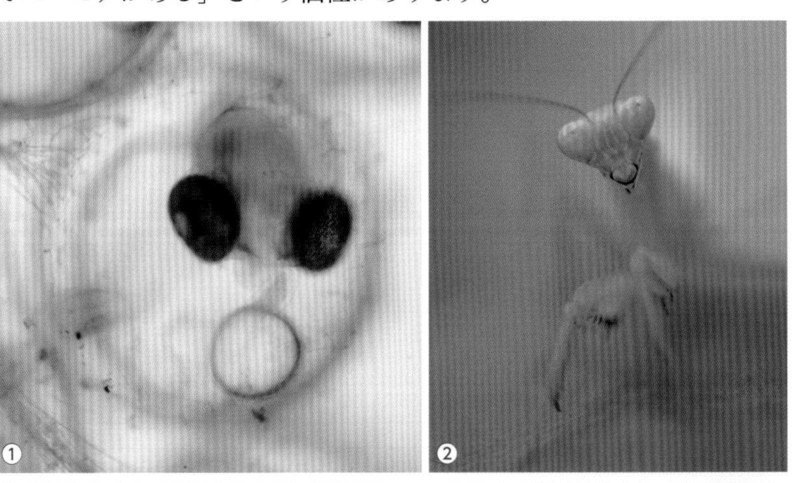

①：**卵膜に包まれて成長するメダカ（40倍）** 口のすぐ下に心臓があり、赤い赤血球細胞の流れがわかる。　②：**筆者の手にのったカマキリ（節足動物、昆虫類）** 個体名はまだない。

11 地球は生物で満ちあふれている

今から46億年前、生まれたばかりの地球には大気も水もありませんでした。そして、およそ40億年前になると最初の生命が誕生しました。生物は地球とともに進化し、現在、生物は１億種類はあるだろうと推定されています。しかし、この間にはおびただしい数の生物が誕生し絶滅してきたことがわかっています。

時間とともに変化する生物は、これからも多様性を増し、どんどん複雑になっていきます。まるで人間社会と同じです。私たちは、生命や生物をたくさんの視点から見て、いろいろな考えがあることを学び、整理整頓し、いつでも必要なときに取り出せるようにしましょう。時代が変わり、新しい考えが必要になったとき、それを受け入れることができる柔軟な頭も持ち続けましょう。

バンドウイルカとヒト
イルカは陸上にすんでいた哺乳類が海へと進化した動物。

多くの視点から調べ、オリジナルな方法で整頓する

この本ではたくさんの視点から生物を観察してきました。最後にみなさんに提案したいのは、あなた独自の分類方法です。生物の名前は発見者が提案したものであり、分類名は学会が決めたものです。p.150の生物全体の分類方法は筆者がみなさんに提案するものです。次は、あなたの出番です！

生物によって知覚できる範囲は違い、時間の進み方も違うという考えもあります。この世界にはヒトにとって無意味なもの、認知できないものであっても、他の生物にとってはかけがえのないものがたくさんあります。みなさんは、この本で生物を調べる多様な考え方を学んだと思います。これからもヒトや自分の限界性を知ると同時に、可能性を広げるためにホモサピエンスの最大の特徴である大脳を鍛え、豊かな生を謳歌しましょう。

ギリシャで出会ったペリカン

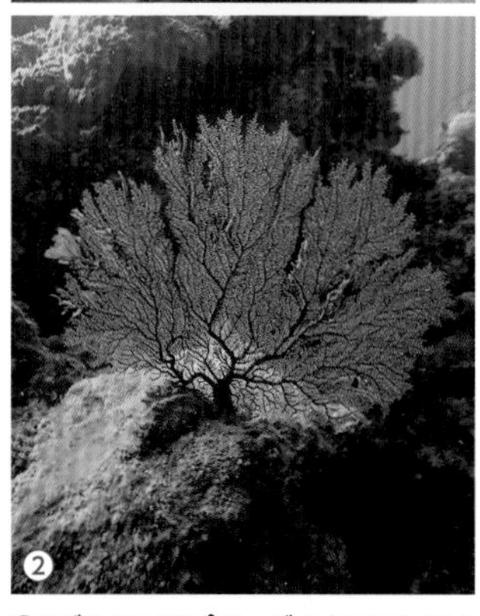
①：ダルシャンピア・ディオスコレフォリア　被子植物＞トウダイグサ科。
②：サンゴ（刺胞動物）　硬い部分は骨格、本体は柔らかいポリプ（構造はイソギンチャクと同じ p.72）。

中学理科の生物　索引

本書では、読者の探究学習を後押しするために、「法則・原理」など生物で重要な項目をまとめた項目別索引を用意した。英字アルファベット順・50 音順索引とともに活用を期待する。

項目別索引

1　法則・原理

2　生物の分類

3　いろいろな一覧表

4　観察、実習方法

英数字

あ行

あ

い

う

え

お

か行

か

さ行

す・せ

そ

た行

た

ち

つ・て

と

な行

な

に

ね・の

は行

は